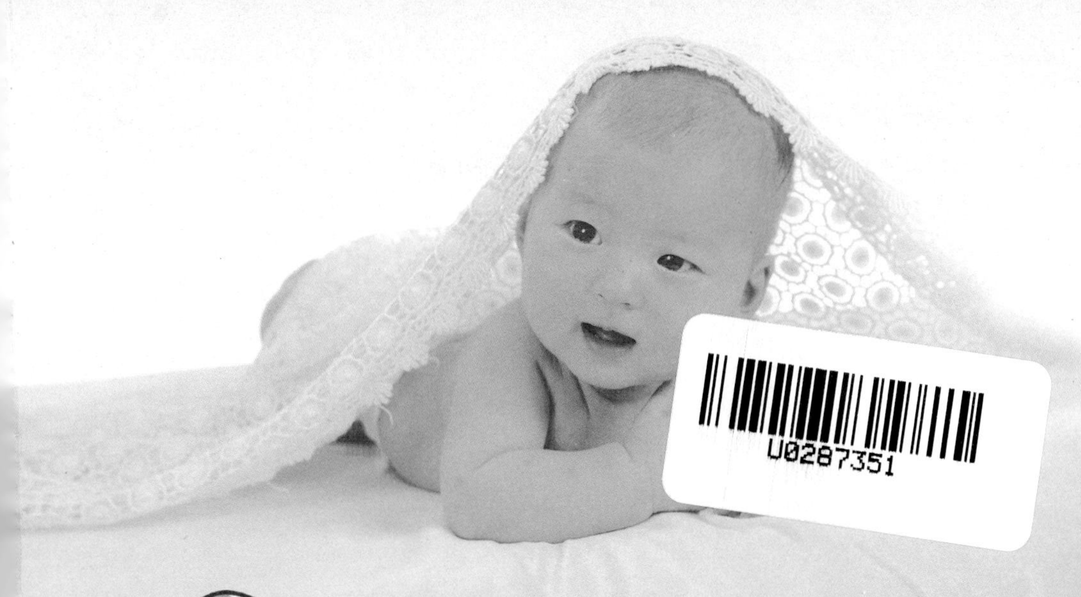

邱宇清・编著

最佳哺乳喂养百科

浙江科学技术出版社

图书在版编目（CIP）数据

最佳哺乳喂养百科 / 邱宇清编著. — 杭州：浙江科学技术出版社，2015.10

ISBN 978-7-5341-6897-0

Ⅰ.①最… Ⅱ.①邱… Ⅲ.①婴幼儿—哺育—基本知识 Ⅳ.①TS976.31

中国版本图书馆CIP数据核字（2015）第205822号

书　　名	**最佳哺乳喂养百科**
编　　著	邱宇清

出版发行　**浙江科学技术出版社**
杭州市体育场路347号　邮政编码:310006
办公室电话:0571-85176593
销售部电话:0571-85176040
网　址:www.zkpress.com
E-mail:zkpress@zkpress.com

排　　版	北京天马同德排版公司
印　　刷	浙江新华数码印务有限公司
经　　销	全国各地新华书店

开　　本	710×1000　1/16	**印　张**	23
字　　数	280 000		
版　　次	2015年10月第1版	**印　次**	2015年10月第1次印刷
书　　号	ISBN 978-7-5341-6897-0	**定　价**	28.00元

责任编辑　王　群　王巧玲　　**责任美编**　金　晖
责任校对　刘　丹　李骁睿　　**责任印务**　徐忠雷

前言

FOREWORD

十月怀胎漫长的期待，终于迎来了宝宝的呱呱坠地，要做父母的你一定是欣喜骄傲的，看着这个娇弱的小生命，他的一举一动都牵动着你的心。如何才能让宝宝茁壮成长？其中会遇到多少烦恼？需要怎样的勇气与坚持？你的心里或许有一种茫然无措的恐惧。如果说当初精卵的结合是你与爱人播撒的种子，那么迎接一个正在萌芽生长的生命则是你重大的使命。

科学研究表明，0～3岁是宝宝生命中生长发育最快的时期，这阶段不仅是宝宝智力与情商发展的关键期，而且是培养宝宝饮食习惯、锻炼吃饭技能的黄金时期。因此，宝宝此阶段的养育尤为重要，是任何一位妈妈都不可忽视的问题。

营养是宝宝成长发育的物质基础，如果这一时期宝宝出现不好好喝奶，不吃辅食了，妈妈奶水不足了，宝宝开始挑食偏食等一系列的问题，都会让爸爸妈妈手足无措。如何能得心应手地处理这些问题，轻轻松松地看着宝宝成长，相信是每一位父母都乐于知晓的。那么从现在开始就给自己“充电”吧！所谓“知已知彼，百战不殆”。

基于此，我们精心为父母策划编写了《最佳哺乳喂养百科》一书，分别制订了0～1岁、1～2岁、2～3岁三个时期宝宝的饮食最佳喂养方案，介绍了各个阶段宝宝的身心发育、营养需求、妈妈喂养及最佳辅食添加。此外，还加入了宝宝日常所需的营养素及常见病的饮食调理等内容。全书内容全面、结构严谨、简洁明了，既是妈妈们的育儿枕边书，又是一位不离身的育儿顾问。

愿本书能给天下父母切实可行的一些帮助，祝愿你们的宝宝健康、幸福！同时，本书难免有不尽人意的地方，望广大读者见谅并恳请及时提出你们的宝贵意见和建议。在此，编者表示衷心的感谢！

编　者

目录

第一章 0~1岁宝宝的喂养

第二章 1～2岁宝宝的喂养

第三章 2~3岁宝宝的喂养

第四章 宝宝日常营养与疾病调理

目录

第一章
0～1 岁宝宝的喂养

宝宝的身心发育

出生时：

	男宝宝	女宝宝
身高	平均50.4厘米（47.1~53.8厘米）	平均49.8厘米（46.6~53.1厘米）
体重	平均3.3千克（2.5~4.1千克）	平均3.1千克（2.4~3.9千克）
头围	平均34.3厘米（31.9~36.7厘米）	平均33.9厘米（31.5~36.3厘米）
胸围	平均32.3厘米（29.3~35.3厘米）	平均32.2厘米（29.4~35.0厘米）

满月时：

	男宝宝	女宝宝
身高	平均56.9厘米（52.3~61.5厘米）	平均56.1厘米（51.7~60.5厘米）
体重	平均5.1千克（3.8~6.4千克）	平均4.8千克（3.7~5.9千克）
头围	平均38.1厘米（35.5~40.7厘米）	平均37.4厘米（35.0~39.8厘米）
胸围	平均37.3厘米（33.7~40.9厘米）	平均36.5厘米（32.9~40.1厘米）

（1）生理特点

1）听到悦耳的声音可做出反应。

2）双眼运动还不够协调。

3）有觅食、吞咽、握持、吸吮等原始反射。

4）开始看见模糊的东西。

5）每天睡眠 18 ~20 小时。

6）皮肤敏感，过冷过热都会哭闹。

（2）心理特点

1）出生后 1 个月，会扭头看出现亮光的地方。

2）喜欢听妈妈的心跳声和说话声。

3）喜欢母乳及甜的味道。

4）对反复的视听刺激有初步的记忆能力。

宝宝的营养需求

对于新生宝宝来说，最理想的营养来源莫过于母乳了。母乳中的各种营养成分无论是数量比例，还是结构形式，都最适合小宝宝食用。如果母乳充足，只要按需哺喂就可以满足宝宝的生长需要。如果母乳不足或完全无乳，就要选择相应阶段的配方奶粉，定时定量地哺喂。配方奶粉中的营养成分与母乳十分接近，基本能满足宝宝的营养需要。

新生宝宝，特别是冬季出生的宝宝，比较容易缺乏维生素 D，为尽早预防佝偻病，同时适量补充维生素 A，出生 2 周后就可以开始给宝宝喂含有维生素 A、维生素 D 的鱼肝油了。

此时的宝宝主要是以母乳喂养为最佳，等宝宝稍大一点后，也可以给宝宝喝一些含维生素丰富的水果汁和菜汁等。做法：取少许新鲜蔬菜，如菠菜、油菜、胡萝卜、白菜等，洗净切碎，放入小锅中，加少量水煮沸，再煮3～5分钟。菠菜可以煮得时间短点，胡萝卜和白菜可多煮一会儿。放置不烫手时将汁倒出，加少量白糖，放入奶瓶中给宝宝食用。

新妈妈喂养圣经

1 母乳喂养

母乳是妈妈专为宝宝“生产”的天然食品和饮料，是新生儿最理想的营养品。

母乳中包含蛋白质、脂肪、糖类（碳水化合物）、矿物质、维生素、酶及水等各种营养成分，分述如下：

（1）蛋白质

母乳中的蛋白质分为乳清蛋白和酪蛋白，其中乳清蛋白量占2/3，营养价值高，在胃中遇酸后形成乳状颗粒，凝块较牛奶小，易于消化。故母乳中的蛋白质为优质蛋白质，利用率高。

（2）脂肪

母乳中主要是中性脂肪，其甘油三酯易于吸收利用，脂肪酸含量较多，有利于宝宝脑和神经的发育。母乳中的脂肪提供的热量占总热量的50%。

（3）糖类

母乳中主要是乳糖，它是一种易于消化的能量来源。在宝宝的小肠中，乳糖变成乳酸，有利于小肠功能的正常进行，并能帮助吸收所需要的钙及其他物质。母乳中的乳糖多系乙型乳糖，在小肠中刺激双歧杆菌的发育而抑制致病性大肠杆菌的生长，有利于防止肠壁遭受细菌侵袭。

（4）矿物质

母乳中的矿物质以钙为主要成分，其次是钾、磷和钠，最少的是镁、锰、硫、铁。母乳中矿物质的含量足够出生后4～6个月宝宝的需要，其中骨骼生长的钙和磷的比例适当，易于吸收和储存；但含铁量少，故宝宝4个月后要补充铁质食物。母乳中矿物质的含量比牛奶中的含量少，能减轻宝宝肾功能的负担。

(5) 维生素

其含量与乳母的饮食有关。如果乳母饮食安排合理，则母乳内的维生素A、B族维生素、维生素C、维生素D、维生素E、维生素K等含量均能得到保证；若乳母营养不足，则需另外给宝宝补充维生素。

(6) 酶

酶能够辅助消化，有利于乳汁消化吸收，母乳中有淀粉酶和过氧化氢酶，能帮助脂肪的消化和吸收。乳汁中还有较丰富的溶菌酶，能促进免疫球蛋白的活动。

2 母乳喂养的优点

(1) 促进宝宝智力发育

母乳喂养可促进宝宝智力发育。母乳的营养成分中必需氨基酸、必需脂肪酸、矿物质、胆固醇、牛磺酸等均是大脑发育必需的物质基础。此外，母乳喂养过程中母与子眼与眼的对视、妈妈的语言、触摸、皮肤接触、乳汁的味道等均是对宝宝的视、听、触、味、温度等感觉器官的良好刺激，可促进宝宝的大脑发育。临床观察结果证明，母乳喂养宝宝的智商普遍比人工喂养的宝宝高。

(2) 增进母子感情

母乳喂养过程是母子感情最深的交融，每位妈妈都以深厚的母爱全身心地关注着怀中的宝宝，用甘甜的乳汁和无私的爱哺育和保护着自己的宝宝。而宝宝吸吮也不只是为了满足饥饿，同时也是为了从妈妈温暖的怀抱中得到安慰，获得安全感。母子的交流也是对宝宝社会交往能力的训练。

(3) 增强宝宝抵抗力

母乳中含有特殊的脂肪酶，易消化。母乳中不仅含有适合需要的营养素，而且蛋白质、脂肪等在胃内所形成的凝块较小，易消化。丰富的脂肪酶和抗体，不仅能帮助宝宝消化，而且能增强其对疾病的抵抗力。

(4) 经济方便

母乳喂养方便、温度适宜、清洁无菌、污染机会少，并且经济实惠，不用花钱去买昂贵的代乳食品。

（5）帮助妈妈

宝宝吸吮乳头，能反射性地促进妈妈产后的子宫收缩和复位，防止产后出血，减少产褥感染的危险。哺乳可提高代谢功能，消耗母亲怀孕时贮存在体内的脂肪，有利于减肥。同时，哺乳时闭经，可增加铁的贮存，减少贫血的发生。从远期效果看，哺乳还可减少妈妈患乳腺癌和卵巢癌的危险。

3 不容忽视的初乳

初乳指的是产妇在产后7天内分泌的乳汁。初乳多呈黄白色，且清淡。在最初的3天内，乳房中初乳的量是很少的，每次的量大约只有2～20毫升。随宝宝月龄的增大，母乳的分泌量会逐渐增加。

初乳的量虽少，但浓度很高，且具有很高的营养价值，主要表现在以下几方面：

（1）初乳中含有充足的、宝宝所必需的蛋白质，有利于宝宝生长发育。

（2）初乳中含有丰富的免疫球蛋白，如IgA、IgM、IgE和IgG，特别是分泌型IgA对防止呼吸道和消化道感染能起到积极的作用，能提高宝宝肠道的抵抗能力，减少宝宝患感染性疾病的机会。

（3）初乳中含有大量的中性粒细胞、巨噬细胞和单核细胞，可增强宝宝机体的免疫功能；初乳中所含有的溶菌酶可阻止细菌和病毒侵入宝宝的体内，减少宝宝患病的机会。

（4）初乳中含有的生长因子，可以促进宝宝肠道结构和功能的发育。其中，上皮生长因子不仅能促使机体上皮细胞的增生和分化，刺激胃肠道的发育，还可促进机体结缔组织的生长，促使宝宝脏器以及其他组织上皮细胞迅速发育，并参与调节胃液的酸碱度（pH）等。

（5）初乳中含有大量的微量元素，其中锌的含量最高，有助于促进宝宝的生长发育。

（6）初乳具有轻泻的功效，可以帮助宝宝排出胎便，并可预防或减轻宝宝出现黄疸。

总之，初乳具有高度营养和免疫的双重作用，妈妈们一定要珍惜自己的初乳，尽可能不要错过给宝宝喂养初乳的机会。

4 新生儿要按需哺乳

新生儿要按需哺乳。这是因为新生儿胃容积很小，仅30毫升左右，而新生儿早期吸吮力弱，每次吸入的奶量很少；加之妈妈多为初产妇，喂奶的姿势也不一定正确等，往往弄得母婴疲惫不堪，而宝宝却未能吃饱；或者由于疲劳，宝宝吃几口就睡着了，但睡不了多久又因饥饿而啼哭。若因未到规定的间隔时间不允许再喂奶，长期如此会造成营养不良，影响宝宝的生长发育。由于妈妈分泌的乳汁未被宝宝吸空，久而久之，便会使乳量分泌减少。

我国民间一直沿用的传统习惯是按需哺乳，也就是说只要新生儿饿了，想吃就给予哺乳。如果新生儿睡得很香，即使超过3小时也不必特意弄醒喂哺。这种方法符合新生儿的生理特点，使其不再因饥饿而啼哭，营养也能得到保障。新生儿吸吮乳头是一种刺激，可以使乳母催乳素分泌量增多，促进乳汁分泌，增强妈妈喂哺母乳的信心，也使母子得到充分的休息。随着宝宝月龄的增长，会逐渐养成平均3小时喂一次奶的习惯。

5 母乳喂养的姿势

妈妈可以按自己选择的姿势哺喂宝宝，只要宝宝能够含住乳头，自己又觉得舒服、轻松自如就好。可以实施各种方法，并采用感觉最自然的一种。在一天以内要改换各种哺乳姿势，这样做可保证宝宝不会仅向乳晕的一个部位施加压力，并且可尽量减少输乳管受阻塞的危险。如果坐着哺乳，一定要位置舒服。必要时，可以用软垫或枕头支持双臂和背部。

躺在床上哺乳也很好。特别是在产后头几周的晚上，妈妈应采取侧睡姿势，如希望更舒服，则可垫上枕头，轻轻地怀抱宝宝，使其头和身体紧靠你的身旁。必要时可把宝宝放在枕头上，使其位置高一点以便吸吮乳头。但是较大的宝宝应该躺在床上并靠在妈妈身边，保证妈妈大腿侧的肌肉不受扭曲或拉得太紧，因为这样会使奶流减慢。另一种办法就是在妈妈手臂下垫个枕头，把宝宝放在枕头上，使其面向妈妈的乳房，以便妈妈的手可以托住其头部。

妈妈所选择的哺乳姿势可能受到分娩的影响，如果做过会阴切开术，就会觉得坐起来非常不舒服，这时侧卧哺乳更为适合。如果妈妈做过剖宫产手术，腹部太柔嫩，就不适宜让宝宝躺在上面，要把宝宝的脚放在妈妈臂下的位置，或把宝宝放在床上靠在自己身旁的位置哺乳。

6 母乳喂养中常见的问题

要做到成功的母乳喂养，最好做到以下几点:

（1）大多数健康的孕妇都具有哺乳的能力，但要哺乳成功还需孕妇做好身心两方面的准备。孕妇要了解母乳喂养的重要性并树立信心，保持良好的健康状态，防止乳头皲裂及乳头内陷。妊娠后期要每天用清水擦洗乳头。乳头内陷者可用两手拇指从不同角度按捺乳头两侧并向周围牵拉，每天数次。

（2）新生儿出生后半小时内与妈妈的皮肤接触时间应不少于 30 分钟，此时可以开始让宝宝吸吮妈妈的乳头。最好实行 24 小时母婴同室，让宝宝每时每刻与妈妈在一起。

（3）努力掌握母乳喂养的技巧，按需哺乳。过去在书本上所说的“定时哺乳”已不合时宜，应回归自然的“按需哺乳”法。当然在某些情况下，如宝宝或妈妈由于医疗上的原因需要分开的话，也必须挤奶。

（4）保证乳母合理营养，保持身体健康、心情愉快。优质的母乳来自健康的乳母，因此，喂奶的妈妈要多吃营养丰富的食物。必须有足量的糖类（米、面等主食）和水，多吃含有丰富蛋白质和脂肪的肉汤、排骨汤、鱼汤、蛋类等，以及含有丰富维生素和矿物质的水果、蔬菜。乳母一般不宜吃香料、腌菜、油腻食物，也不该喝酒。要注意的是，食量多并不会使乳量增加。乳量的多少与食物的营养有关，所以妈妈不要吃得太多，觉饱即止。

（5）母乳量不足时，需找寻原因并加以纠正，或服用催乳药，以保证足够的乳汁分泌。母患疾病暂停母乳喂哺时，可定时将乳汁挤出，以免乳量减少。

（6）特别强调不要给宝宝喂食母乳以外的食品。一般情况下不要喂水、果汁等杂食，不要使用什么"代乳品"，更不能让宝宝吸吮橡皮乳头，也不要使用奶瓶，以免宝宝把这些东西错认为就是妈妈的乳头和乳房而减低了对真正妈妈乳房和吸吮妈妈乳头的兴趣，形成"乳头错觉"或"错认乳头"，导致母乳喂养的失败。

（7）吮吸是一种良好的刺激，可以引起反射性乳汁分泌。每次喂奶应尽量让宝宝把奶吃空，奶多者可以用吸奶器将剩余的奶全部吸出，以利于下次奶汁的分泌。

7 简单回奶的方法

回奶（回乳）是指产妇在哺乳期内由于疾病或其他原因中断母乳喂养。回奶可采取以下办法：

（1）己烯雌酚5毫克，每日3次，口服。或己烯雌酚每日2毫克，肌肉注射，连用3~4日。

（2）溴隐亭2.5毫克，每日2次，连用14日。

（3）维生素B_6 200毫克，每日3次，连服3日。

（4）将乳汁挤掉，乳房外面敷上用纱布包好的芒硝。芒硝布包被乳汁浸湿后可更换新的，直至停止泌乳。

8 人工喂养

人工喂养就是用牛奶或其他奶制品、代乳品来喂宝宝。

人工喂养提供的营养不完全适合宝宝的需要，宝宝不能很好地吸收和利用，某些物质如酪蛋白、饱和脂肪酸、矿物质太多反而使宝宝代谢和排泄负担加重，产生不良影响；而且代乳品中无法加入增强宝宝抗病能力的免疫物质。人工喂养的宝宝比母乳喂养者易得病，患病后病死率也高。世界卫生组织统计，世界上每年约有200万婴儿死于营养不良及由此导致的疾病。如推行母乳喂养，婴儿患消化系统和呼吸系统疾病的机会要比人工喂养低2.5倍，得病后死亡率低25倍。此外人工喂养花费多，不方便，容易污染、变质等等缺点也是众所周知的。所以，出生后4～6个月内宝宝喂养方式的首选当推母乳喂养，人工喂养是不得已的办法。

9 什么情况下采用人工喂养

妈妈有严重疾病，如传染病急性期、心脏病、肝肾疾病、严重精神病等无能力照顾自己的宝宝，无法母乳喂养；宝宝有疾病不能吃母乳的，如先天性代谢病、半乳糖血症、苯丙酮尿症、枫糖尿症等，这样的宝宝不仅不能吃母乳，其他奶制品也不能吃，要用专门配方的代乳品来喂养；妈妈正在服用某些药物，如抗癌药、抗代谢药等会从乳汁排出，影响到宝宝。以上这些情况，因不适宜母乳喂养，就只得用人工喂养了。

10 人工喂养应首选配方奶粉

（1）配方奶粉的选购原则

根据喂食效果来选择。食后无便秘、无腹泻，体重和身高等指标正常增长，睡得香，食欲也正常，食后无口气、眼屎少、无皮疹的奶粉就是好奶粉。

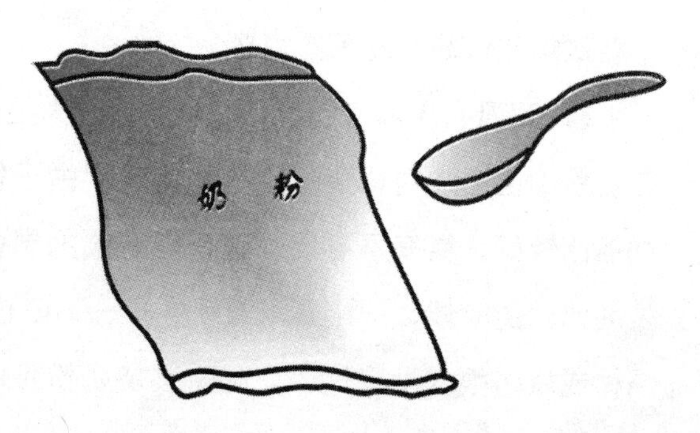

根据奶粉的成分来选择。越接近母乳成分的奶粉越好。配方奶粉成分大都接近母乳成分，只是在个别成分和数量上有所不同。α－乳清蛋白能提供最接近母乳的氨基酸组合，提高蛋白质的生物利用率，降低氮质总量，从而有效减轻肾脏负担。α－乳清蛋白还能促进大脑发育。因此，在选择配方奶粉时，应选择α－乳清蛋白接近母乳的配方奶粉。

根据宝宝的月龄和健康状况来选择。市售的奶粉，说明书上一般都会介绍适合多少月龄或年龄的宝宝，可按此进行选择。新生儿体质差别很大，早产儿的消化系统发育较顺产儿差，因此早产儿应选早产儿奶粉，待体重发育至正常后（大于2500克）才可更换成普通婴儿奶粉；对缺乏乳糖酶的宝宝、患有慢性腹泻导致肠黏膜表层乳糖酶流失的宝宝、有哮喘和皮肤疾病的宝宝，可选择脱敏奶粉，又称为黄豆配方奶粉；急性或长期慢性腹泻的宝宝，由于肠道黏膜受损，多种消化酶缺乏，可用水解蛋白配方奶粉；缺铁的宝宝，可补充高铁奶粉。如果不能确定选用何种奶粉，最好还是在临床医生的指导下进行选购。

（2）选购配方奶粉的方法

1）看成分。无论是罐装或袋装奶粉，其包装上都会有其配方、性能、适用对象、食用方法等文字说明。除考虑营养均衡外，还要看营养成分是不是能够满足自己宝宝的需要。对于奶粉中所添加的特殊配方，也应有临床实验证明或报告。

2）观察包装，查看产品说明、生产日期和保质期，以确保该产品处于安全使用期内，确保该产品符合自己的购买要求。还要注意包装是否密闭，既不能鼓罐或鼓袋，也不能瘪罐。

3）查看有无漏气、有无块状物体。为延长奶粉保质期，生产厂家通常会在奶粉的包装物内填充一定量的氮气。由于包装材料的差别，罐装奶粉密封性能比较好，氮气不容易外泄，能有效抑制各种细菌的生长。在为宝宝选购袋装奶粉的时候，一定要用双手挤压一下奶粉袋，看看是否漏气，如果漏气、漏粉或袋内根本没有气体，说明该袋奶粉可能存在质量问题。判断有无块状物体可用摇动罐体的方式，在摇的过程中，如果有撞击感则证明奶粉已经变质，不能食用。袋装奶粉的辨别方法则用手去捏，如手感松软平滑，内容物有流动感，则为合格产品；如有凹凸不平并有不规则块状物，则该产品为变质产品。

4）看标识。外包装标识应该清楚，避免买到那些标识不清的假冒伪劣或过期变质的产品。

5）尽量选择品牌奶粉。在经济许可的条件下，尽量选择知名品牌的奶粉，一般这样品牌的奶粉商都有良好的售后服务和专业咨询。

（3）学会冲调配方奶粉的方法

配方奶粉是将新鲜牛奶按一定的要求进行处理，使其成分更接近母乳或满足新生儿特殊的需要，再经过喷雾干燥浓缩后制成。配方奶粉一定要合理加水冲调成牛奶后才可以给新生儿吃，其方法有两种：

1）按重量配制：奶粉∶水＝1∶7，即1克奶粉加7克水配成牛奶，如20克奶粉加水140毫升，但这种方法不太实用。

2）按容量配制：在实际应用时常用容积计算，按奶粉∶水＝1∶4进行，即1平匙奶粉加水4平匙，可冲成与新鲜牛奶相同的浓度。冲调时先取一个上下容量一样或有刻度的奶瓶，加入一定量的奶粉，然后加4倍于奶粉体积的水。譬如，加奶粉至1格的容积，那么再加4格容积的水就可以了。如果是1个月内的新生儿，那么喝这种牛奶太浓，需要按稀释鲜牛奶的方法加水稀释。

应该避免冲调的牛奶过浓或过淡。牛奶太浓会引起宝宝消化不良、失水、氮质血症而致肾功能衰竭。牛奶太稀，则长时间喂养后可导致宝宝营养不良。此外，在冲调过程中，如果是速溶奶粉，把所要的水直接冲入奶粉就可以了。如果不是速溶奶粉，则先把奶粉加少许冷开水搅拌成糊状，直至没有凝块和颗粒，再冲入一定量的温开水，这样就可以喂宝宝了。目前奶粉厂商推出了很多种配方奶粉，有的奶粉对冲调有特殊要求，可按其说明进行，例如含乳酸杆菌的配方奶粉不可用温度较高的水冲调。

11 怎样给新生儿喂牛奶

（1）喂牛奶时姿势一定要正确

在给宝宝喂牛奶时，妈妈一定要亲手抱起宝宝。妈妈怎么坐都可以，只要能坐得舒适就行。

当妈妈的肌肉放松时，宝宝就会感觉到母体的柔软，就能让宝宝在吃奶的过程中感受到妈妈的爱抚。

卧式喂牛奶会使牛奶进入咽后部的耳咽管中，容易引起中耳炎。为了防止出现这种情况，喂牛奶时也应使宝宝的上身接近于直立。

（2）橡胶奶嘴的选择

橡胶奶嘴不能太硬，其长度也应根据宝宝的喜好来选择。刚开始合适的奶嘴并不表明以后也合适，发现不好用时就应该换掉。

橡胶奶嘴孔也应选择合适的，如果奶嘴孔太大，牛奶流得过急，就容易呛着宝宝；而如果奶嘴孔太小，宝宝吃起来太费劲，体质弱的宝宝容易在吃奶的过程中累得不想吃。对于体质较好的健壮宝宝，让其在吮吸时费点功夫会有一些好处，可以在开始时购买孔小一点的奶嘴。所谓孔小的奶嘴，其标准是将奶瓶倒过来时，每秒钟滴1滴左右（水平放置时牛奶不流出来）。

现在超市售出的有些奶嘴没有孔，父母在买回后应先打一较小的孔，然后再稍微扩大一些，以免因第一次开孔太大而损害奶嘴。奶嘴开孔后应用清水煮沸消毒。

（3）新生儿的喂奶量是多少

出生7~15天的新生儿一般每次喂牛奶70~100毫升，并在10~20分钟内喂完较为合适。但1周左右的宝宝也有吃一点就不吃了的情况出现，即使妈妈动动奶嘴或是捅捅其脸颊也不继续吃；也有些宝宝休息2～3分钟后重新开始吃奶的，但妈妈要掌握每次喂奶的时间应控制在30分钟以内。

出生10天左右的宝宝吃奶量是不尽相同的。但如果每次都吃不了50毫升，就应该请教医生。出生15天的宝宝一般每3小时吃一次奶，每次100毫升左右。也有的每次吃120毫升，每天只吃6次。当然，和成人的食量有大有小一样，有的宝宝每次只吃70毫升，每天只吃6次。只要宝宝精神好，父母就不必担心。如果出生15天的宝宝每次都能吃下120毫升，父母不可盲目加大喂奶量，而应当等宝宝哭啼要吃时加喂一些加糖的温开水（100毫升水加5克白糖）即可。

12 早产儿的喂养

胎龄未满37周的宝宝，不论出生体重多少，均称为早产儿。早产儿各器官的功能还不完善，生活能力薄弱，吸吮能力差；贲门括约肌较松弛，胃容量小，故比足月宝宝更易溢奶。早产儿肠道肌张力低，易腹胀，故喂养方面容易产生问题。那么早产儿应该如何喂养呢？

（1）应尽早吃母乳，这样可以使其生理体重下降时间缩短，程度减轻，低血糖的发生率减少。喂哺方法依早产儿成熟程度而定，对出生体重较重、吸吮能力较强的早产儿，可直接进行母乳喂养。目前研究表明，早产妈妈的乳汁比足月产妈妈的乳汁更容易消化、吸收。因此，要让早产儿早吸吮、勤吸吮，使妈妈乳汁分泌增加。如果早产儿的吸吮能力差，可将母乳挤出用匙喂。若母乳不足，可进行人工喂养。体重较低、吸吮能力不强的早产儿，可用滴管或胃管喂养。

（2）早产儿的摄入量因其出生体重及成熟程度而异，以下公式可供参考：

最初10天早产儿每天摄入量（毫升）=［（出生实足天数+10）×体重（克）］/100；10天后每天摄入量（毫升）=（1/5～1/4）体重（克）。按上述公式计算的是最大摄入量，如果早产儿不能吃完，可根据其剩余的奶量酌情进行静脉补液，以保证热量、蛋白质和水分的供应。

（3）每次喂奶的间隔时间因人而异。一般来说，体重在1000克以下者，每小时喂一次；体重1000～1500克者，每1.5小时喂一次；体重1500～2000克者，每2小时喂一次；体重2000克以上者，每3小时喂一次。

（4）由于早产儿是提早出生的，体内维生素和铁的储备量少，加上出生后生长发育比足月儿快，更容易发生营养素不足，因此，早产儿在出生后2～3天内应额外补充维生素K_1和维生素C，出生后1～2周就应添加维生素D，出生后1个月开始补充铁剂，以防缺铁性贫血。

13 人工喂养要注意的问题

最好为新生儿选购直式奶瓶，便于洗刷。奶嘴软硬应适宜，奶嘴孔大小可根据新生儿吸吮情况而定，一般在奶嘴上扎两个孔，最好扎在侧面不易呛奶。孔扎好后，试着将奶瓶盛水倒置，以连续滴出为宜。

奶瓶、奶嘴、杯子、碗、匙等食具，每次用后要清洗并消毒。应给新生儿准备一个锅专门消毒用，食具放入锅中加水在火上煮沸20分钟即可消毒。

每次喂哺前要看牛奶的温度，过热、过凉都不利。可将奶滴于腕、手背部，以不烫手为宜。

喂奶时将奶瓶倾斜45°，使奶嘴中充满乳汁，避免冲力太大或空气吸入。

14 混合喂养

母乳量不足或因某些原因不能按时喂奶而用牛奶或奶粉来代替一部分母乳的喂养叫混合喂养。混合喂养虽不如母乳喂养效果好，但要比完全人工喂养好得多。

只有母乳确实不足，才可用奶粉或牛奶等代乳品来代替。只要妈妈有奶，就要坚持母乳喂养，至少要达到4～6个月，而且也有可能母乳会越喂越多。

混合喂养有以下两种方法：

（1）一种方法是在喂母乳的基础上，不足的量用牛奶或奶粉代替。也就是每次先喂母乳，然后再喂牛奶或奶粉。这种方法的好处是坚持母乳喂养，保持对母乳的吸收，经常刺激可以维持甚至增加母乳的分泌。但值得注意的是，补充的代乳品无法计量，只能是吃饱为止，每次定量较为困难。因为有时宝宝吮吸母乳的时间较长会产生疲乏，这时再喂牛奶，往往吃几口就睡着了，但并不一定是吃饱了。发展下去，每次喂奶的总量不够，时间一长食量就会受到限制。也就是说，采用这种方法喂养的宝宝将来会胃口小，吃得不多。纠正的方法是，尽量了解母乳的量，喂奶时间每次不宜太长，别超过 10 分钟。然后观察每次喂奶后宝宝能坚持多久，是否能达到定时喂养。如能按时喂养，说明喂养是成功的，宝宝也是真正吃饱了。

（2）另一种方法是交替喂养法，也就是根据宝宝的需要决定每天应喂的次数，其中几次用母乳，另外几次喂牛奶或奶粉。这种方法的好处是，由于母乳分泌量不足，不能达到宝宝每次的需要量，如间隔的时间长些，分泌的奶量就会增多，这样就可以满足一次的需要，每次所需代乳品的量也就容易掌握。至于喂几次母乳，要根据母乳的分泌量来定，但最好不少于喂养次数的一半，因为次数太少，不利于母乳的分泌。这种方法适用于上班的妈妈，可以做到工作和喂养两不误。

乳母营养的补充

1 乳母营养与宝宝发育的密切关系

乳汁的营养成分与乳母平时的营养密切相关。如果乳母营养丰富，其乳汁也营养丰富，可以满足宝宝生长发育的需要。乳母营养不足或营养素缺乏，则奶量不足，造成宝宝吃不饱，发生营养不良。乳母营养中缺乏某些元素，如铁、钙、锌等，宝宝就容易发生缺铁性贫血、佝偻病、抵抗力差等情况；乳母长期吃过于精细的食物会造成维生素 B_1 缺乏，则宝宝食欲差、乏力，甚至抽筋，也会出现维生素 B_1 缺乏；乳母缺碘则宝宝发生克汀病。所以，乳母的营养与宝宝的生长发育至关重要，应重视补充乳母的营养素。

根据乳母在哺乳期的营养需要，其膳食中首先应特别强调有足够的蛋白质，特别是动物性与豆类等优质蛋白质。为此，乳母膳食中应适当增加畜肉、鱼类、禽类、蛋类、乳类及豆类食品，保证优质蛋白质占每日蛋白质总量的一半以上，同时多食新鲜蔬菜和水果。后者对补充维生素与矿物质尤为重要，尤其是深色蔬菜的摄入。乳母每日食物量，可参考如下：主食450～500克，豆类50～100克，蔬菜250～450克（其中应有一半左右为深色蔬菜），水果100～200克，畜、禽、鱼类150～200克，蛋类100～150克，牛奶225～450克。

2 最营养的催奶食谱

鲫鱼汤

【原料】鲫鱼1条，葱2根，白糖1汤匙，五倍子末3汤匙，生姜、胡椒粉、盐各少许。

【做法】

（1）将鲫鱼去鳞、鳃、内脏，洗净血污备用；生姜切片，葱洗净切花，姜片与五倍子末共同置于布袋中。

（2）将布袋与鲫鱼一起放入沙锅内，加水5碗煲2个小时。

（3）加入盐、胡椒粉、白糖调味，撒上葱花即可。

金针黄豆排骨汤

【原料】黄花菜50克，黄豆150克，排骨100克，红枣4粒，生姜2

片，盐 1 汤匙。

【做法】

（1）将黄豆用清水泡软，清洗干净；黄花菜的头部用剪刀剪去，洗净打结；红枣洗净去核；排骨用清水洗净，放入滚水中烫去血水备用。

（2）汤锅置火上，倒入适量清水，用大火烧开，放入所有材料。

（3）用中小火煲 3 小时，起锅加盐调味即可。

芝麻黑豆泥鳅汤

【原料】泥鳅 250 克，黑芝麻 30 克，黑豆 30 克，枸杞子 5 粒，盐少许。

【做法】

（1）将黑豆（黑豆最好用清水浸泡一晚）、黑芝麻洗净备用。

（2）将泥鳅放冷水锅内，加盖，加热烫死，然后取出，洗净，沥干水分后下油锅稍煎黄，铲起备用。

（3）将所有材料放入锅内，加清水适量，大火煮沸后，再用小火继续炖至黑豆熟烂时，加入盐调味即可。

豌豆炒鱼丁

【原料】豌豆仁 200 克，鳕鱼 200 克，红椒少许，盐适量。

【做法】

（1）将鳕鱼去皮，去骨，切丁。

（2）将豌豆仁洗净；红椒洗净，切丁。

（3）锅置火上，放油烧热，倒入豌豆仁翻炒片刻后倒入鳕鱼丁、红椒丁，加适量盐一起翻炒，待鱼丁熟即可。

清炖乌鸡

【原料】乌鸡肉 500 克，党参、枸杞子各 15 克，黄芪 25 克，葱段、姜片、盐、料酒各适量。

【做法】

（1）乌鸡洗净切碎，与葱段、姜片、盐、料酒等拌匀。

（2）上面铺党参、黄芪、枸杞子，隔水蒸20分钟即可。

冬瓜绿豆排骨汤

【原料】排骨、绿豆、冬瓜各适量，生姜三四片，盐适量。

【做法】

（1）排骨洗净后，用热水焯一下捞出，放在装有清水的沙锅里。

（2）将绿豆、姜片放进沙锅，开火后转小火继续煲3个小时。

（3）关火加适量盐后，把切成片的冬瓜放在沙锅里，开火再把冬瓜煲熟即可。

3 乳母应多吃健脑食品

宝宝从出生到1周岁，脑部的发育是很快的，几乎每个月平均增长约1000毫克。在前6个月内，平均每分钟增加约20万个脑细胞。生后第3个月是脑细胞生长的第2个高峰。为了促进宝宝大脑的健康发育，每个哺乳的妈妈一定要注意营养，以提高自己母乳的质量。

下面介绍的几种供妈妈食用的食品，有利于促进宝宝健脑益智：动物脑、肝、鱼肉、鸡蛋、牛奶、大豆及豆制品、苹果、橘子、香蕉、核桃、芝麻、花生、榛子、各种瓜子、胡萝卜、黄花菜、菠菜、小米、玉米等。

4 保证乳汁充足应注意的事项

母乳的来源靠营养。中医认为，乳汁不足主要是由于脾胃虚弱，产后失于调养，化源不足以致无以化生乳汁。另外，产后情绪抑郁，肝失条达，乳络郁阻，乳汁运行受阻也会导致乳汁不足。

（1）需要注意的方面

由于母乳的来源靠营养，因此，乳母应多吃些营养丰富的食物。也就是说，乳母应摄入足够的糖类（主食）和水，还应多吃一些含有丰富维生素、矿物质的水果、蔬菜以及富含蛋白质和脂肪的肉汤、排骨汤、鱼汤或蛋类等。乳母不宜吃热性香料、腌菜和油腻食物，也不应喝酒。另外，乳母应明白食量多并不能使乳汁增加，乳汁的多少与营养有关而不是与食量有关。所以乳母不要吃得太多，饱腹即止。

乳汁的分泌受神经系统的调节，因此，乳母的精神状态对乳量影响极大。乳母应保持平和的心态，不要激动或烦躁。家人也应该为乳母创造一个宁静、愉快、舒适的生活环境。

乳房的刺激也会影响乳汁分泌。宝宝的吸吮是一种良好的刺激，可以引起乳母反射性乳汁分泌。因此，乳母在喂奶时应让宝宝把乳汁吃完。如乳汁过多，可用吸奶器将乳汁全部吸出或用手挤出，以利于乳汁的再次分泌。

（2）其他应注意的方面

乳母中午应睡一次觉，至少也得卧床休息 1 小时。哺乳期间不应使自己过于疲劳，每天至少要睡 8 小时以保证充分的休息。

在气候许可的时候，乳母还应该每天进行适当的散步等轻松的户外活动，这对乳汁的分泌也极为有益。

宝宝的身心发育

	男宝宝	女宝宝
身高	平均60.4厘米（55.6~65.2厘米）	平均59.2厘米（54.6~63.8厘米）
体重	平均6.2千克（4.8~7.6千克）	平均5.7千克（4.4~7.0千克）
头围	平均39.7厘米（37.1~42.3厘米）	平均38.9厘米（36.5~41.3厘米）
胸围	平均39.8厘米（36.2~43.4厘米）	平均38.7厘米（35.1~42.3厘米）

（1）**生理特点**

1）后囟门关闭。

2）可以抬头左右活动，脖子会随着手臂向上活动。

3）M形腿逐渐伸直。

4）夜晚睡眠时间增加。

5）可以看清东西的形态，最佳视距15~30厘米。

6）前囟门大小：2厘米×2厘米。

7）可以发出含糊的声音。

（2）**心理特点**

1）喜欢听柔和的声音。

2）看到妈妈的脸会微笑。

3）能用眼睛追踪移动的物体。

4）充满好奇心。

5）天真快乐。

宝宝的营养需求

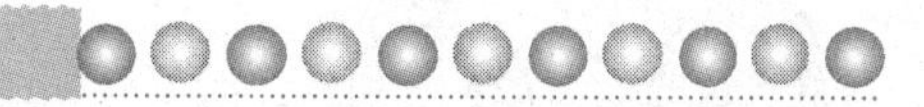

此时宝宝进入一个快速生长时期，对各种营养需求也迅速增加。生长发育所需热能占总热量的25%～30%，每天每千克体重热量供给约需397.7千焦（95.01千卡）。

此阶段继续提倡母乳喂养。如果母乳量足，完全可以不添加其他配方奶粉。如果母乳不足或者由于妈妈体力不支，不能完全母乳喂养时，首先应当选择混合喂养，采取补授法。当补授法也不能坚持时，再采用代授法。

宝宝出生的头几周，母婴之间要建立起恰如其分的喂养方式，宝宝要频繁地吸吮来刺激妈妈分泌乳汁。宝宝吃得越频繁，乳汁分泌量就越旺盛。出生后大约3～6周，宝宝会经历“猛长期”，需要的营养比平常多，也会通过频繁地吸吮来提高母乳分泌量。这是大自然安排好的供需关系，因此妈妈要在宝宝需要时及时喂奶。

新妈妈喂养圣经

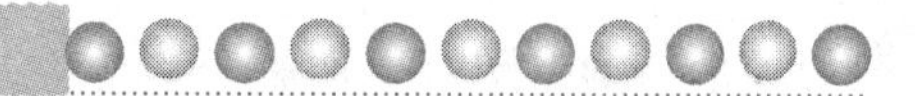

1 本月宝宝的喂养

1～2个月的宝宝较新生儿有不同的喂养特点。本月的宝宝要注意添加辅食，如蔬菜汁或水果汁等，由人工喂养的宝宝更应提早添加。因人工代乳品在制作中或消毒煮沸时，易把维生素C破坏掉，而维生素C多存在于新鲜的水果和蔬菜中。

（1）喂养不当的表现

一般2个月的宝宝，排便都比较有规律了，如果喂养不当或由于食物感染，宝宝排便次数会突然增加，严重时每天可达10次，便如稀水、腥臭，常伴有厌奶、呕吐症状，精神不振，严重时尿少、皮肤干燥、口渴嗜饮，若不及时补充盐和水分，病情会进一步恶化。

（2）及时添加辅食的好处

添加辅食后，宝宝排便的次数会逐渐减少，性质转为正常。及时添加辅食，还可止泻。但父母往往看到宝宝排便次数多、不消化而迟迟不敢添加辅食，又不敢给宝宝多吃，结果引起营养不良而导致宝宝肠管和肛门肌肉松弛，易受粪便的刺激而扩张，使排便次数增多，因此父母应给宝宝添加一些易消化的食物。

此时要注意的是，宝宝排便次数增多不可乱用抗生素，用药有弊无益。长期用药，会把肠道内的正常菌杀灭，细菌、病毒和霉菌就会乘虚而入，发展成金黄色葡萄球菌性肠炎、病毒性肠炎就难治了。

（3）牛奶喂养的宝宝要添加辅食

喝牛奶的宝宝易发生便秘，2个月的宝宝较常见。这与宝宝消化道肌肉发育不健全、对蛋白质的消化不完全有关。便秘的宝宝2～5天排便一次，排时费力，常哭闹不安（有时会引起肛裂），粪便坚硬，便后才安静。

粪便中的蛋白质代谢产物对人体有害，若久不排便，这些有害物质在大肠中被再次吸收入体内，可使宝宝感觉不适。因此应给宝宝增加一些含膳食纤维较多的水果或蔬菜汁（如香蕉羹等），以使粪便及早地排出。

（4）怎样对宝宝进行人工喂养

妈妈完全没有乳汁，或是妈妈患有疾病，或是有其他迫不得已的原因，不能给宝宝吃母乳，而用牛奶或其他代乳品来喂养宝宝，这种喂养方式，称为人工喂养。

足月的新生儿，在出生后4～6小时开始试喂一些糖水，到8～12小时开始喂牛奶或其他代乳品，初次喂奶时喂30毫升，每2小时喂1次。

喂奶前要计算一下奶量，以每天每千克体重供给热量209～418千焦（50～100千卡）计算。比如一个体重为3千克的宝宝，每天应提供热量627～1254千焦（150～300千卡），相当于每天喂鲜牛奶150～300毫升，这些牛奶中共加入食糖12～24克，将上述计算出的一天牛奶量，分成7～8次喂给宝宝。

2 喂宝宝牛奶要把握好量

满月后的宝宝，体重增长快、食欲旺盛，妈妈看到宝宝能吃会很高兴，毫不吝惜地不断增加牛奶的量，即使过量了也不在乎。但这样持续下去会使宝宝过胖，身上会长出不必要的脂肪。为了接受这些脂肪，心脏就要过量工作，肝脏和肾脏也得不到休息。偏偏这些是做妈妈的看不到的，在妈妈的心里都以自己宝宝胖为骄傲，即使医生郑重其事地告诉妈妈孩子已经肥胖了，妈妈的反应大多也是冷淡的。如果医生说孩子的体重没达到平均值，那妈妈的反应就不同了，往往是一脸紧张。前一种孩子是异常的，后一种孩子还可能是正常的，但妈妈的反应却截然相反。因此，出生后1个月的宝宝，用牛奶喂养时，最重要的是不要让牛奶过量，以免加重宝宝身体各器官的负担。

1～3个月的宝宝一般喂牛奶的标准在120～150毫升，最好不要超过150毫升。如果宝宝每天每千克体重摄取热量超过500千焦（120千卡）就会导致肥胖。妈妈可以根据自己宝宝的体重、牛奶产生的热量（一般100毫升含糖牛奶产生418千焦）来计算出宝宝一天所需要牛奶的量。

奶瓶上都有刻度，冲牛奶时妈妈心中要有数，不要超过孩子的需要量，不然，孩子“吧嗒吧嗒”全吸光就容易过量。要是没吃完的话，妈妈看到剩余的奶，又会担心宝宝没吃饱。所以，为了稳妥起见，宁可冲少点儿再添，也不要冲得太多。

生下来就吃得很少的宝宝，到了这个阶段说不定也就能吃到 100 毫升，这些宝宝本身就是食量小，做妈妈的不必去羡慕吃得多的孩子。孩子是最不能忍受饥饿的，只要一感到饿就会表现出索食的要求，而对过食的反应却不那么剧烈，不像饥饿时那样引起大人的注意。因此，做父母的要当心宝宝过食，长期过食会导致肥胖或厌食牛奶。父母也不要嫌牛奶太稀怕小便多，而不科学地去增加牛奶的浓度，或者加入过多的奶糕、米粉等食品，这样容易增加宝宝消化器官的负担，也容易造成肥胖儿。

3 牛奶过敏宝宝的喂养

有牛奶过敏症状的宝宝，主要有乳糖耐受不良和牛奶蛋白过敏两种状况。其中乳糖耐受不良是由于宝宝的肠道中缺乏乳糖酶，对牛奶中的乳糖无法吸收而导致消化不良。这类宝宝只有胃肠方面的不适，粪便稀糊如腹泻般，如果停止喂牛奶，症状很快会改善。

牛奶蛋白过敏是因为部分宝宝对牛奶中的蛋白质产生变态（过敏）反应，每当接触到牛奶后，身体就会发生不适症状，尤其是胃肠道最多。牛奶蛋白过敏的情况各个年龄段都会有，因为婴幼儿多以牛奶为主食，所以是最容易发生牛奶过敏的人群。

如确定宝宝为牛奶过敏，最好的治疗方法就是避免接触任何牛奶制品。目前市场上有一些特别配方的奶粉，又名“医泻奶粉”，可供对牛奶过敏或长期腹泻的宝宝食用。这种奶粉以植物性蛋白质或经过分解处理后的蛋白质取代牛奶中的蛋白质，以葡萄糖代替乳糖，以短链及中链的脂肪酸替代一般奶粉中的长链脂肪酸。其成分虽与牛奶不同，但仍具有宝宝成长所需的营养及相同的热量，也可避免宝宝出现过敏等不适症状。

4 怎样对宝宝进行混合喂养

妈妈乳汁分泌较少，满足不了宝宝的需求，此时，必须在宝宝日常的喂养任务中添加动物奶（牛奶或羊奶补充）或其他代乳品，叫做混合喂养。

（1）混合喂养方法一

先吃母乳，续吃牛奶或其他代乳品，牛奶量依月龄和母乳缺乏程度而定。开始可让宝宝吃饱，满意为止，经过几天试喂，宝宝大便次数及性状正常，即可限定牛奶补充量。因每天哺乳次数没变，乳房按时受到吸吮刺激，所以对泌乳没有影响。这是一种较为科学的混合喂养方法。

（2）混合喂养方法二

停哺母乳 1 ~2 次，以牛奶或其他代乳品代哺。这种代哺牛奶的方法，因哺母乳间隔时间延长，容易影响母乳分泌，所以还是应谨慎选择。

在给宝宝喂纯牛奶时，需将牛奶用小火煮沸 3 ~5 分钟，一方面可以消毒杀菌，另一方面可使牛奶中的蛋白质变性，易使宝宝消化吸收。

5 正确判断宝宝是否吃饱

宝宝的喂养量和喂养次数可参考下表：

月龄	哺喂量	哺喂次数
新生儿	60 ~90 毫升（1 ~3 天）	每隔 4 小时一次
	70 ~100 毫升（4 ~30 天）	每隔 3 小时一次
1 ~2 个月宝宝	70 ~150 毫升	每隔 3 小时一次
2 ~3 个月宝宝	75 ~160 毫升	每隔 3. 5 小时一次
3 ~4 个月宝宝	90 ~180 毫升	每隔 3. 5 小时一次
4 ~5 个月宝宝	110 ~200 毫升	每隔 4 小时一次
5 ~6 个月宝宝	120 ~220 毫升	每隔 4 小时一次
6 ~7 个月宝宝	180 ~240 毫升	每隔 6 小时一次
7 ~8 个月宝宝	180 ~240 毫升	每隔 6 小时一次
8 ~9 个月宝宝	480 ~600 毫升	每隔 8 小时一次
9 ~11 个月宝宝	480 ~600 毫升	每隔 16 小时一次

新手妈妈在喂养宝宝时经常不知道宝宝是否吃饱了，尤其是当宝宝不停地哭闹或吃奶后仍表现得很烦躁的时候。母乳进入宝宝体内，一般要经过几

小时才能被宝宝消化吸收，所以宝宝在度过了最初昏睡不醒的一两天之后，就会表现出很饥饿的样子。基本上是每隔3～4小时就要吃一次奶。

大多数宝宝在度过了最初的三四天后每天需要吃8次奶。新生儿的体重通常会在出生后的2周内先减轻5%～9%，之后才开始增长。从出生后的第5天开始，宝宝的体重每天会增长30克左右。如果妈妈担心宝宝没有吃够奶，可以请儿科医生检查一下，儿科医生会根据宝宝的体重增长情况来判断他们是否吃饱。如果宝宝没有吃够奶，通常会有如下表现：

(1) 宝宝的体重在出生后的5天里会减少10%或更多。

(2) 喂奶时几乎听不到宝宝吃奶的吞咽声。

(3) 哺乳后感觉不到乳房变软。

(4) 宝宝在吸奶时面颊上出现酒窝，或发出咂舌头的声音。

(5) 宝宝总是表现出不安或昏昏沉沉。

(6) 宝宝排大便的频率少于每天1次，而且颜色发暗。

如果宝宝出现以上情况，要及时咨询育儿专家或去医院就诊。

6 适量给宝宝喂果汁

2个月的宝宝可以饮用果汁了。果汁不仅能补充维生素，还可以使粪便变软，易于排出。果汁好喝，宝宝容易接受，还能让他领略到人生的乐趣。这时期宝宝的乐趣主要通过味觉来体现，给他好吃的东西，他能表现出很愉快的样子。

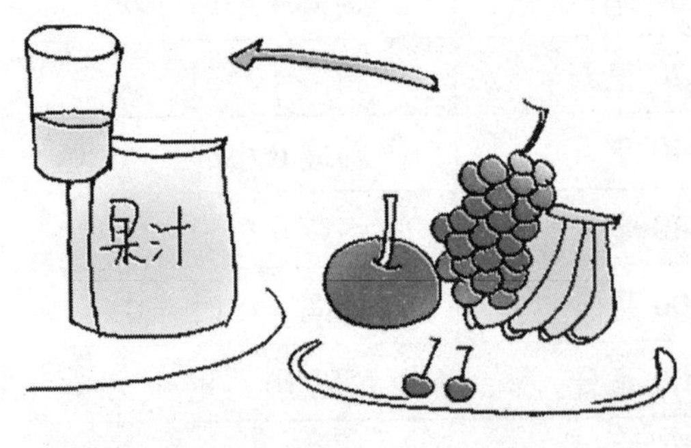

制作果汁，要选用新鲜、成熟、多汁的水果，如橘子、橙子、西瓜、梨等。制作者要先洗净自己的手，再将水果冲洗干净，去皮，把果肉切成小块状放入干净的碗中，用汤匙背挤压其汁，或用消毒干净的纱布挤出果汁，加少量的温开水，即可喂哺，果汁不需加热，否则会破坏水果内的维生素。现在，生活水平提高了，家庭有电动榨汁机的多了，那么制作起来就更方便，只是容器应消毒干净。

水果汁大多是酸性的，如果在喝奶后不久就喂的话，在胃内会使牛奶中的蛋白质凝结成块，不易吸收。因此，要喂果汁最好在喝完奶后1小时再喂，也就是要选在两顿奶之间喂，以利于维生素的吸收。

如果一时没有新鲜的水果，也可以饮用瓶装、罐装的水果原汁，喂时通常要加入等量的温开水，这样味道不至于太浓。开始喂时，应从少量开始，再一匙一匙地增加，增至每日果汁和开水各30毫升左右后，可逐渐减少水的比例，增加果汁的比例，直至适合宝宝的口味。市场上出售的水果原汁通常是用鲜果汁加糖加工而成，制作时会消耗大部分的维生素，营养价值会降低。而且，一瓶原汁要饮用较长的时间，反复开启瓶盖容易混进细菌，易造成感染，所以，水果原汁并不是婴儿理想的饮料。

另外，市场上销售的五颜六色、色泽鲜艳的各种果子露，如橘子露、柠檬露、苹果露、杨梅露等，它们都不是由水果制成的，而是用白糖和水再加上人工合成的色素、香精、糖精等配制而成带有水果味的甜饮料，根本无营养价值，且添加的一些化学物质对人体是有害的。因此，不要给婴儿饮用果子露。

7 给早产儿补充铁剂

铁是制造运输氧气的血红蛋白必不可少的成分，铁不足就会造成血红蛋白不足，引起贫血。

（1）早产儿体内铁含量不足

正常的足月儿从母体中吸收铁贮存在肝脏中，可够用到5～6个月，但早产儿由于提前降生，从母体中吸收的铁剂量少，多在出生后6周就差不多用完了。而此时其骨髓造血功能尚未完善，因而极易发生缺铁性贫血。

（2）早产儿如何补充铁

早产儿在出生1个月后就必须开始补铁。母乳中的铁比牛奶中的铁生物效应高，易被消化，但是含量低，因此，只用母乳喂养的宝宝需到医生那里去开铁剂。

牛奶中铁的含量更低，所以早产儿，尤其是吃牛奶的早产儿、多胎儿，或是乳母患有缺铁性贫血的足月儿，从第 2 个月起就要开始补充铁剂以预防贫血。如果是吃强化高铁奶粉的宝宝，则不需另外补充铁剂。

严格地说，应该通过宝宝的血液检测来确定补铁量，然而宝宝一旦开始吃牛奶以外的东西就很难计算铁的摄取量了。随着宝宝不断成长，辅助食品不断增加，宝宝可以从辅食中获取铁质了。但为了安全起见，出生后1 年内早产儿都需补充铁剂。

8 给宝宝服用鱼肝油

(1) 如何服用鱼肝油

鱼肝油的主要制作原料是鱼的肝脏，主要含有维生素 A 和维生素 D。其中，维生素 A 有利于人体免疫系统，维生素 D 是人体骨骼中不可缺少的营养素。人体肠道对钙的吸收必须要有维生素 D 的参与，而母乳中维生素 D 含量较低，所以宝宝从出生后第1 ~3个月开始就应该酌情添加鱼肝油以促进钙、磷的吸收。但剂型、药量和服药期限必须在医生指导下进行，否则摄入过量会引发中毒症状，导致毛发脱落、皮肤干燥皲裂、食欲不振、恶心呕吐，同时伴有血钙过高以及肾功能受损。一旦确认为“鱼肝油中毒”，就应该立即停止服用。

宝宝的鱼肝油用量应该随着月龄的增加而逐渐增加。此外，户外活动多时可以酌减用量，一些宝宝食品已经具有强化维生素 A、维生素 D 的效用，如果规律服用也需要减少鱼肝油用量。

(2) 如何选择鱼肝油

1）选择不含防腐剂、色素的鱼肝油，避免宝宝中毒。

2）选择不加糖分的鱼肝油，以免影响钙质的吸收。

3）选择新鲜纯正、口感好的鱼肝油，使宝宝更愿意服用。

4）选择不同规格的鱼肝油，有效满足宝宝成长期需求。

5）选择单剂量胶囊型的鱼肝油，避免二次污染。

6）选择铝塑包装的鱼肝油，避免维生素A、维生素D氧化变质。

7）选择科学配比3∶1的鱼肝油，避免维生素A过量，导致宝宝中毒。

8）选择知名企业生产的鱼肝油，相对比较安全可靠。

9 多给宝宝喂水

水是人体中不可缺少的重要组成成分，也是组成细胞的重要成分，人体中的新陈代谢，如营养物质的输送、废物的排泄、体温的调节、呼吸等都离不开水。水被摄入人体后，有1%～2%存在于体内供组织生长的需要，其余经过肾脏、皮肤、呼吸、肠道等器官排出体外。水的需要量与人体的代谢和饮食成分相关，宝宝的新陈代谢比成人旺盛，需水量也就相对要多。3个月以内的宝宝肾脏浓缩尿的能力差，如摄入食盐过多，水就会随尿排出，因此需水量就要增多。母乳中含盐量较低，但牛奶中含蛋白质和盐较多，故用牛奶喂养的宝宝需要多喂一些水来补充代谢的需要。

总之，宝宝的年龄越小，水的需要量就相对要多。一般每天每千克体重需要100～150毫升水，如5千克重的宝宝，每日需水量是500～750毫升。这里包括喂奶量在内。

10 谨防药物给母乳带来毒素

哺乳妈妈如果服药的话就要注意了，虽然大部分药物会随肾脏排出体外，存留在乳汁中的浓度很低，每天排出的量也不足以对宝宝产生不良影响。但有一些药物在乳汁中的排出浓度较高，是哺乳妈妈应禁用或慎用的药物。下面提供一些哺乳妈妈应该慎用或禁用的药物，以供参考。

（1）磺胺类

如磺胺异恶唑、磺胺嘧啶、羧苯磺胺（丙磺舒）、磺胺甲基异恶唑（新诺明）等。这类药物本不易进入乳汁，但由于宝宝的药物代谢系统尚未发育完善，肝脏解毒能力不强，即使少量进入宝宝体内也会对宝宝产生不利影响，导致溶血性贫血。所以，哺乳妈妈不宜长期大量使用，尤其是长效磺胺制剂。

（2）氯霉素

可造成致命的灰婴综合征，应禁用。

（3）四环素

易造成宝宝骨生长抑制及出现黄疸，还会导致牙齿染色，应禁用。

（4）庆大霉素、链霉素等氨基糖苷类

在乳汁中浓度较高，会损害宝宝的听力，应禁用。

（5）青霉素类、头孢菌素类

可能会影响宝宝正常的肠道菌群，还可能出现过敏反应，严重的还可能有生命危险，应禁用。

（6）卡那霉素

会导致宝宝出现中毒症状，发生耳鸣、听力减退及蛋白尿等。

（7）金刚烷胺

会导致宝宝出现呕吐、尿潴留、皮疹等症状，应禁用。

（8）抗癌药物

会引起宝宝骨髓抑制，出现白细胞水平下降，应禁用。

（9）抗甲状腺药物

会抑制宝宝的甲状腺功能，应禁用。

（10）中枢抑制药

如苯巴比妥（鲁米那）、地西泮（安定）、氯氮卓（利眠宁）等，可引起宝宝嗜睡、体重下降，甚至虚脱，应禁用。

（11）避孕药

避孕药会抑制泌乳素生成，使乳汁分泌量下降。而且，避孕药还可能使男婴乳房变大及女婴阴道上皮增生，应禁用。

哺乳妈妈在服用上述药物时应停止哺乳，暂以配方奶粉喂养宝宝。

宝宝的身心发育

	男宝宝	女宝宝
身高	平均65.1厘米（60.7~69.5厘米）	平均63.8厘米（59.4~68.2厘米）
体重	平均7.5千克（5.9~9.1千克）	平均7.0千克（5.5~8.5千克）
头围	平均42.1厘米（39.7~44.5厘米）	平均41.2厘米（38.8~43.6厘米）
胸围	平均42.3厘米（38.3~46.3厘米）	平均41.1厘米（37.3~44.9厘米）

（1）生理特点

1）脑细胞生长的第2个高峰期。

2）能稳定地俯卧，能支撑起脖子，俯卧时抬头时间能够持续30秒左右。

3）前臂不仅能支撑头部，而且能支撑体重，挺起胸来。

4）蜷缩的手慢慢展开，能够短时间抓住玩具。

（2）心理特点

1）听到声音，脸会转向发出声音的地方；能分辨妈妈的声音。

2）当看到眼前的图片或者玩具时，会表现出兴高采烈的样子，同时会发出“哦”、“啊”等声音，还会连续地尖叫。

3）被逗乐时，会发出相当大的咯咯声，甚至是笑声。

4）能明确地表示高兴与不高兴。

5）看到眼前的玩具，会伸手做出抓的动作。

宝宝的营养需求

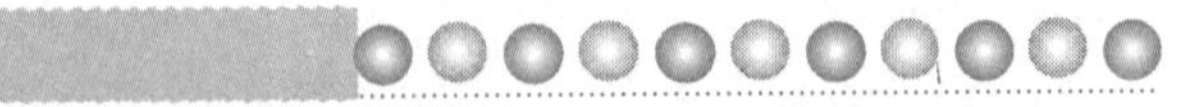

母乳充足的话，能满足宝宝生长发育所需营养，不必添加其他辅食。混合喂养和人工喂养的宝宝，应适量添加蔬菜汁和鲜榨果汁，以补充牛奶加工过程中损失的维生素C。

3个月大的宝宝，可以喂一些自制的蔬菜汁。方法是将新鲜的蔬菜洗净，切成小段，加水煮透，取菜汁（仅仅是汁）饮用。如芹菜汁对便秘有效，胡萝卜汁对腹泻有效。如果是纯母乳喂养的宝宝建议4个月开始添加辅食，吃配方奶粉的宝宝3个月可以添加辅食。刚开始添加辅食时，要先加米粉，然后是蛋黄、菜泥、果泥等，把米粉调成糊，用汤匙喂，由少到多、由稀到稠、由一种到多种，逐渐添加，要注意观察宝宝排便的情况。

父母给宝宝添加辅食，不可过早进行，因为宝宝有可能消化不了。淀粉类食物要到宝宝4个月后才能消化，因为宝宝4个月时才开始产生淀粉酶。4个月前吃这些淀粉类食物，基本上不能消化、吸收，而是被全部排泄掉。最先添加的辅食是蛋黄，也应该要3个月才宜添加（早产儿可略早添加）。过早添加淀粉类食物，宝宝原本好好的肠胃都被搞坏了。

给此时期的宝宝添加辅食应先从蛋黄添起，将1/4左右的蛋黄用水或者奶调和开喂宝宝，添加时间最好选择在上午的两顿奶之间，应注意观察宝宝的消化情况，如有异常应当停掉。最少要3天后才可以加别的辅食，如米粉、米汤、菜水、菜汁、果汁、果泥等。

新妈妈喂养圣经

1 本月宝宝的母乳喂养

母乳充足时，宝宝在2~3个月这个阶段是不用看医生的。通常宝宝体重平均每天增加30克左右，身高每月增加2厘米左右。

（1）2~3个月宝宝具有存食的能力吗

在这个时期，喝奶量增多的宝宝每次喂奶的时间间隔变长，原来过3个小时就饿得直哭的宝宝，现在可以睡上4个小时，有时甚至睡5个小时也不醒。若宝宝的体重持续增加，而且睡眠时间延长，就说明宝宝已具备了存食的能力。

那些生来食量就小的宝宝，一般出生时体重都比较轻。本来3小时喂一次，现在过了3小时也不想吃，到了每天只喝3次奶的程度。尽管宝宝每天只喝3次奶，但只要他精神状态好，父母就不用担心。

（2）怎样判断母乳分泌不足

分娩2个月后，母乳分泌会慢慢减少。如果乳母乳房不能胀满，乳汁稀薄，每次授乳超过30分钟而宝宝仍频频吮奶，或无其他原因宝宝不能安睡，经常啼哭，每5天体重增加从原来的150克降至100克，就说明乳母乳汁不足。

此外，如果宝宝要奶吃的哭闹时间提前，或夜里原来只醒1次，现在一夜哭闹2~3次，就可以确定是母乳分泌不足了。

（3）宝宝首次添加牛奶时的反应

由于母乳不足需要添加牛奶时，严格消毒是非常重要的。

添加牛奶后，宝宝的粪便会稍有变化，较以前发白且成块。极个别的宝宝还会出现排便次数增多、水分增加的情况，所以一些妈妈可能担心宝宝是不是出现了“消化不良”。其实，只要严格进行了消毒，一般不会出现什么可怕的后果。即使出现“腹泻”，只要宝宝状态好，可视其为牛奶的适应过程，应继续喂下去。

开始添加牛奶时最重要的不是观察宝宝的粪便，而是观察体重。只要宝宝体重的增长在每5天150克左右，就不必担心其他。

添加牛奶后要注意给宝宝补充维生素C。

(4) 母乳留待夜里喂

有的宝宝在开始添加牛奶后就不太愿意吮吸母乳。如果这样就可以改喂牛奶。但夜里必定醒来喝一次奶的宝宝，还是应该把母乳留待夜里喂较好。因为母乳喂养一是简单，不太影响宝宝的睡眠——饿了就可直接吃，吃饱了就能接着睡。二是卫生，夜里起来调配奶粉比较匆忙，难免存在消毒不严，如果喂给宝宝就可能带来疾病。

一直睡到第二天早晨不起夜的宝宝，醒来的第1顿奶喂母乳也是很方便的。这个时期仍喂母乳的宝宝，即使排便次数多，粪便呈“腹泻”状也属于正常情形。

2 宝宝人工喂养方案

这个月的宝宝日需牛奶量600毫升，加入300毫升水、40克白糖调匀食用。

喂奶次数可由每日6次改为5次，逐渐养成宝宝夜间睡长觉的习惯。减少了喂奶次数，可增加每次喂奶量，每次喂180毫升左右，食量大的宝宝，每日增加90~100毫升豆浆，可与牛奶兑在一起饮用。

上午、下午两次喂奶中间可交替喂淡糖水、水果汁或菜汁等，每次90~100毫升。

由于牛奶含铁量低，所以这个月的宝宝就可以喂蛋黄了，开始可食用1/4个蛋黄，再逐渐增加，也可将蛋黄与菜水、米汤等混合食用，在上午、下午喂奶前食用。

这个阶段还要喂宝宝浓缩鱼肝油，每日2次，每次2滴。

3 为何不宜只用米粉喂养宝宝

母乳不足或是牛奶不够，可加些米粉类食物作为宝宝食品的补充，但决不可只用米粉喂养宝宝。

（1）米粉的成分

市场上名目繁多的干粉、健儿粉、米粉、奶糕等，都是以大米作主料制成的。其中含79%的糖，5.6%的蛋白质，5.1%的脂肪及B族维生素等，米粉的这种营养素含量根本不能满足宝宝生长发育的需要。

（2）只喂米粉对宝宝生长发育有何影响

如果只用米粉类食物代替乳类及乳制品喂养，宝宝就会出现蛋白质缺乏症，不仅生长发育迟缓，而且影响宝宝的神经系统、血液系统和肌肉的增长，使宝宝体质变弱、抵抗力低下，体内免疫球蛋白不足，容易患病。

长期用米粉喂养的宝宝，身高增长缓慢，但体重并不一定减少，反而又白又胖，皮肤被摄入过多的糖类转化成的脂肪充实得紧绷绷的，医学上称这为“泥膏样”。但这种宝宝外强中干，常患有贫血、佝偻病，易感染支气管炎、肺炎等疾病。

（3）为什么3个月内的宝宝不宜喂米粉

有些父母，在新生儿期就给新生儿加用米粉，这更不合适。因为新生儿唾液分泌少，其中的淀粉酶尚未发育，而胰肠淀粉酶要在宝宝4个月左右才能达到成人水平，所以3个月内的宝宝更是不宜加米粉类食品。

3个月以后可适当喂些米粉类食品，这对宝宝胰肠淀粉酶的分泌会有促进作用，也便于唾液中淀粉酶的利用。但也不能只用米粉类喂养，即使与牛奶混合喂养，也应以牛奶为主，米粉为辅。

（4）米粉的正确喂法

米粉中蛋白质和脂肪的含量很低，质量也较差，满足不了宝宝生长发育的需要。但在牛奶中加入少量米粉的食用方法对宝宝是有益的。

牛奶中蛋白质含量较高，其中酪蛋白占80%，乳蛋白占20%。酪蛋白在进入人体后，遇到胃酸易形成凝块，不易消化。而在牛奶中加入米粉后形成了柔软而疏松的酪蛋白凝块，易于被人体消化吸收。所以正确的喂法是牛奶加米粉。

4 夜间不宜频繁喂奶

夜间是宝宝生长发育，尤其是大脑发育的重要时间，一定要保证宝宝夜间持续的睡眠时间，避免人为打扰宝宝的睡眠，才能让宝宝茁壮成长。

（1）夜间频繁喂奶不利于大脑发育

据中华医学会统计，妈妈关注宝宝睡眠问题的比例近几年呈直线上升趋势，已经占据所有育儿问题的12%。其中最受关注的就是，不少新妈妈提到，宝宝每天晚上都要喂几次奶，搞得自己白天精神状态很差，而宝宝的发育也并不理想。其实，宝宝夜间频繁地吃奶是不良的睡眠习惯，需要及时进行纠正。

（2）夜间喂奶的注意事项

妈妈困倦，容易忽视乳房是否堵住宝宝的鼻孔，易使宝宝发生呼吸困难。

夜里光线暗，视物不清，不容易看清宝宝的脸色以及宝宝是否有溢奶状况。

妈妈怕喂奶影响家人的睡眠，所以宝宝一哭就马上用乳头哄，结果导致宝宝夜间吃奶的次数越来越多，养成不好的吃奶习惯。

综上所述，妈妈在夜间给宝宝喂奶时也要像白天一样，要坐起来喂奶。喂奶时光线不要太暗，要能够清晰地看到宝宝的脸。喂奶后仍要竖抱宝宝，轻拍其背部，待打嗝后放下。观察一会儿，宝宝安稳入睡即可关灯睡觉。但卧室内尽量保留暗一些的光线，以便宝宝出现溢乳等特殊状况时能及时发现。

5 从2~3个月起可以定时喂奶

从2~3个月起即可定时喂奶，喂奶前半小时不要喂其他食物。喂奶前可先用语言和动作逗引宝宝，以形成时间性条件反射，这对保持食欲有利。

6 宝宝不肯用奶嘴的应对措施

若宝宝从出生后一直吃母乳，待3个月后进行混合喂养时，宝宝很难接受橡皮奶嘴，此时可以试试以下这些办法：

（1）第一次用奶瓶喂奶：宝宝不接受时，不要将奶嘴直接放入宝宝的口里，而应将奶嘴像母乳喂养一样放在宝宝嘴边，让宝宝自己找寻，使其主动含入嘴里。

（2）把奶嘴用温水冲一下，使其变软些，和妈妈乳头的温度相近。

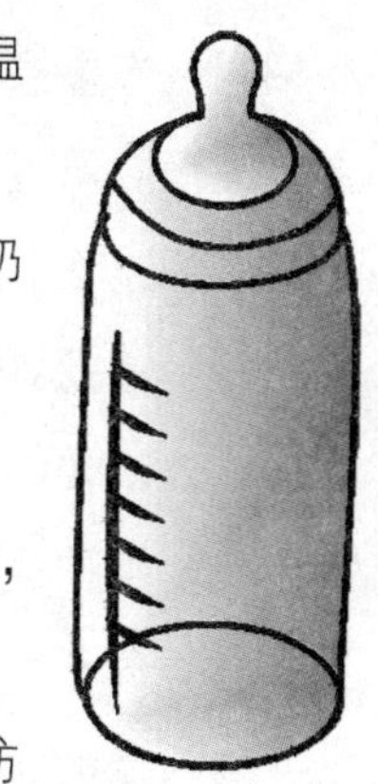

（3）给宝宝试用不同形状、大小、材质的奶嘴，并调整奶嘴孔的大小。

（4）试着用不同的姿势给宝宝喂食。

（5）喂奶前抱抱、摇摇、亲亲宝宝，并抱着宝宝走一走，会让宝宝感觉很愉悦，这时再用奶瓶喂可能会更好些。

如果在试过了这些办法后宝宝仍拒绝奶瓶，爸爸妈妈不妨先改用杯子、汤匙等喂食，再慢慢过渡到奶瓶。

7 宝宝奶粉不宜频繁更换

新妈妈必须知道这样一个基本常识：宝宝食用的配方奶粉是不能频繁更换的。宝宝的消化系统发育尚不完全，对不同食物的消化都需要一段时间来适应，因此，妈妈一定要注意不要给宝宝频繁转奶。

有的妈妈片面地认为，所谓转奶就是在不同牌子的奶粉之间相互转换，其实不尽然。即使是相同牌子的配方奶粉，不同阶段之间的奶粉、同一牌子相同阶段但产地不同的也属于转奶，妈妈要特别注意了。

（1）转奶不适的症状

妈妈如果觉得宝宝不适合喝之前牌子的配方奶粉，也可以考虑转换品牌。但要知道，转奶需要一个循序渐进的过程，切不可操之过急。那么，怎么知道宝宝是否转奶成功了呢？宝宝转奶不适又会表现出什么症状呢？

据了解，宝宝转奶出现不适通常会有以下几种表现：不爱吃奶、腹泻、呕吐、便秘、哭闹、过敏等。其中腹泻最为严重，而过敏则表现为皮肤痒、出红疹等。妈妈在给宝宝转奶时一定要注意观察宝宝的状况，如果出现不适症状应马上调整喂养方案。

(2) **转奶的原则**

最忌频繁地给宝宝转奶。每种配方奶粉都有相对应的符合宝宝成长的阶段分级。因为宝宝的肠胃和消化系统尚未完全发育，而各种奶粉的配方又不尽相同，如果换用另外一种新的奶粉，宝宝又要去重新适应，这样极易导致宝宝腹泻。所以，妈妈给宝宝转奶要循序渐进，不要过于心急，要让宝宝有个适应的过程。妈妈要随时注意观察，宝宝没有不良反应时才可以加量，如果不能适应就要慢慢改变。

此外，转奶应在宝宝身体健康情况良好时进行，没有腹泻、发热、感冒等症状，接种疫苗期间也最好不要转奶。

(3) **转奶的方法**

最科学的转奶方法就是新旧混合，即将预备替换的新奶粉和宝宝之前已经习惯饮用的奶粉在转奶时掺和饮用。开始可以量少一点，慢慢地适当增加比例，直到转奶成功。比如，先在旧的奶粉里添加1/3的新奶粉，这样喂宝宝两三天之后如果没什么不适反应，就可以旧的、新的奶粉各一半再喂养两三天；如果没有不良反应，再旧的1/3、新的2/3喂两三天，最后过渡到完全用新的奶粉替代旧的奶粉。

8 给宝宝喂牛奶的禁忌

牛奶喂养不当，有可能导致宝宝消化不良或饥饱无度。在喂养宝宝的过程中，如宝宝出现消化不良，可在奶汁中加入适量米汤或温开水略稀释后喂哺，待宝宝消化正常后重新采用全奶。

(1) **牛奶为什么不宜久煮久放**

牛奶不宜久煮，不宜文火煮沸，否则会使一些不耐热的营养物质被破坏；生牛奶、病牛的奶以及老牛的奶不宜饮用，以免染上疾病或中毒。

牛奶煮沸后，不宜保温存放，应立即饮用。这是因为牛奶中的细菌在温度适宜时，每20分钟就可繁殖一代，3~4小时即可使牛奶腐败。饮用这种表面上无变化的牛奶，可诱发腹痛、腹泻和胃肠炎等。

(2) 为什么不宜空腹饮用牛奶

除新生儿和较小的宝宝外，其他婴幼儿不宜晨起空腹饮奶。这是因为晨起空腹饮用时，胃蠕动排空较快，牛奶还未得到充分消化就被送进肠道，这既不能充分发挥牛奶的营养作用，又会使其中的氨基酸在大肠内转化为有毒物质，从而损坏机体健康。

正确的饮用方法是，在饮用牛奶前，适当进食淀粉类食物，这样才可提高牛奶的营养价值。

(3) 饮用牛奶有哪些禁忌

1）煮牛奶时忌放糖，否则可在高温下生成有害的果糖基赖氨酸。

2）牛奶不宜冰冻存放，因为在解冻后可使牛奶中的蛋白质发生沉淀、凝固而变质。

3）牛奶忌用塑料容器盛装，否则可产生异味。

4）牛奶忌光照，光照可使其中的B族维生素、维生素C损失殆尽。

5）牛奶忌与巧克力同食。因为牛奶中的钙易与巧克力中的草酸生成不被人体吸收的草酸钙。若长期同食，可导致宝宝腹泻、缺钙和生长发育迟缓等。

6）饮奶后不宜立即进食酸性食物，如橘子汁、果露等，否则可使牛奶蛋白在胃内形成凝块而难以消化。

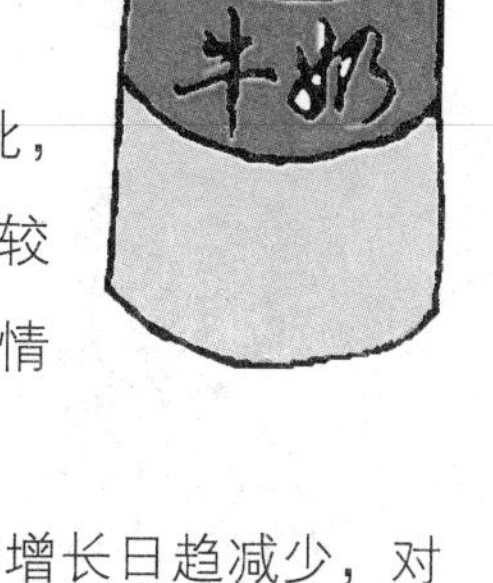

7）牛奶含铁量较低，而且吸收利用率也不高，因此，宝宝不宜单纯用牛奶喂养，应补充一些铁剂。牛奶含磷较多，影响铁的吸收。贫血的宝宝忌服用牛奶，否则可使病情恶化。

8）3岁以下的婴幼儿体内乳糖酶较多，乳糖酶随年龄增长日趋减少，对牛奶中的乳糖类物质的消化能力也日趋下降。超过3岁后，如果多食奶或奶制品，可引起腹胀、腹痛或腹泻。

9）此外，哮喘、荨麻疹、湿疹、肠道功能紊乱、过敏性鼻炎、感冒的宝宝也应忌食牛奶。

9 职业女性的喂奶方法

在产假休完即将上班的前几天，妈妈应该根据上班时间适当调整宝宝的喂奶时间。上班后，条件允许的话，可以用消毒奶瓶设法将乳汁挤出储存起来，回来带给宝宝食用或放冰箱内存到第二天。如果妈妈上班地点远，要离开宝宝8小时以上的，可以早晨喂一次奶，下班时喂一次，晚上宝宝临睡前再喂一次。一般来说，乳汁的分泌在早晨是最多的，可以挤出一些装在严格消毒过的容器里冷藏保存。最好是尽最大努力坚持母乳喂养，压缩牛奶或其他代乳品的喂养次数。若上班时不方便挤奶，又不想停止母乳喂养的话，可以在白天喂配方奶，回家后再喂母乳。由于工作忙碌和压力增大，妈妈可能会忽略自身营养，容易疲劳，使奶量减少。应注意营养的摄取，且每天补充的水分应该在1500毫升左右。

如果不想坚持母乳喂养的话，应该在上班前半个月或2周开始，慢慢减少母乳喂养次数，让宝宝学会吸吮奶嘴，逐渐用牛奶或其他代乳品来补充。可以在1周前就基本上停止母乳喂养。这样慢慢减少母乳喂养次数，不至于突然停止哺乳造成宝宝的不适应，也不会让乳房肿胀不适，能让身体慢慢适应，泌乳量也能逐渐减少。

10 上班族妈妈如何挤奶

妈妈上班或外出暂时与宝宝分离时，怎样坚持母乳喂养呢？方法是：

（1）妈妈挤出母乳存放在4℃的冰箱中，供妈妈上班后孩子在家食用。

（2）在上班前喂奶1～2次后再离开。

（3）带上消毒瓶，在上班期间将奶挤入存放（每3小时挤一次），待下班后带回家喂哺宝宝。

（4）下班回家后，尽量让孩子频繁吮

吸。特别要坚持夜间哺乳，以弥补白天喂奶少而对乳头刺激不足，这样便可分泌出足够的乳汁来满足宝宝的需要。

（5）当妈妈上班外出时，家中其他人员应定时将存放的母乳用杯匙喂孩子。

11 不宜过早添加辅食

有些家长从宝宝出生第2～3周起，不管母乳是否充足，就给宝宝加喂米汤、米糊或乳儿糕，认为半固体谷类食物比母乳更有营养、更耐饥。其实，这是不科学的。虽然母乳看起来稀薄，实际上含有的营养素和所供给的能量都比米糊、乳儿糕多且质优。特别是3个月以内的宝宝消化谷类食物的能力尚不完善，且缺乏淀粉酶，不适宜进食米、面类食品。谷类食物中的植酸又会与母乳中含量并不多的铁结合而沉淀下来，从而影响宝宝对母乳中铁的吸收，容易引起宝宝贫血。另一方面，宝宝吃饱了米糊、乳儿糕等食物，吸吮母乳的量就会相应减少，往往不能吸空妈妈乳房分泌的乳汁，致使母乳分泌量逐渐减少。此外，在调制添加食品的过程中极易发生病菌污染，很容易引起宝宝腹泻。

母乳是宝宝最合适的食物，不但供给他们十分丰富、易于消化吸收的营养物质，而且还有大量增强抗病力的免疫因子。母乳直接喂哺，既卫生又经济，还可促进母子感情，有助于宝宝心理发育。健康的妈妈一般都有足够的乳汁喂哺自己的宝宝，但也有极少数妈妈由于疾病或其他原因，没有母乳或乳汁不足，则必须以配方奶粉或牛奶等代替母乳，不应采用淀粉类食物替代。

宝宝的身心发育

	男宝宝	女宝宝
身高	平均64.5厘米（59.7～69.3厘米）	平均63.1厘米（58.5～67.7厘米）
体重	平均7.4千克（6.8～9.0千克）	平均6.8千克（5.3～8.3千克）
头围	平均42.0厘米（39.6～44.4厘米）	平均40.9厘米（38.5～43.3厘米）
胸围	平均42.3厘米（38.3～46.3厘米）	平均41.1厘米（37.3～44.9厘米）

（1）生理特点

1）头围和胸围大致相等，比出生时长高10厘米以上，体重为出生时的2倍左右。

2）头部能随意地左右转动。

3）睡觉时不再安分，身体活动频繁。

4）喜欢抓住身边的东西往嘴里送，经常吸吮手指。

5）胎毛开始脱落。

6）胃肠道、神经系统和肌肉发育较为成熟，有正常的吞咽动作。

（2）心理特点

1）能放声大笑，明显地表示喜怒等情感。

2）会对着镜子微笑。

3）眼睛或头部会随着眼前移动的东西转动。

4）经常发出咿咿呀呀的声音。

5）见到熟悉的人会主动求抱。

宝宝的营养需求

有的宝宝4个月时就长出了第一颗牙。出牙前，牙龈会出现红肿，宝宝口水增多。由于不舒服，他的脾气会变得暴躁，常哭闹，这时给一些食物让他咬着，有助于牙齿的生长。4个月宝宝的体内铁、钙、叶酸和维生素等营养元素会相对缺乏，应加入含有这类营养成分的辅食。

这个阶段宝宝的主食仍应以母乳和配方奶为主，还需要积极给宝宝添加辅食，以保持营养的摄入量。还要注意补充宝宝体内的维生素C和矿物质，除了果汁和新鲜蔬菜汁以外，还可用菜泥来代替菜汁，以锻炼宝宝的消化功能。

宝宝的辅食以流食、半流食为宜，制作时保持清洁与卫生，最开始时应加工得越细小越好，随着宝宝不断地适应和身体发育逐渐变粗变大。如果开始做得过粗，会使宝宝不易适应并产生抗拒心理。

新妈妈喂养圣经

1 本月宝宝的母乳喂养

用母乳喂养的宝宝除了有“稀便”或2天才便一次的情况外，其他方面在这个月龄里的宝宝会让妈妈非常省心。

（1）母乳不足怎么办

尽管这个时候，妈妈非常省心，但大多数妈妈都清楚，现在的乳汁分泌已不能够满足宝宝的需要。夜里宝宝会因肚子饿而哭闹，宝宝体重的增重速度下降，但是许多宝宝还是不肯喝牛奶。

这个时候妈妈不必着急。因为到了4个月，宝宝就可以吃断奶食品了。在此之前，只要宝宝和从前一样健康快乐，即使不吃母乳以外的食物也没有关系。宝宝的体重增加在这一阶段可能比较缓慢，但不久就会恢复正常，这对宝宝漫长的一生不会有什么影响，如果母乳严重不足，宝宝饥饿难耐，慢慢也就不得不吃牛奶了。

（2）怎样添加辅食

一般情况下，食量小的宝宝只吃母乳就够了，而能吃的宝宝则需要补充牛奶。

补充牛奶时不可一下全部改成喂哺牛奶，最好是一半母乳一半牛奶，比如每天喂5次奶的可以喂2次母乳3次牛奶，这样比较方便些。如果还有多的母乳可留作夜间喂奶备用。

这里要注意，每天喂3次以上牛奶的宝宝要记得添加果汁，体重增加在标准范围内的宝宝只须添加1次果汁，夏天时可在白天添加2～3次白开水。

（3）3～4个月的宝宝每天喂几次奶

这个时期的宝宝每天吃奶次数几乎是固定的。有的宝宝每天吃5次，夜里也不需要喂奶，也有的宝宝每隔4小时需要喂1次，白天喂5次后夜里还要加1次，一共喂6次。

这个时期的宝宝每天可喂奶800毫升，另在两次喂奶间隔中加牛奶90毫升。

2 宝宝慎喂羊奶粉

一些妈妈担心牛奶不安全，于是就给宝宝喂羊奶粉。羊奶中叶酸含量较少，加之其中蛋白质、脂肪的分子量大，其实对于不满4个月的宝宝来说并不适合，要慎喝。

羊奶与牛奶的营养成分类似，且蛋白质和矿物质的含量都高于牛奶，因此一些家长认为对牛奶过敏的宝宝可以选择喂羊奶。殊不知，羊奶中叶酸含量较少，容易引发宝宝营养性巨幼细胞性贫血。不满4个月的宝宝还未添加辅食，不能通过食物补充叶酸，因此，在给宝宝选奶粉时要特别慎重。如要选择羊奶粉，也最好选择叶酸含量高的配方羊奶粉。

另外，羊奶中蛋白质、脂肪的分子量较大，且含有不宜消化的乳糖和乳糖酶，而宝宝的消化系统发育尚不完善，部分宝宝喝羊奶可能会引起腹泻、吐奶等不适症状，一定要慎重选择。

3 何时给宝宝添加辅食

给宝宝添加辅食的时间最好是在出生后的4～6个月，辅食的添加不能过早过晚。过早添加辅食，很可能会造成母乳吃得过少，不能满足宝宝的营养需求。出生不久的宝宝免疫力也很低，母乳吃得过少，从母乳中得到的抗体就少，很可能会因为免疫能力不足而增加得病的几率。这时宝宝的消化系统、肾功能还没有发育完全，过早添加一些固体食品，不但宝宝吸收不了其中的营养，还会给宝宝的身体造成负担，使宝宝更容易患上哮喘、腹泻或其他过敏性疾病。辅食添加得过晚，则不但满足不了宝宝的营养需求，造成维生素缺乏症；还会使宝宝的口腔肌肉得不到适宜的锻炼，使宝宝的咀嚼能力、味觉发育落后，更加难以接受辅食。

4 给宝宝添加辅食的益处

给宝宝添加辅食好处多多。

（1）辅食可以补充母乳的营养不足

尽管母乳是宝宝的最佳食物，但对4～6个月以后的宝宝来说，有一些宝宝所需要的营养素在母乳中的量不足，比如维生素B_1、维生素C、维生素D、铁等，这些相对缺少的营养素需要宝宝通过吃辅食来弥补，而吃配方奶的宝宝更需要添加辅食。

（2）辅食能够增加营养以满足宝宝迅速生长发育的需要

随着宝宝的逐渐长大，宝宝从饮食中获得的营养素的量必须按照其生长发育的速度来增加。可是，母乳的分泌总量和某些营养素的成分并不会随着宝宝的长大而相应地增多。因此，宝宝除了继续吃母乳外，必须要添加一定量的辅食以满足其生长发育的营养需求。特别是一些妈妈奶量少的宝宝，更要及时添加辅食。

（3）添加辅食也可为宝宝日后的断奶做准备

在宝宝断奶前让他适应和练习吃辅食，完成从吃流质到吃固体食物的转变，将有助于宝宝顺利地断奶。

5 给宝宝添加辅食的原则

添加辅食的过程是一个过渡时期，这个过程是重要的适应阶段。这期间喂养得好，孩子就长得健康，反之则可以影响到整个婴幼儿期的生长发育，并影响到终身的健康。添加辅食应遵循以下原则：

（1）从一种到多种

添加辅食应从一种开始，使宝宝有一个适应过程。如果宝宝适应，再增加第2种，以后逐渐增加到多种。如宝宝4个月时添加蛋黄和奶糕，这两种食品不能同时添加，应有先有后，通常先吃蛋黄，宝宝适应后再加奶糕。如果同时添加两种食品，宝宝若有消化不良或对食物过敏，就分不清是哪种食物引起的。

（2）从稀到稠

添加辅食时应从较稀的食物加起，比如稀粥，甚至可以是米粉加水，待适应了以后再用较稠的米粥等，也就是由稀到稠、由流食到半流食到半固体，最后是固体的过程。

（3）从少到多

最初添加辅食时给的量应少一些，注意观察宝宝的大便，如果没有什么异常，3~4日后可以逐渐加量，如果大便较稀或是消化不良时就应停止喂此种辅食了，待大便恢复正常时再从较小的量加起，切不可因为害怕宝宝会再次腹泻等而不再加辅食。

（4）从细到粗

食物从细的汁到泥、末、碎块（丁）、片，从小块到大块，以适应孩子的吞咽和咀嚼能力。

（5）观察反应，采取措施

添加辅食时，要观察宝宝的反应。如宝宝不喜欢吃辅食，辅食应在哺母乳前喂；如喜欢吃辅食，则应在哺乳后喂。每次添加新辅食，应观察大便的次数和性质，如大便次数增加，且不消化，应暂停喂几天，待大便正常后再添加。

（6）应在宝宝健康、消化功能正常时逐步添加

因患病时，宝宝的消化功能较弱，不宜添加新的辅食。

6 如何判断宝宝需要添加辅食

（1）看宝宝的体重增加情况

如果宝宝每顿喝足量的奶，体重却增加得比较少甚至没有增加，就说明宝宝需要添加辅食了。

（2）看宝宝还有没有推吐反射现象

如果把汤匙放到宝宝嘴唇上，他就张开嘴，而不是本能地用舌头往外推，就说明宝宝已经从心理上做好准备尝试母乳以外的食物了。

（3）看宝宝是不是开始对大人们吃饭感兴趣

如果大人们吃饭的时候，宝宝表现得很好奇、很羡慕，或是伸手去抓食，也说明宝宝已经从心理上做好准备尝试母乳以外的食物了。

（4）看宝宝有没有能力表达拒绝

如果宝宝在不想吃东西时，会闭嘴、转头，对大人们送过来的食物表示拒绝，就说明宝宝开始有了判断饥饱的能力。这时候你就可以放心地为宝宝准备辅食了。

7 添加辅食应注意的事项

（1）每天添加辅食应包括米面类、水果及蔬菜、鸡蛋。

（2）开始时，最好吃米粉制食品，如米粉与母乳或水混合的米汤，因为米粉产生变态反应最少，又易与其他食物混合。开始时可同时添加果汁或水果浆，然后再同时添加蔬菜泥。这一过程适应后，再开始另一种谷物类，如面粉。小麦最易引起变态反应，应放在较后时间添加；黑米里含较多的纤维，不易消化，可放在7个月以后吃；稀释米粉时最好用乳类和水，不要用果汁。

（3）肉类最好到8个月以后再加，先吃瘦肉，如鸡肉，然后是猪肉、牛肉、羊肉。带壳的水产品可在1岁以后吃，因为这类食品易于产生变态反应。

（4）吃熟食，不吃生食。除了香蕉以外，其他食品都应熟食（如苹果刮泥，一定要注意卫生）。这一方面保证卫生，另一方面熟食便于做成浆或泥样食品，便于宝宝吞咽和消化。到7个月以后，要吃一些生的蔬果，如番茄、水果。

（5）一般来说，水果和蔬菜的添加顺序是从黄色到橘红色到绿色或红色。即由浅到深。水果是从香蕉开始，然后是梨汁到浅黄色的苹果，最后吃红色的柑橘。又如蔬菜，是从黄色南瓜到番薯、橙色胡萝卜或淡绿色的绿豆、豌豆，最后是暗绿色或深红色的蔬菜，如紫心萝卜或菠菜。因为后者含有较多的天然亚硝酸，宝宝的胃酸很低，这对宝宝不利。

（6）宝宝周岁内最好不吃人工制糖、油炸食品、不熟的水果、未煮熟的鸡蛋、带壳的水产品和加工后的肉制品，如香肠、腊肉等。

（7）添加新的食品应在早晨或中午，不要在晚上，如果宝宝有变态反应或消化不良，会造成夜间睡不好。

（8）应使用汤匙添加，而不要放在奶瓶中吸吮，这样也为断奶以后的进食打下良好的基础。

（9）要给宝宝添加专门为其制作的食品，不要只简单地把大人的饭做的软烂一些给宝宝食用。他们的食物以尽量少加盐、甚至不加盐为原则，以免增加孩子的肝、肾负担。

8 第一次添加辅食的技巧

第一次给宝宝添加辅食，最理想的时间是上午。通常这时候宝宝比较活跃和清醒，并且不是很饿，会有足够的精力去体验母乳以外的食物的口感和味道。可以用汤匙挑上一点点食物喂宝宝，让宝宝先尝尝味道，同时注意观察他的反应：如果宝宝看到食物，兴奋得手舞足蹈、身体前倾并张开嘴，说明宝宝很愿意尝试你给他的食物；如果宝宝闭上嘴巴、把头转开或闭上眼睛睡觉，说明宝宝不饿或不愿意吃你喂给他的食物。这时就不要强喂，换个时间，等他有兴趣了再进行尝试。喂的时候，先在汤匙的前部放上一点点食物，轻轻地放入宝宝的舌中部，再轻轻地把汤匙撤出来。食物的温度不能太高，以免烫到宝宝。保持和室温一样，或比室温稍微高一点（1~2℃），是最恰当的温度。

9 添加辅食的顺序

母乳或牛奶含维生素D均少，为满足宝宝需要，从出生后第3周起，无论是母乳喂养，还是人工喂养的宝宝，均要补充浓缩鱼肝油，每日1滴。2个月后，每日2次，每次1滴；3个月后，每日3次，每次1滴；4~12个月后，每日2次，每次2滴。

1~3个月，可添加菜水或果汁，如山楂汁、番茄汁、橘子汁等，以补充维生素C和矿物质。人工喂养的宝宝应从第2周开始食含维生素C的果汁、菜汁。

4~6个月，可添加菜水或果汁，再添加蛋黄、菜泥、烂粥、水果泥（苹果泥或香蕉泥），以补充能量、蛋白质、钙、铁和维生素A、B族维生素、维生素C和纤维素。

7~9个月，除添加以上所吃的辅加食物外，还可添加肉末、肝泥或鱼泥、蒸整蛋羹、粥或面条、豆腐、碎菜、饼干、面包或馒头干等，以增加能量、动物蛋白、铁、锌及维生素等。

10～12个月，可添加肉末、肝泥、鱼或碎虾仁、烂饭、面条、饺子、馄饨、包子等，碎菜（胡萝卜、芹菜末等）、鸡蛋、豆腐、水果、饼干、馒头干、面包、蛋糕或其他点心，以补充能量、蛋白质、矿物质、维生素及纤维素。

10 如何正确选择辅食

（1）辅食自己做好还是买市售的好

自己做的辅食和市售的辅食各有其优缺点。市售的宝宝辅食最大的优点是方便，即开即食，能为妈妈们节省大量的时间。同时，大多数市售宝宝辅食的生产受到严格的质量监控，其营养成分和卫生状况得到了保证。因此，如果没有时间为宝宝准备合适的食品，而且经济条件许可，不妨先用一些有质量保证的市售的宝宝辅食。但妈妈们必须了解的是，市售的宝宝辅食无法完全代替家庭自制的宝宝辅食。因为市售的宝宝辅食没有各家各户的特色风味，当宝宝度过断奶期后，还是要吃家庭自制的食物，适应家庭的口味。在这方面，家庭自制的宝宝辅食显然有着很大的优势。因此，无论自制还是购买宝宝辅食，都应根据家庭情况来选择。

（2）怎样挑选经济实惠的辅食

1）注意品牌和商家。一般而言，知名企业的产品质量较有保证，卫生条件也能过关，所以最好选择好的品牌、大的厂家生产的食品，以免影响宝宝的健康。

2）价高不一定质优。虽然有些食品价位高，但营养不一定优于价位低的食品，因为食品的价格与其加工程序成正比，而与食品来源成反比。加工程序越多的食品营养素丢失的越多，但是价格却很高。

3）进口的不一定比国产的好。进口的婴幼儿食品，其中很多产品价格高是由于包装考究、原材料进口关税高、运输费用昂贵造成的，其营养功效与国产的也差不多。妈妈选购时要根据不同月龄宝宝的生长发育特点，从均衡营养的需要出发，有针对性地选择，这样花不了多少钱就会收到很好的效果。

宝宝的推荐食谱

鲜果时蔬汁

【原料】黄瓜1根，胡萝卜1根，芒果1个，白糖适量。

【做法】

（1）将黄瓜、胡萝卜洗干净切段，芒果去皮取果肉。

（2）榨汁机内放入少量矿泉水和黄瓜、胡萝卜以及芒果果肉，榨汁加白糖拌匀即可。

胡萝卜汤

【原料】胡萝卜3根，盐少许，高汤适量。

【做法】

（1）胡萝卜洗净切成片，待用。

（2）取汤锅一个，放入高汤与胡萝卜片同煮约10分钟，胡萝卜煮熟，加盐少许，搅拌均匀即可。

西瓜汁

【原料】西瓜适量。

【做法】

先将西瓜瓤放入碗中，用匙捣烂，再用消毒纱布过滤，把西瓜汁放入奶瓶即可。

苹果汁

【原料】苹果1个。

【做法】

苹果洗净去皮去核，取其肉质部分，以榨汁器或榨汁机压出汁，装入杯子或奶瓶即可饮用。

油菜水

【原料】新鲜的油菜叶6片，清水适量。

【做法】

（1）先把菜叶洗净，再在清水里泡上20分钟，以去除叶片上残留的农药。

（2）在锅里加50毫升水，煮沸，把菜叶切碎，放到沸水中煮1~3分钟。

（3）熄火，盖上盖凉一小会儿，温度合适后，用干净的纱布或不锈钢滤网过滤即可。

雪梨汁

【原料】新鲜雪梨1个。

【做法】

（1）将雪梨洗净，去皮、去核，切成小块。

（2）放入榨汁机榨成汁，兑入适量的水调匀即可。

米　汤

【原料】大米3汤匙。

【做法】

（1）将大米洗净用水泡开，放入锅中加入三四杯水，小火煮至水减半时关火。

（2）将煮好的米粥过滤，只留米汤，微温时即可喂食。

浓米油

【原料】精选粳米 100 克。

【做法】

（1）粳米淘好后，加水大火煮开，调小火慢慢熬成粥。

（2）粥好后，放 3 分钟。用汤匙舀取上面不含饭粒的米汤，微温即可喂食。

白菜奶汁

【原料】嫩白菜叶 1/4 片，冲泡好的奶粉 1/4 杯。

【做法】

（1）白菜叶洗净煮熟，切成碎末。

（2）奶粉冲泡好，放入白菜碎末，搅拌均匀即成。

第五节 4~5个月宝宝的喂养

宝宝的身心发育

	男宝宝	女宝宝
身高	平均67.0厘米（62.4~71.6厘米）	平均65.5厘米（60.9~70.1厘米）
体重	平均8.1千克（6.3~9.9千克）	平均7.5千克（5.9~9.1千克）
头围	平均43.0厘米（40.6~45.4厘米）	平均42.1厘米（39.7~44.5厘米）
胸围	平均43.0厘米（39.2~46.8厘米）	平均41.9厘米（38.1~45.7厘米）

（1）生理特点

1）扶腋下能站稳。

2）可以翻身、扶着东西坐较长时间。

3）咬放在嘴里的东西。

4）颈部能左右自如转动。

5）双手能交叉玩耍。

（2）心理特点

1）朝镜子里的人笑。

2）听到自己的名字会注视和笑。

3）玩具被拿走时会不高兴。

宝宝的营养需求

第5个月的宝宝生长发育迅速，应当让小宝宝尝试更多的辅食种类。宝宝的主食还应以母乳或配方奶为主，辅食的种类和具体添加的多少也应根据宝宝的消化情况而定。在第4个月添加果泥、菜泥和蛋黄的基础上，这个阶段可以再添加一些稀粥或汤面。

正确的做法为：在宝宝4～6个月内，一直给其喝流质食品。4～6个月后，宝宝需要补充一些非乳类的食物，包括果汁、菜汁等液体食物，米粉、果泥、菜泥等泥糊状食物以及软饭、烂面、小块水果、蔬菜等固体食物。其实，此时对于宝宝的身体来说，补充食物与母乳喂养同样重要。

给宝宝添加辅食时可掌握以下原则：逐渐由一种食物添加到多种，不能在一两天内加二三种，以免宝宝消化不良或对食物过敏；添加过程中，如果出现消化不良或过敏症状，应停止喂这种食物，待恢复正常后，再从少量重新开始。如果仍出现过敏，应暂停喂食，并向医护人员咨询。宝宝患病或天气炎热时，应暂缓添加新品种，以免引起消化不良。

新妈妈喂养圣经

1 本月宝宝的母乳喂养

母乳喂养无疑方便、卫生、经济，而且特别有营养，因此母乳充足的妈妈应尽量给宝宝喂哺母乳。

（1）母乳喂养时的状况

如果这个月龄的宝宝没有其他食物要求而仍然愿意吃母乳，体重增加也在正常范围内（正常每天增加15～20克）就没有必要急于做断奶准备，等过了这个月也无妨。

但是，当母乳逐渐减少，宝宝与以前相比经常因肚子饿而哭闹时，就必须考虑要添加牛奶了。如果宝宝10天内只增重100克，就应考虑每天要添加2次牛奶。

(2) 怎样给宝宝喂牛奶

到目前为止只喂母乳的宝宝，在喂牛奶时要特别注意浓度，要比奶粉包装上标明的4~5个月宝宝低浓度用量还要少放一些奶粉，调成180毫升的稀牛奶。如果宝宝愿意吃，5~6个月之后可改按奶粉包装上标明的低浓度量喂。如果吃了5天后体重增加达到100克，那么还是应按少一些的量调配奶粉。

在给宝宝喂奶粉时要注意，不要在宝宝吃母乳后用牛奶补充不足的部分，而应在母乳分泌最不充足的时候（一般是下午4~6时）单独喂1次牛奶。

(3) 宝宝不爱喝牛奶怎么办

许多情况下都是由于母乳少而添加牛奶，然而许多宝宝一点儿都不肯喝。

如果宝宝是因为橡胶奶嘴与妈妈的乳头感觉不同而厌恶奶嘴，这一般比较难解决，只有等到宝宝极度饥饿时才会吮吸奶嘴。而如果是因为宝宝不喜欢喝奶粉，则父母可想一些其他的办法，如将奶粉换成出售的鲜奶（需要煮沸），稍微稀释一下并放入少量的糖后喂给宝宝。

如果宝宝实在不愿意喝牛奶时就应放弃用牛奶喂养，改用牛奶以外的其他代乳品。

(4) 鲜牛奶的调配

鲜牛奶的调配具体步骤如下：

1）计算奶量：宝宝食用量因其体重、健康状况、消化情况等不同而不一样，一般可按宝宝体重计算需奶量后再酌情增减。宝宝每日每千克需奶量为100~120毫升，每日总量不超过750毫升，4个月至1周岁的宝宝由于还补充其他食物，可以部分代替牛奶，因此可酌情减少奶量。

2）鲜牛奶的消毒：鲜牛奶易孳生细菌。尽管鲜奶在出厂前已经消毒，但在流通环节中难免会受到污染。所以鲜奶取来后应立即消毒。

最简便的消毒方式是直接加热。将牛奶隔水煮沸后再煮5分钟使其很快冷却，然后放入冰箱、冷水盆或其他比较阴冷的地方保存。

3）配奶时的加水量：3 个月以下的宝宝用鲜牛奶喂哺时，需要加水稀释，使奶中所含的蛋白质和矿物质与母乳相近，适合宝宝的消化能力。随着宝宝的不断长大，消化功能的逐渐成熟，加水量应逐渐减少。

根据加水量的不同，可制成以下几种不同的奶：1/3 奶（即 1 份奶加 2 份水）、1/2 奶和 2/3 奶等。其中 2/3 奶适合 3 周至 2 个月宝宝。全奶不加水，适合于 3 个月的宝宝。

鲜奶也可用米汤调配，因为米汤可能使牛奶在胃中的凝结块变少，有利于消化和吸收。米汤的制作是：取米 50 克，洗净加水入锅中煮开后，文火慢煮至烂，用洁净双层纱布过滤，去除米渣，加适量水。

4）配奶时的加糖量和糖的消毒：鲜牛奶的含糖量低于母乳，加水稀释后的奶含乳糖更低。奶中加糖主要是为了补充热量，也可增加甜味。配奶宜用白糖，因为白糖不仅适于宝宝胃肠消化吸收，而且价格便宜。一般每 500 毫升鲜奶中加 25～40 克白糖。

应注意加糖时最好将糖制成糖浆后加入到奶中，这样比较卫生。糖浆的制法是：取 500 克糖加水少许，溶化成糖浆，然后煮沸消毒，用纱布过滤，倒入有刻度的瓶中，将 500 克糖制成 500 毫升糖浆，每毫升糖浆相当于 1 克糖。

2 宝宝人工喂养方案

（1）多数宝宝这个时期吃得特别多，如果让他随意吃下去，就很有可能长得过胖。因此，每日牛奶量要控制在 750 毫升，加入白糖 40 克调匀喂食。每日分 5 次，每次喂 150 毫升。

（2）辅助食物补充，上午 10 时喂烂米粥或鸡蛋面片，每次 2 汤匙。下午 6 时再喂 1 汤匙，下午 2 时可喂食 1 汤匙碎菜或菜泥。这个月的宝宝可吃 2/3 个蛋黄。

（3）白天在两次喂奶中间要交替加喂温开水、果汁、菜汁等，每次 100 毫升，每日 2～3 次。

(4) 浓缩鱼肝油，每日2次，每次2~3滴。

(5) 有的宝宝对牛奶以外的食物一时还不感兴趣，而喝起奶粉来则没个够，那么就可以满足宝宝的需求。但每日合计不得超过1000毫升，也要注意逐渐增添辅食。

(6) 如果宝宝每次吃250毫升以上，10天内体重增加了250克以上（正常应增加150~200克），应认识到宝宝正在成为肥胖儿，就应控制进奶量，多喂些菜泥等辅助食品。

3 从4个月开始喂宝宝蛋黄、淀粉类食物

4~5个月的宝宝生长发育迅速，母乳和牛奶中的铁质含量较少，宝宝从母体带来的铁质渐渐用完了，如不及时补充铁质，宝宝就会发生贫血。

从4个月开始，即可为宝宝添加蛋黄。刚开始每日喂1/4个煮熟的蛋黄，压碎后分2次混合在牛奶、米粉或菜汤中，让宝宝食用。以后逐渐增加至1/2~1个，6个月时便可以让宝宝吃蒸鸡蛋羹了，可先用蛋黄蒸成蛋羹，以后逐渐增加蛋白。

宝宝4个月时，消化道中淀粉酶分泌明显增多，及时添加淀粉类食物，不仅能够补充乳品中的能量不足，提高膳食中蛋白质的利用率，还可培养宝宝用汤匙进食和咀嚼进食的习惯。谷类食物中含有B族维生素（如维生素B_1、维生素B_2）、铁、钙、蛋白质，有利于宝宝的生长发育，如奶糕、烂粥、面条、饼干等都是宝宝理想的谷类食物。

4~5个月的宝宝，每日可先加喂奶糕或几汤匙烂粥（1~2次），再添加饼干1~2片。饼干可以让宝宝磨牙床，有助于出牙。还可加些菜泥、肉汤等。

4 添加辅食应把握好宝宝的口味

(1) 多让宝宝尝试口味淡的辅食

给宝宝制作辅食时不宜添加香精、防腐剂和过量的糖、盐，以天然口味为宜。

（2）远离口味过重的市售辅食

口味或香味很浓的市售成品辅食，可能添加了调味品或香精，不宜给宝宝吃。

（3）别让宝宝吃罐装食品

罐装食品含有大量的盐与糖，不能用来作为宝宝食品。

（4）所有加糖或加人工甘味的食物，宝宝都要避免吃

“糖”是指再制、过度加工过的糖类，不含维生素、矿物质或蛋白质，又会导致肥胖，影响宝宝健康。同时，糖会使宝宝的胃口受到影响，妨碍吃其他食物。玉米糖浆、葡萄糖、蔗糖也属于糖，经常被用于加工食物，妈妈们要避免选择标示中有此类添加物的食物。

5 宝宝辅食添加要循序渐进

5个月的宝宝生长发育迅速，应当让宝宝尝试更多的辅食种类。辅食添加的原则是由稀到稠、由少到多、由细到粗，由一种到多种，应根据宝宝的消化情况而定。每加一种新的食品，都要观察宝宝的消化情况，如果出现腹泻，或者大便里有较多黏液的情况，就要立即停止添加这种食物，等宝宝恢复正常后再重新少量添加该食物。

在第4个月添加果泥、菜泥和蛋黄的基础上，这个阶段可以再添加一些稀粥或汤面，还可以开始添加鱼肉。当然，宝宝的主食还应以母乳或配方奶为主。

6 给宝宝制作辅食的卫生要求

制作宝宝食物并不需要特殊的设备或太多的时间。制作者以及制作过程中一定要注意卫生，这样才能预防由于食物不清洁引起的疾病。

首先，厨房要保持清洁。灶台、洗碗池、抹布及时清洗，定期消毒。青菜要择洗干净，菜板、菜刀要保持清洁。及时清倒垃圾，以免招来苍蝇。放碗、筷的厨柜要有门或纱帘，防止碗筷受污染。给宝宝喂饭的食具最好选择不锈钢或塑料小碗和圆边汤匙，宝宝餐具最好是宝宝单独使用，用毕应及时洗净。

父母在每次给宝宝制作食物前或接触宝宝食物前都应用肥皂和流动水彻底将手洗净。宝宝也应经常洗手，因为宝宝经常用手直接抓食物吃，有时还可能吸吮手指，若不经常洗手，就有可能把病菌吃到体内引起疾病。

一定要给宝宝喂新鲜食物，这一点也是很重要的。尤其是在炎热的夏季，细菌在室温中2小时就可能在剩饭菜中繁殖。因此，宝宝食物最好单做，一次只做一顿饭的量，也就是最好现吃现做，以确保食物新鲜、营养、清洁。万一一顿没吃完，可以让大人吃掉，最好不要放冰箱内留下顿再吃。

7 从5个月起给宝宝喂婴儿粥

宝宝长到4~5个月，乳牙逐渐萌出，消化酶逐渐增多，消化器官的功能也逐渐增强，不管是母乳喂养，还是人工喂养，此时都应该逐步添加婴儿粥了。

婴儿粥是指辅食、米混在一起煮的粥，也就是在粥内加入一定数量的鱼、肉、蛋、猪（鸡）肝、蔬菜、豆制品等。

8 为宝宝添加蔬菜和水果汁的方法

可为宝宝适量添加四季蔬菜，如萝卜、胡萝卜、黄瓜、番茄、茄子、圆椒、菠菜等，同时适量添加四季水果，如苹果、柑橘、梨、桃、葡萄等。

可用榨汁机榨取柠檬汁、橙汁或橘汁。先将水果一切两半，将横切面朝下，对准榨汁机尖头部位用力拧压，便可榨出天然果汁，喂给宝宝喝。果汁一般都含有不少糖分，喂给宝宝前要加温开水稀释。

也可用擦板榨番茄、黄瓜等蔬菜汁。具体方法是将容器置于擦板下，一手抓牢擦板，另一只手拿蔬菜在擦板上来回搓，即可擦出蔬菜汁。

还可将蔬菜或水果剁碎，加在米粥中喂给宝宝。

9 宝宝不愿吃辅食怎么办

喂辅食时，宝宝吐出来的食物可能比吃进去的还要多，有的宝宝在喂食中甚至会将头转过去，避开汤匙或紧闭双唇，甚至可能一下子哭闹起来，拒绝吃辅食。遇到类似情形，妈妈们不要紧张。

（1）宝宝从吸吮进食到“吃”辅食需要一个过程

在添加辅食以前，宝宝一直是以吸吮的方式进食的，而米粉、果泥、菜泥等辅食需要宝宝“吃”下去，也就是先要将汤匙里的食物吃到嘴里，然后通过舌头和口腔的协调运动把食物送到口腔后部，再吞咽下去。这对宝宝来说，是一个很大的飞跃。因此，刚开始添加辅食时，宝宝会很自然地顶出舌头，似乎要把食物吐出来。

（2）宝宝可能不习惯辅食的味道

新添加的辅食或甜、或咸、或酸，这对只习惯奶味的宝宝来说也是一个挑战，因此刚开始时宝宝可能会拒绝新味道的食物。

（3）需弄清宝宝不愿意吃辅食的原因

对于不愿吃辅食的宝宝，妈妈应该弄清是宝宝没有掌握进食的技巧，还是他不愿接受这种新食物。此外，宝宝情绪不佳时也会拒绝吃新的食品，妈妈可以在宝宝情绪好时让宝宝多次尝试，慢慢让宝宝掌握进食技巧，并通过反复的尝试让宝宝逐渐接受新的食物口味。

（4）要掌握一些喂养技巧

妈妈给宝宝喂辅食时，需注意使食物温度保持为室温或比室温略高一些，这样，宝宝就比较容易接受新的辅食；汤匙应大小合适，每次喂时只给一小口；将食物送进宝宝嘴的后部，让宝宝便于吞咽。

另外，喂辅食时妈妈必须非常小心，不要把汤匙过深地放入宝宝的口中，以免引起宝宝恶心，从此排斥辅食和汤匙。

10 激发宝宝爱果泥和菜泥的兴趣

宝宝只吃母乳，不吃辅食，多半是添加辅食时没有添加正确；或是宝宝只习惯母乳，不习惯碗勺的喂养方式。为此应耐心从加辅食开始，使之逐渐适应并接受。

(1) 耐心尝试

父母应该营造一个轻松舒适的环境，并多花一些时间喂食宝宝吃辅食。若宝宝在吃过辅食后排斥喝奶，父母可尝试以牛奶为食材，制作营养丰富、味道可口的牛奶辅食品来吸引宝宝，如水果牛奶、法式土司等。总之，父母应有耐心，想方设法培养孩子高兴进食，让他们始终在心情愉快的气氛中用餐，尝试新食物的次数甚至需要10～15次。

(2) 改变烹饪和进食方式

若宝宝不喜欢某种辅食，可以改变烹饪方式，以不同的口味来吸引宝宝。可同时为宝宝准备一套专属的儿童餐具，吸引宝宝的注意力，让宝宝习惯以餐具来进食。

(3) 多鼓励宝宝

若宝宝开始想学着自己进食，父母应多鼓励他，给孩子自己用餐的机会，并作正确的动作示范。

(4) 别强迫宝宝

父母应以正确的方式试用汤匙喂食，要有信心，不要紧张，不要性急生气，更不要强迫宝宝吃。因为父母的紧张，会影响到宝宝，宝宝也会紧张。加上汤匙比乳头硬，勉强喂食会碰痛宝宝，形成条件反射，宝宝对所有送到嘴边的食物都会产生怀疑，拒绝食用，或者含在口中就是不肯下咽，甚至一看到大人拿着杯碗勺就摇头，表示厌恶地用小手推开。此时若硬喂，他就会大哭大闹，影响了这一餐正常的进食，对宝宝的身心发育将产生不良的影响。

正确的方法是：先从少量开始，每天只喂1次，而且在宝宝饥饿时，让他逐渐适应碗勺喂的方式。如果孩子喜欢吃甜食，辅食可以从甜食开始；如果爱吃咸味的，可以加少量菜汤、肉汤。这样试喂两三天，宝宝适应了，就可以喂一餐的全量，还可以变换辅食的种类。

11 如何给宝宝补钙

(1) 宝宝缺钙的危害

在人体内，含有多种矿物质，其中钙是含量最多的一种。人的骨骼和牙齿之所以较硬，主要是里面含有较多钙质的原因，钙是构成骨骼和牙齿的主要成分。宝宝如果缺钙，牙齿生长发育会延迟，有些宝宝2岁多还不长牙齿，骨骼也会变软，严重的形成软骨症、O形腿或X形腿。此外，在神经传导、肌肉运动、血液凝固和新陈代谢等方面都需要钙质的参与。宝宝正处于骨骼和牙齿生长发育的重要时期，对钙的需求量比成人多。因此，就要及时而适当地给宝宝补充钙质。

（2）喝母乳的宝宝怎么补钙

许多妈妈自身就缺钙，所以我们提倡妈妈在孕期和哺乳期应注意钙的补充，多吃些含钙多的食物，如海带、虾皮、豆制品、芝麻酱等。牛奶中钙的含量也是很高的，可以每日坚持喝500克牛奶，也可以补充钙质，另外多晒太阳可以促进钙的吸收。如果母乳不缺钙，母乳喂养儿在3个月内可以不吃钙片，只需要从出生后2周或3周开始补充鱼肝油，尤其是寒冷季节出生的宝宝。

（3）人工喂养的宝宝怎么补钙

如果是人工喂养的宝宝，应在出生后2周就开始补充鱼肝油和钙剂。鱼肝油中含有丰富的维生素A和维生素D。我们通常食用的是浓鱼肝油，开始时可每日1次，每次2滴。根据宝宝的消化状况，如果食欲、大小便等无异常改变，逐渐增至每日2次，每次2~3滴，平均每日5~6滴。维生素D的补充每日不能超过800国际单位，否则长期过量补充会发生中毒症状。如果是早产儿，更应及时、足量补充。补充鱼肝油滴剂时，可以用滴管直接滴入宝宝口中。

有的家长误解了钙的作用，以为单纯补钙就能给宝宝补出一个健壮的身体，把钙片作为“补药”或“零食”长期给宝宝吃是错误的。盲目地给宝宝吃钙片，很有可能造成体内钙含量过高而引起宝宝身体不适。

12 宝宝维生素D的补充

维生素D的作用是促进钙的吸收，一般建议给宝宝补充到2岁左右。夏秋季节宝宝户外活动比较多，皮肤通过日晒可以产生一部分的维生素D，所以可以不补充维生素D，或减半量，比如隔天吃一次；冬春季节再恢复到原量。

至于宝宝是否需要补钙，不能一概而论，喂母乳的过程中建议妈妈补钙至少每日600毫克，宝宝没有特殊情况可以不补钙。人工喂养的宝宝如果饮食正常，生长发育良好也不需要常规补钙，建议满6个月后给宝宝查血中微量元素，如果钙在正常范围内也可以不补。

13 均衡营养，防止宝宝肥胖

胖孩子不一定是健康的。蜡样儿的存在就说明了这个事实。胖孩子一般容易感冒，也爱长湿疹。肥胖的宝宝动作缓慢、不爱活动，而越不爱活动就会长得越胖。

宝宝达到什么程度才算胖呢？如果自出生到3个月，宝宝的体重增加了3千克（平均每天30克）或超出同龄宝宝平均值的20%以上就算胖了。

用母乳喂养的宝宝70%不会发胖。而用牛奶或米粉喂养的宝宝大约70%是胖的。因此在用牛奶或米糊喂养时，一定不要过量。

胖宝宝由于体重较重，因此不要让其早站立，不要过早学走路，因为太重会影响到腿的发育。但应让宝宝多运动，特别是腿部要多做运动，以帮助其消耗掉一部分热能。

（1）让宝宝仰卧，逗他做踢腿的动作或游戏。

（2）要让宝宝多练习爬。由于肚子胖，宝宝可能不喜欢爬，但父母应做多种游戏帮助宝宝。

（3）可扶着宝宝腋下让其站在父母膝上做跳跃运动以锻炼双腿。

（4）要经常帮助宝宝练习翻身动作。

在宝宝活动的时候应尽量不要给包尿布，以使宝宝有轻松感而更喜欢游戏和锻炼。

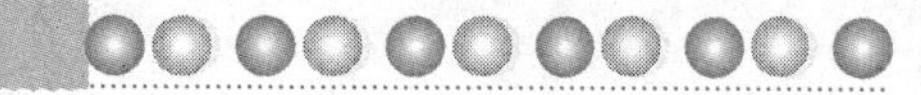

果汁面包粥

【原料】面包片1/2片，新鲜的苹果榨汁2大勺，清水1/4杯。

【做法】

（1）将面包片撕成小碎屑。

（2）将清水烧开，加入面包屑和苹果汁同煮。

（3）再次煮开后关火即成。

香蕉粥

【原料】泡好的大米1大勺，清水1/4杯，约1厘米长的香蕉1小段。

【做法】

（1）将泡好的大米和清水放入锅中，煮成稀粥。

（2）将煮好的大米粥用细孔筛子筛出米粒，碾碎后放入汤水中搅拌均匀。

（3）香蕉段用擦板擦到米粥中，搅拌均匀即成。

卷心菜挂面粥

【原料】嫩卷心菜叶1/4张，挂面20克，海带1段，清水1杯。

【做法】

（1）将卷心菜叶洗净切碎备用。

（2）将挂面煮好备用。

（3）锅中加清水，放入海带煮成海带汤。

（4）捞出海带，只用清汤，放入切好的卷心菜煮熟。

（5）卷心菜煮至烂软后，放入挂面再煮开一次。

（6）煮好后，将煮软的卷心菜和挂面碾成糊状即成。

鱼汤粥

【原料】大米2汤匙，鱼汤半碗。

【做法】

（1）将大米洗净后放在锅内浸泡30分钟。

（2）加入鱼汤煮沸，然后继续用小火煮40～50分钟即可。

苹果蛋黄粥

【原料】苹果1个，熟鸡蛋黄1个，玉米粉5汤匙。

【做法】

（1）苹果洗净，切碎；熟鸡蛋黄搅碎。

（2）锅置火上，加水烧开，玉米粉用凉水调匀，倒入开水中并搅匀，开锅后放入切碎的苹果和搅碎的鸡蛋黄，改用小火煮约5～10分钟。

烂米粥

【原料】大米（小米也可）、清水各适量。

【做法】

（1）将米淘洗干净，放入锅内，添入水，用旺火烧开后，转微火煮透，熬至熟烂成糊状时即成。

（2）每日可喂1～2次，每次1～2汤匙，逐渐增加到每次4汤匙，可逐渐在粥内加蛋黄泥、动物肝末、鱼肉末等。

米粉粥

【原料】牛奶500克，米粉125克，水果少许。

【做法】

（1）将牛奶放入一小锅内，待牛奶刚要煮开时放入米粉，边放边搅。把火关小，盖上锅盖，用文火煮8～10分钟。

（2）吃时再放入水果及宝宝喜欢吃的其他食品。

烂面条糊

【原料】细面条50克，黄油7.5克。

【做法】

（1）将水烧开，下入面条煮熟。

（2）将面条沥去水分，装入搅拌机中，加入黄油搅拌，盛入盘内喂食。

蛋黄粥

【原料】熟蛋黄1个，大米100克。

【做法】

将米淘好，加水煮成粥，将蛋黄掰碎，放入粥里，煮开即可。

苹果番薯糊

【原料】番薯、苹果各50克。

【做法】

（1）将番薯洗干净，去皮，切碎，将苹果洗净，去皮去核，切碎备用。

（2）将番薯块与苹果块一起放在锅内煮软，用汤匙背面压成糊，即可。

宝宝的身心发育

	男宝宝	女宝宝
身高	平均68.6厘米（63.4~73.8厘米）	平均67.0厘米（62.0~72.0厘米）
体重	平均8.4千克（6.5~10.3千克）	平均7.8千克（6.0~9.6千克）
头围	平均43.9厘米（41.3~46.5厘米）	平均42.8厘米（40.4~45.2厘米）
胸围	平均43.9厘米（39.7~48.1厘米）	平均42.9厘米（38.9~46.9厘米）

（1）生理特点

1）可以将物体从身体一侧挥舞到另一侧。

2）仰卧时能翻身成俯卧位，能靠着坐起来。

3）能用整个手掌抓东西。

4）可以踢开盖在身上的被子。

5）对周围声音的刺激表现出更加敏感的反应。

（2）心理特点

1）能认人、怕生。

2）表现出喜怒等表情。

3）开始牙牙学语。

4）喜欢捉迷藏。

宝宝的营养需求

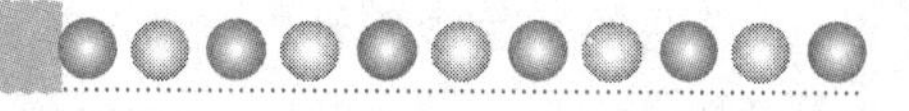

6个月以内的宝宝具有强烈的挺舌反射，如果喂入固体食物，宝宝会下意识地将之推出口外。但随着宝宝的长大，生来具有的挺舌反射会逐渐被吞咽反射取代，此时可喂些碎菜、碎肉等固体食物，让宝宝逐渐适应吞咽。由于宝宝食量太小，单独为宝宝煮粥或做烂面条比较麻烦，可以选用市场上销售的各种此月龄宝宝食用的调味粥、营养粥等，既有营养又节省制作时间。

从第6个月起，宝宝身体需要更多的营养物质和微量元素，这个月的辅食当中，蛋黄可增加至1个，如果宝宝排便正常，粥和菜泥可多加一些，并且可以用水果泥代替果汁，已出牙的宝宝可以吃些饼干，以锻炼咀嚼能力。吃配方奶粉的宝宝应喂些鱼泥、肝泥。鱼应选择刺少的鱼，猪肝、鸡肝都可用来制作肝泥。

宝宝的生长发育需要补充各种营养，此时父母要有针对性地补充辅食，用容易消化吸收的鱼泥、豆腐等补充蛋白质；继续增加含铁高的食物的量和品质，蛋黄可由1/2个逐渐增加到1个，并适量补给动物血制品；增加宝宝乳儿糕及土豆、番薯、山药等薯类食品，以扩大淀粉类食物品种。

8个月前宝宝消化系统发育还不完善，肠壁的通透性较高，这时不宜喂蛋清。鸡蛋清有时能通过肠壁直接进入宝宝血液中，使宝宝机体对异体蛋白分子产生过敏反应，导致湿疹、荨麻疹等疾病。因此，8个月前宝宝不能喂蛋清，应只吃蛋黄。

新妈妈喂养圣经

1 本月宝宝的母乳喂养

用母乳喂养的5个月的宝宝开始想吃母乳以外的其他食物。看到父母吃饭就想伸手去抓或是嘴里发出“吧嗒吧嗒”的声响。

（1）母乳充足时的喂养

即使母乳很充足，宝宝吃完后很满足且体重每10天平均增加大于150克，5个月的宝宝也应开始逐渐增加一些母乳以外的其他食品。这时不一定要严格按照断奶食谱去做，最好是用家中现有的食品自然过渡到断奶食品。

在母乳充足的情况下，为什么要添加断奶食品呢？这是因为担心母乳中铁的成分不足。宝宝从5个月起就必须添加母乳或牛奶以外的其他食品。随着断奶食品的增加，母乳的量将逐渐减少。但这个时期宝宝吃的代乳食品量还很少，所以原来的母乳量不应改变。

（2）母乳不足时要增添多少奶量

当宝宝5～6个月大时一般乳母的母乳都显得不是很充足，那么就应该添加奶粉或是鲜奶。那到底应该加多少呢？

牛奶的添加量应根据宝宝的体重增加情况进行大体的估算，5～6个月的宝宝体重增加应为每天15克左右。如果宝宝每10天增重不足150克，就应每天添加1次牛奶（180～200毫升）；如果宝宝每10天增重不足100克，每天就应添加2次牛奶。

也有一些宝宝不爱喝奶粉而只爱喝鲜奶。不管是经低温灭菌还是高温消毒的鲜奶取回后都应再煮沸1次，否则可能引起宝宝轻微的肠道出血。对于只喝牛奶而不肯吃断奶食品的宝宝，应选择强化的含铁奶粉，以预防宝宝贫血。对于既不肯喝奶粉又不肯喝鲜奶的宝宝则要加快其断奶过程，以及时补充其体内能量的不足。

（3）宝宝不爱吃奶及奶制品怎么办

有不少妈妈想用日常家里现有的食物做断奶食品，但各种断奶食谱中几乎都少不了牛奶，可是一直吃母乳的宝宝却不爱喝奶粉和鲜奶，这时妈妈完全没有必要着急，因为牛奶并不是必不可少的。

补充其他的动物性蛋白食物也完全可以，如鱼肉、鸡蛋等。有些超市售出的现成宝宝食物中也含有牛肉及鸡肉等。妈妈可以经过几次尝试后，找出宝宝最喜欢吃的食物，然后继续喂食，不久宝宝就什么食物都能吃了。

(4) 宝宝的人工喂养

1）这个月的宝宝其主食还应是牛奶，其他辅食可比上个月从量上和品种上有所增加，但不能减少牛奶用量，因为牛奶毕竟比其他辅食营养价值高。

2）每日需牛奶量仍为750毫升，加糖40克。分5次喂用，每次150毫升。可于上午、下午各喂1次烂米粥、鸡蛋面片等，每次2~3汤匙，每次加蛋黄1/2个。下午2时左右可喂1~2汤匙碎菜或菜泥，饼干、面包干等均可试着喂食。

3）浓缩鱼肝油每日2次，每次3滴。

4）果汁等每次100~110毫升，每日2次。

2 6个月宝宝可以吃泥状食物了

从第6个月起，宝宝身体需要更多的营养物质和微量元素，母乳已经不能完全满足宝宝生长的需要，所以，依次添加其他食品显得越来越重要。这个阶段的宝宝还可以开始吃些肉泥、鱼泥、肝泥等。

3 宝宝吃辅食噎住怎么办

宝宝吃新的辅食有些恶心、哽噎，这样的经历是很常见的，妈妈们不必过于紧张。

(1) 只要在喂哺时多加注意就可以避免

例如，应按时、按顺序地添加辅食，从半流质到糊状、半固体、固体，让宝宝有一个适应、学习的过程；一次不要喂食太多；不要喂太硬、不易咀嚼的食物。

(2) **给宝宝添加一些特制的辅食**

为了让宝宝更好地学习咀嚼和吞咽的技巧，还可以给他们一些特制的小馒头、磨牙棒、磨牙饼、烤馒头片、烤面包片等，供宝宝练习啃咬、咀嚼技巧。

(3) **不要因噎废食**

有的妈妈担心宝宝吃辅食时噎住，于是推迟甚至放弃给宝宝喂固体食物，因噎废食。有的妈妈到宝宝两三岁时，仍然将所有的食物都用粉碎机粉碎后才喂给宝宝，生怕噎住宝宝。这样做的结果是宝宝不会“吃”，食物稍微粗糙一点就会噎住，甚至把前面吃的东西都吐出来。

(4) **抓住宝宝咀嚼、吞咽的敏感期**

宝宝的咀嚼、吞咽敏感期从4个月左右开始，7~8个月时为最佳时期。过了这个阶段，宝宝学习咀嚼、吞咽的能力下降，此时再让宝宝开始吃半流质或泥状、糊状食物，宝宝就会不咀嚼地直接咽下去，或含在口中久久不肯咽下，常常引起恶心、哽噎。

4 忌嘴对嘴喂宝宝

成人口腔里有许多细菌，通过嘴对嘴喂食，就会把细菌带给孩子。尤其是患肺结核、肝炎、伤寒、痢疾、口疮、龋齿、咽喉炎的人，更容易把病菌带给孩子造成传染。宝宝的身体抵抗力弱，很容易因此患病。另外，嚼过的食物，势必影响孩子唾液和胃液的分泌，降低孩子食欲和消化能力，自幼就造成胃肠消化能力不强，阻碍了生长和发育。另外，经常嘴对嘴喂宝宝，使宝宝形成依赖，而习惯成自然，不利于锻炼其咀嚼能力和使用餐具的能力，也不利于培养其独立生活能力。

5 宝宝的饮水要科学

婴幼儿的饮食要讲究，同样，婴幼儿如何正确地喝水也很重要。

孩子性急，当口渴难忍而又没有开水或凉开水、或有开水却不饮而直接饮用生水，这样做极容易发生胃肠疾病。

喝冰水尽管当时比较舒服，但容易引起胃黏膜血管收缩，影响消化，而且温度太低还会使胃肠蠕动加快，出现肠痉挛，引起腹痛。

有些孩子喝水特别快，特别是口渴时就一下子喝很多，这很容易造成急性胃扩张，同时也不利于水的吸收。

由于婴幼儿还没能养成良好的控制排尿的习惯，在大量喝水后很容易遗尿，而且还会因被尿憋醒而影响睡眠质量。

婴幼儿一定要养成良好的饮水习惯。父母在给宝宝喂水时也应注意，如饮水速度不可过快以免呛着，也不要给宝宝喝成人饮料，不可给他们多喂茶水等。

6 宝宝辅食尽量少用调味品

宝宝的辅食应尽量保持食物原有的味道，不需要添加过多的调味品。宝宝在1岁之前，味觉还不够发达，不适合食物浓烈的味道。如果妈妈在宝宝辅食中添加过多调味料，宝宝长大以后口味会变得很重。

使用各种调味料的注意事项：

（1）白糖

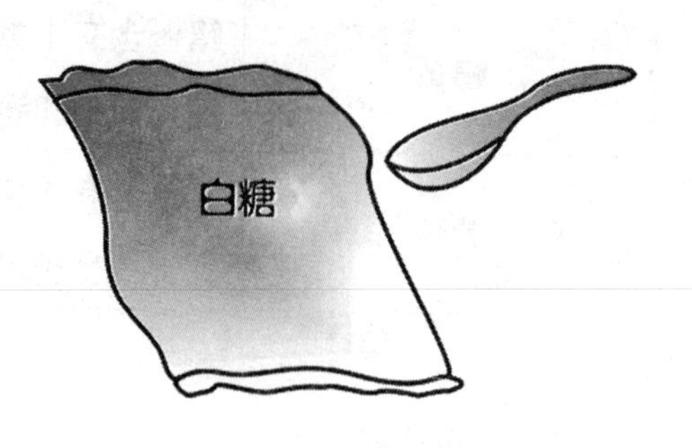

很多食物本身就含有糖分，在给宝宝做辅食时，最好少用白糖。宝宝一旦对甜味产生依赖，以后就很难纠正，妈妈注意不要让宝宝养成爱吃甜食的习惯。

（2）盐和酱油

酱油里也含有不少盐分。跟盐一样，酱油不宜在宝宝辅食中使用。一直到断奶结束，妈妈都应尽量少用盐和酱油。

（3）果酱

市面上出售的果酱大都含有过多的糖分和食品添加剂，最好少在宝宝辅食中使用。

7 给宝宝添加鱼类辅食

鱼肉细嫩，富含锌、硒、蛋白质以及维生素 B_2 等营养成分，其所含脂肪主要是不饱和脂肪酸，易消化，适合宝宝发育的营养需要，对宝宝骨骼生长、智力发育、视力维护等有很好的作用。

调查显示，我国的宝宝在8个月时仍未添加鱼类辅食的比例高达42.6%，因此造成许多婴幼儿蛋白质和无机营养素的摄取量明显不足，影响正常的生长发育。如果妈妈能及时并科学地给宝宝添加鱼类辅食，以上问题都可以避免。因此，适当给宝宝提供鱼肉辅食是十分必要的。

（1）适合宝宝的鱼类品种

鱼类	营养价值
三文鱼	三文鱼的鱼油含量很高，而鱼油含量高的鱼就含有丰富的Ω－3脂肪酸，Ω－3脂肪酸对宝宝大脑发育起着非常关键的作用。多项研究发现，常吃鱼油含量高的鱼还能有效预防哮喘
鲳鱼	鲳鱼含有丰富的不饱和脂肪酸，且含有丰富的微量元素硒和镁
黄鱼	黄鱼含有丰富的蛋白质、微量元素和维生素，对宝宝的生长发育十分有益

（2）给宝宝添加鱼类辅食的注意事项

首先，要选择肉多、刺少的鱼类，这类鱼肉便于加工成肉末，适合宝宝食用。其次，在制作方法上也必须确保鱼刺已经全部取出，以保证宝宝进食安全。

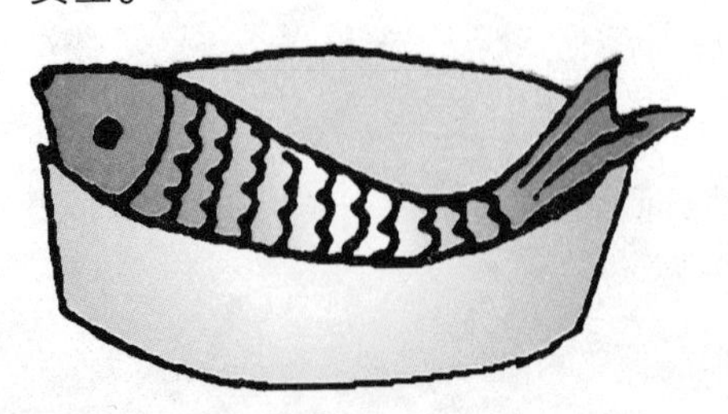

另外，宝宝刚刚开始添加鱼类辅食时一般吃得很少，因此妈妈也可以选择市售的鱼泥给宝宝食用，等宝宝逐渐适应且食量增大时再自己制作。

需要提醒妈妈的是，如果宝宝属于过敏体质或者家庭有既往过敏史的，要谨慎给宝宝添加鱼类辅食，最好等宝宝的消化功能发育完全后再行添加。

8 宝宝不宜长期过多饮用酸奶

目前市面上的酸奶是用乳酸杆菌加入鲜奶中，使奶中乳糖变化成乳酸而制成的，它的营养成分也不完全同于牛奶，三大营养素中的糖分明显减少，如果制作时用的不是全奶，营养成分更低。

再加上酸奶中含有乳酸，如果长期食用，这种乳酸会由于新生儿肝脏的不成熟而不能将其处理，其结果是乳酸堆积在新生儿体内，会引起宝宝呕吐、腹泻、肠胃功能紊乱，有损新生儿身体健康，故不能长期用酸奶来喂养宝宝。

如果宝宝发生腹泻或宝宝消化力比较弱，可以给宝宝少量饮用酸奶，待宝宝消化功能恢复以后，再用牛奶喂养。

9 宝宝不宜喝豆奶

豆奶是健康饮品，但宝宝不宜喝。美国专门从事转基因农产品与人体健康研究的人士近期指出：喝豆奶长大的宝宝，成年后引发甲状腺或生殖系统疾病的风险系数较大。对成年人来说，经常食用大豆是极为有益的，大豆能使体内的胆固醇水平降低，保证体内激素的平衡等；然而，宝宝食用大豆则会产生相反的反应，宝宝对大豆中高含量抗病植物雌激素的反应与成人相比完全不同。成年人摄入一般植物雌激素后可在血液中与雌激素受体结合，从而有助于防止乳腺癌的发生；而宝宝摄入体内的植物雌激素，就有可能对宝宝将来的性发育造成危害，植物雌激素只有5%能与雌激素受体结合，而其他未能被吸收的植物雌激素在体内积蓄造成危害。

10 生病妈妈的喂养注意事项

其实，任何一个妈妈进行母乳喂养都不可能是一帆风顺的，总会遇到各种问题。妈妈们也常常因为自己的身体原因而动摇继续母乳喂养的决心。但我们从国际母乳会了解的事实是：大多数病症只要妈妈恰当处理，都不会影响母乳喂养。

下面列举了一些较为常见的病症，让妈妈了解这些病症对母乳的影响，理性地选择合理的喂养方式。

(1) 感冒、流感

母乳中已经有免疫因子传输给宝宝，即使宝宝感染发病，也比妈妈的症状轻。一般药物对母乳没有影响，因此不必停止母乳喂养。可以在吃药前哺乳，吃药后半小时以内不喂奶。注意多饮水，补充体液。

另外，妈妈要注意个人卫生，勤洗手。尽量少对着宝宝呼吸，可以戴口罩防止传染。

(2) 腹泻、呕吐

普通的肠道感染不会影响母乳质量，因此不必停止母乳喂养，妈妈要注意多饮水。需要注意的是，有一些特殊的病例中，引起腹泻的病菌已经进入妈妈的血液和母乳里，需要服用抗生素进行治疗，这时候就要暂时停喂母乳，病愈后可继续哺乳。

(3) 糖尿病

胰岛素和母乳喂养并不冲突，因为胰岛素的分子太大，无法渗透母乳，口服胰岛素则在消化道里就已经被破坏，不会进入母乳。所以糖尿病妈妈完全可以进行母乳喂养。母乳喂养对于患有糖尿病的妈妈还有以下好处：

1）缓解乳母压力，哺乳时分泌的激素会让妈妈更放松。

2）哺乳时分泌的激素以及分泌乳汁所消耗的额外热量会使妈妈所需要的胰岛素用量降低。

3）能够有效地缓解糖尿病的各种症状：许多患有妊娠糖尿病的妈妈在哺乳期间病情部分或者全部好转。

(4) 乳腺炎

一般建议妈妈患了乳腺炎就要停止哺乳。但许多妈妈反映，停止哺乳后乳房变得过于胀满，反而会影响乳腺炎的康复。所以妈妈可视具体情况看是否需要停止母乳喂养，即使暂时停止了母乳喂养，但如果病情得到控制并有所好转，应及时恢复母乳喂养。

宝宝的推荐食谱

香蕉泥

【原料】熟透的香蕉1根，柠檬汁少许。

【做法】

(1) 将香蕉剥皮去白丝。

(2) 把香蕉切成小块，放入搅拌机中，滴几滴柠檬汁，搅成均匀的香蕉泥，倒入小碗即可。

苹果泥

【原料】苹果100克，调料、凉开水各适量。

【做法】

(1) 将苹果洗净、去皮，然后用刮子或匙慢慢刮成泥状即可喂食。

(2) 或者将苹果洗净，去皮，切成黄豆大小的碎丁，加入凉开水适量，上笼蒸20~30分钟，待稍凉后即可喂食。

红枣泥

【原料】红枣50克，白糖10克。

【做法】

(1) 将红枣洗净，放入锅内，加入清水煮15~20分钟，至烂熟。

(2) 去掉红枣皮、核，加入白糖，调匀即可。

鲜香薯泥

【原料】番薯50克，白糖少许。

【做法】

将番薯洗净，去皮，切碎捣烂，稍加温水，放入锅内煮15分钟左右，至烂熟，加入白糖少许，稍煮即可。

蛋黄土豆泥

【原料】蛋黄1/2个，过滤土豆泥1匙，牛奶适量。

【做法】

（1）取熟鸡蛋的蛋黄1/2个进行过滤。

（2）把土豆煮软过滤后加入蛋黄和牛奶中进行混合，然后放火上稍煮即可。

胡萝卜泥

【原料】胡萝卜（南瓜、番薯、土豆也可）150克，植物油20克，盐少许，酱油7克。

【做法】

（1）将胡萝卜洗净，切成小块，放入锅内，加入适量清水煮烂，用汤匙捣成泥状。

（2）锅置火上，加入植物油，倒入酱油，放入菜泥、少许盐，不断翻炒均匀即成。

青菜泥

【原料】青菜（或其他绿色蔬菜）80克，色拉油、盐各少许。

【做法】

（1）将青菜洗净去茎，菜叶撕碎后放入沸水中煮，水沸后捞起菜叶，放在干净的钢丝筛上，将其捣烂，用匙压挤，滤出菜泥。

（2）锅内放少许色拉油，烧热后将菜泥放入锅内略炒一炒，加入少许盐即可。

牛奶木瓜泥

【原料】木瓜1个，牛奶20克。

【做法】

（1）木瓜洗净，去皮去子，上锅蒸7～8分钟，至筷子可轻松插入时，即可离火。

（2）用勺背将蒸好的木瓜压成泥，拌入牛奶即可。

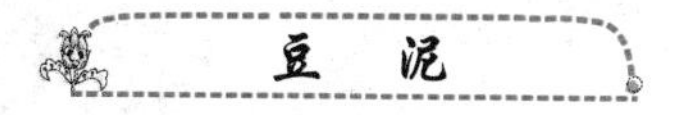

豆　泥

【原料】黄豆、芸豆、豌豆、赤豆选其一。

【做法】

（1）选用适量的黄豆、芸豆、豌豆、赤豆其中一种，如为干品，可先用水泡，3杯水兑1杯豆，泡一夜，待豆变软后用水煮。

（2）先煮开2分钟，灭火，加盖，放2小时再煮，可用高压锅煮烂，熟烂后用汤匙将其压碎，再过滤，去掉皮及粗粒，制成泥。其浓度可用水调节。

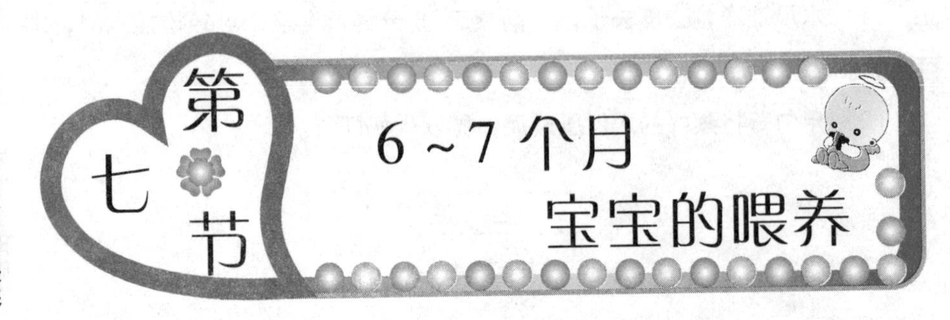

宝宝的身心发育

	男宝宝	女宝宝
身高	平均70.1厘米（65.5~74.7厘米）	平均68.4厘米（63.6~73.2厘米）
体重	平均8.8千克（6.9~10.7千克）	平均8.2千克（6.4~10.0千克）
头围	平均45.0厘米（42.4~47.6厘米）	平均43.8厘米（42.2~45.4厘米）
胸围	平均44.9厘米（40.7~49.1厘米）	平均43.7厘米（39.7~47.7厘米）

（1）生理特点

1）能坐能爬。

2）会发出持续的尖叫声。

3）可以一把抓住物品，捡起小如葡萄干的物体，但抓不牢。

4）长出下牙。

5）免疫力降低，容易患感冒等疾病。

（2）心理特点

1）对着镜子笑、亲吻或拍打。

2）试图说话，讲一些简单的字。

3）模仿大人拍手。

4）会表示喜欢或不喜欢。

宝宝的营养需求

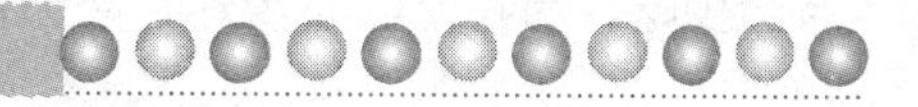

大部分宝宝开始出牙，胃肠道的发育逐渐成熟，食物供应形态可以慢慢转变为半固体或固体形态。

不管是母乳喂养还是人工喂养的宝宝，在7个多月时每天的奶量仍不变，分3~4次喂进。辅食除每天给宝宝两顿粥或煮烂的面条之外，还可添加一些豆制品，仍要吃菜泥、鱼泥、肝泥等。鸡蛋可以蒸或煮，仍然只吃蛋黄。在宝宝出牙期间，还要继续给他吃小饼干、烤馒头片等，让他练习咀嚼。

第7个月的宝宝对各种营养的需求继续增长。大部分宝宝已经开始出牙，在喂食的类别上可以开始以谷物类为主食，配上蛋黄、鱼肉或肉泥，以及碎菜或胡萝卜泥等做成的辅食。以此为原则，在制作方法上要经常变换花样，并搭配各种应季水果。

具体喂法上仍然坚持母乳或配方奶为主，但喂哺顺序与以前相反，先喂辅食，再哺乳，而且推荐采用主辅混合的新方式，为断奶做准备。

铁是人体造血的原料，婴幼儿贫血多是由缺铁引起的。贫血的宝宝往往有以下症状：面色苍白、唇及眼睑色淡、抵抗力低下、生长发育迟缓，如果长期铁摄入不足，宝宝的生长发育就会停滞，并可能影响到智力的发育。

新妈妈喂养圣经

1 本月宝宝的喂养

随着代乳食品的增加，宝宝的喝奶量将相应减少。但究竟减至多少则由宝宝自己决定。

宝宝喝奶不如以前多时，不要勉强其喝。如果宝宝每天吃的面包粥、米粥等量合计达到100克，就可以减少一次喂奶。可以将用奶瓶喝的奶粉改为用杯子喂鲜奶（可以是全乳）。不过，在宝宝睡觉前还是使用奶瓶喂比较好，因为奶瓶撤得过早，宝宝就会养成吮吸手指或咬被角睡觉的毛病。

在断奶过程中，妈妈不要以为宝宝每天的食量都应保持一样多。天热时宝宝会少吃，而在宝宝心情好时肯定会吃得多些。

2 如何应对宝宝的厌奶期

宝宝厌奶的现象普遍发生在6个月之后，甚至有的宝宝在4个月左右便有厌奶的现象。要让宝宝度过厌奶期，妈妈要做到：

（1）不宜随意更换牛奶

考虑替宝宝换奶时，须采用渐进式的添加方式（每天半匙添加新奶粉直至全部更换为止）。

（2）了解原因，补充需求

如果宝宝的厌奶现象是因为生病了，那就必须先依症状的不同给予适当的食物。

（3）提供营养足够的替代品

宝宝不喜欢喝富含钙质的牛奶，父母可提供一样含钙的食物替代品，如小鱼干、骨头汤等以补其不足。

（4）留意奶嘴的设计

有的宝宝厌奶可能是因为奶嘴的口径大小不适合吸吮，使他无法顺利喝奶，把奶瓶倒过来，标准口径的牛奶会成水滴状陆续滴出，奶水滴得太快或太慢都容易造成宝宝的不适感，从而引起厌奶。

3 宝宝人工喂养方案

（1）这个月的宝宝对辅助食品的兴趣开始有明显差别，因此牛奶用量要酌情掌握。

（2）愿意吃辅食的，牛奶日需量可降到600毫升，不愿意吃辅食的可增加到800毫升，加糖40克。

(3) 从本月开始，可逐渐把晚上10时的一次喂奶减去，每日共喂4~5次，每次150~200毫升。

(4) 每日上午、下午各添加烂粥、面片等3~4汤匙。上午可喂1汤匙菜泥，加半个蛋黄泥，下午喂1汤匙果泥（香蕉泥、苹果泥等）和半个蛋黄泥。每日喂饼干、面包片适量，最好在下午2时加喂。温开水、果汁、菜水等，每次120毫升。

(5) 浓缩鱼肝油，每日2次，每次3滴。

(6) 有的宝宝食欲特别旺盛，不仅牛奶量不减，而且其他辅助食品也吃得很多，特别是有的宝宝爱吃甜点心。以前每天只增加10克的宝宝，现在可能增加15克，这也无妨。但如每天增加体重20克以上，就有变成肥胖儿的可能。这就要适当减少含糖量高的点心，适当增加菜泥、果泥等。

4 什么时候给宝宝添加固体食物

5个月前的宝宝由于牙齿尚未长出，消化道中淀粉等食物的酶分泌量较低。肠胃功能还较薄弱，神经系统和嘴部肌肉的控制力也较弱，所以一般吃流质辅食比较好。但到7个月时，大部分宝宝已长出2颗牙，其口腔、胃肠道内能消化淀粉类食物的唾液酶的分泌功能也已日趋完善，咀嚼能力和吞咽能力都有所提高，舌头也变得较灵活，此时就可以让宝宝锻炼着吃一些固体辅食了。

5 宝宝不宜过多摄入的元素

(1) 淀粉摄入过多

如果宝宝过量摄入米糊、米粉等淀粉含量高的食物，会造成胃肠内淀粉酶相对不足，导致肠内淀粉异常分解而引起消化不良，会出现胀气、腹泻等不适症状。如果每天排便数超过10次且量多，粪便呈泡沫糊状，有酸臭味，粪便常有小白块和食物残渣，就说明宝宝的淀粉类食品吃多了，一定要注意调整宝宝的喂养方案。

(2) 蛋白质摄入过多

如果宝宝过量摄入含有高蛋白的食物，会给宝宝的胃肠带来负担，使宝宝肠内蛋白质分解困难，进而发生消化不良。宝宝每日排便3~5次或更多，粪便呈黄褐色稀水状，有刺鼻的臭鸡蛋味则说明高蛋白食物摄入过多。

(3) 脂肪摄入过多

如果宝宝过量摄入脂肪（包括动物性脂肪和植物性脂肪），将会导致胃肠消化力不足，引起腹泻。宝宝摄入过多脂肪的表现为每日排便3~5次或更多，粪便外观似奶油糊状，便稀且呈灰白色，内含较多奶块或脂肪滴，有臭味。

宝宝的适量喂养非常关键，否则非常容易引起过食性腹泻。妈妈应该根据宝宝的实际情况给他补充身体所需的适量糖类、脂肪和蛋白质，切不可贪多。

6 允许宝宝手抓食物

宝宝过了6个月后，手的动作越来越灵活，不管什么东西，只要能抓到，就喜欢放到嘴里。有些家长担心宝宝吃进不干净的东西，就阻止宝宝这样做。家长的这种做法是不科学的。

宝宝能将东西送到嘴里，意味着孩子已为日后独立进食打下了良好的基础。如果禁止宝宝用手抓东西吃，可能会打击孩子日后学习独立进食的积极性。

家长应把宝宝的小手洗干净，周围放一些伸手可得的食物，如小饼干、鲜虾条、水果片等，让宝宝抓着吃。这样不仅可以训练宝宝手部技能，还能摩擦宝宝牙床，以缓解宝宝长牙时牙床的刺痛，同时能让宝宝体会到独立进食的乐趣。

7 宝宝辅食不宜过咸

一些家长在给宝宝调剂食物时，常以大人的口味来调剂孩子的日常饮食，让孩子长期处于被动高盐之中，这对宝宝健康极为不利。

对一些学龄宝宝进行调查发现，吃含盐量过高食物的宝宝有11%~13%患有高血压。此外，食入盐分太多，还会导致体内的钾从尿中丧失，而钾对人体活动时肌肉的收缩、放松是必需的，钾丧失过多，会导致心脏衰弱而死亡。

当然，适量的食盐对维护人体健康起着重要的生理作用，这不仅因为食盐是人们生活中不可缺少的调味品，又能为人体提供重要的营养元素钠和氯，且能维护人体的酸碱平衡及渗透压平衡，是合成胃酸的重要物质，可促进胃液、唾液的分泌，增强唾液中淀粉酶的活性，增进食欲，因此，宝宝不可缺盐。但宝宝机体功能尚未健全，肾脏功能发育不够完善，无法充分排出血液中过多的钠，而过多的钠能潴留体内水液，促使血量增加，血管呈高压状态，于是引起血压升高，加重心脏负担。

家长们一定要注意在给宝宝做食物时，应稍微淡点，千万不要以自己的味觉为准。

8 怎样给宝宝喂点心

一般的宝宝在开始吃米粥或面包粥后，就能品尝出点心的美味来。

（1）可以每天给宝宝喂一次点心

6个月过后，大多数宝宝越来越喜欢吃蛋糕、饼干或面包等食物。

所以在这样的情况下，可以将每天喂2次代乳品改为只喂1次，另外一次可喂一些蛋糕、饼干或面包等，同牛奶一起吃。

当然，给6个月的宝宝吃的点心不一定就应比5个月的宝宝多。

（2）为什么要少给宝宝吃甜点心

由于含糖多的食物容易引起龋齿，所以对已开始出牙的宝宝来说，要注意不要让他吃太甜的点心，以免宝宝上瘾。宝宝一旦吃点心上瘾，稍大后就会找父母要。炎热时节或宝宝发热时，给他吃的冰激凌或其他爽口的冰点都有些甜。如果不想使宝宝因吃糖过多造成龋齿，最好是少给他们吃这类甜食。

对有肥胖倾向的宝宝，可用水果代替这些点心。橘子、草莓（要洗干净)、苹果和梨等都比较适合于宝宝，可做成橘子汁、草莓汁、苹果泥等喂给宝宝吃。

对于那些不太喜欢吃饼干、蛋糕等甜食的宝宝，可给他一些带咸味的酥饼类点心。不管怎样，应该给宝宝选择他愿意吃的食物，但是量一定要控制好。

9 宝宝厌食的原因及对策

（1）患病

宝宝健康状况不佳，如感冒、腹泻、贫血、缺锌、急慢性感染性疾病等，往往会影响宝宝的食欲，这种情况，妈妈就需要请教医生进行综合调理。

（2）饮食单调

有些宝宝会因为妈妈添加的食物色、香、味不好而食欲不振。所以，妈妈在制作宝宝辅食时需要多花点心思，让宝宝的食物多样化，即使相同的食物也尽量多做些花样出来。

（3）爱吃零食

平时吃零食过多或饭前吃零食的情况在厌食宝宝中最为多见。一些宝宝每天在正餐前吃大量的高热量零食，特别是饭前吃巧克力、糖、饼干、点心等，虽然量不大，但宝宝血液中的血糖含量过高，没有饥饿感，所以到了吃正餐的时候就根本没有胃口，过后又以点心充饥，造成恶性循环。所以，给宝宝吃零食不能太多，尤其注意不能让宝宝养成饭前吃零食的习惯。

（4）寝食不规律

有的宝宝晚上睡得很晚，早晨八九点钟还不起床，耽误了早饭，所以午餐吃得过多，这种不规律的饮食习惯会使宝宝胃肠极度收缩后又扩张，造成宝宝胃肠功能紊乱。因此，妈妈就应着手调整宝宝的睡眠时间。

（5）喂养方法不当

厌食还与妈妈对宝宝进食的态度有关。有的妈妈认为，宝宝吃得多对身体有好处，就想方设法让宝宝多吃，甚至端着碗逼着吃。久而久之，宝宝会对吃饭形成一种恶性条件刺激，见饭就想逃避。

（6）宝宝情绪紧张

家庭不和睦、爸妈责骂等，使宝宝长期情绪紧张，也会影响宝宝的食欲。

10 宝宝食物过敏的对策

食物过敏是这个阶段较为常见的一种小儿过敏性疾病。表现为吃了易过敏的食物而发病。这种病情有两种类型：一种是速发型过敏反应，表现为吃了过敏食物2小时内出现呕吐、腹痛、腹泻，可能会发热，甚至呕血、便血、过敏性休克；另一种为缓发型过敏反应，在吃了过敏性食物后两天内出现荨麻疹、血尿、哮喘发作等。常见的易引起过敏的食物有鸡蛋、牛奶、花生、大豆、小麦、鱼、虾、鸡肉等含蛋白质较丰富的食物。第一种情况少见，可一旦发生危险极大；第二种较为常见。如果怀疑宝宝有食物过敏，要及时到医院确诊，并采取相应措施，如暂时不再喂这种食物等。

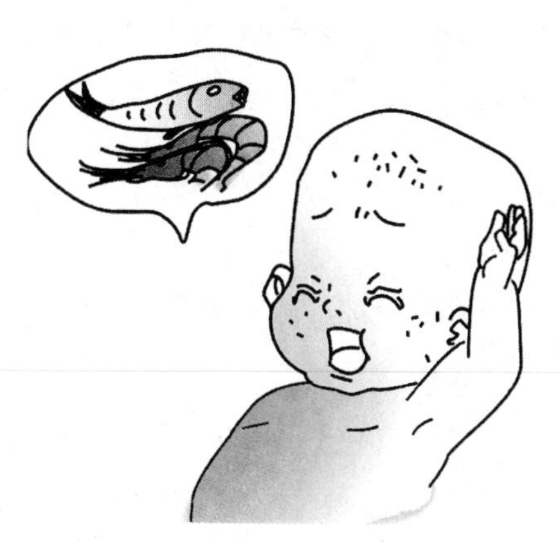

11 宝宝营养不良的判断

营养不良是由于营养供应不足、不合理喂养、不良饮食习惯及精神或心理因素而导致厌食、食物吸收利用障碍等引起的慢性疾病。

营养不良的表现为体重减轻，消瘦，皮下脂肪减少，其中腹部皮下脂肪先减少，继之躯干、臀部、四肢，最后两颊脂肪消失，形似老人，皮肤干燥、苍白、松弛，肌肉发育不良，肌张力低。

营养不良的患儿轻者常烦躁哭闹，重者反应迟钝，消化功能紊乱，可出现便秘或腹泻。

宝宝的推荐食谱

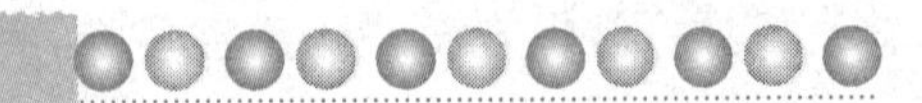

鸡肝糊

【原料】新鲜鸡肝15克，鸡架汤15毫升，盐少许。

【做法】

（1）将鸡肝洗干净，放入沸水中汆烫一下，除去血水后再换水煮10分钟。

（2）取出鸡肝，剥去外皮，放到碗里研碎。

（3）将鸡架汤放到锅内，加入研碎的鸡肝，煮成糊状，加入盐调味，搅匀即成。

炒面糊

【原料】大米、小麦、黏米、大豆、芝麻各50克，温开水适量。

【做法】

（1）将大米、小麦、黏米等谷物以及大豆、芝麻等放在蒸锅里蒸，蒸后的食物在阳光下晾干并炒制。

（2）将其磨成粉，即制成炒面，然后用40℃的温开水冲开搅匀。

菠菜酸奶糊

【原料】菠菜叶5片，牛奶1大勺，酸奶1汤匙，清水适量。

【做法】

（1）将菠菜叶加水煮烂，过滤（留菜）并磨碎。

（2）将熟牛奶与酸奶混合并搅匀，加入碎菠菜搅拌均匀即可。

白兰瓜泥

【原料】白兰瓜1个，水适量。

【做法】

（1）白兰瓜洗净去皮，去籽，切成8块，放在蒸锅中蒸3~5分钟，用叉子能插入即熟，取出，待冷，制成泥或糊。

（2）如用微波炉制作，加水1/4杯，加温1.5分钟，重新排列后，再加温0.5~2.5分钟即可。

花菜糊

【原料】花菜1个。

【做法】

（1）将花菜去杆，洗净。将花菜分成数瓣，放于碗内，加一点开水，在蒸锅内蒸8~11分钟，直到花菜变软，其茎可用叉插进。

（2）取出后，用冷水冲至凉，用食品加工器或擦菜板制成糊。一般不需加水。分成14~16份，每次吃1汤匙。

鱼肉泥

【原料】净鱼肉100克。

【做法】

（1）将收拾干净的鱼放入开水中，煮后剥去鱼皮，除去鱼骨刺后把鱼肉研碎，然后用干净的布包起来，挤去水分。

（2）将鱼肉放入锅内，再加200毫升开水，直至将鱼肉煮软即可。

苹果金团

【原料】番薯、苹果各50克。

【做法】

（1）将番薯洗净、去皮，切碎煮软。

（2）把苹果去皮、除子后切碎，煮软，与番薯均匀混合，拌匀即可喂食。

苹果奶昔

【原料】苹果1个，宝宝配方奶粉适量。

【做法】

（1）苹果洗净，削皮并挖去果核中的子后切成小块。

（2）配方奶粉加适量水调匀。

（3）将苹果块与冲好的奶粉一同放入榨汁机中搅打均匀即可。

什锦豆腐糊

【原料】嫩豆腐1/6块，胡萝卜1根，鸡蛋1个，肉汤1汤匙。

【做法】

（1）豆腐放入开水中焯一下，去掉水分后切成碎块，放入碗中捣碎；胡萝卜洗净，煮熟后捣碎；鸡蛋煮熟，取蛋黄加水调成蛋黄泥。

（2）豆腐泥放入锅内，加肉汤煮至收汤为止。放入调匀的胡萝卜泥、蛋黄泥，小火煮熟即可。

7~8个月宝宝的喂养

宝宝的身心发育

	男宝宝	女宝宝
身高	平均71.5厘米（66.5~76.5厘米）	平均70.0厘米（65.4~74.6厘米）
体重	平均9.1千克（7.2~11.0千克）	平均8.5千克（6.7~10.3千克）
头围	平均45.1厘米（42.5~47.7厘米）	平均44.2厘米（41.5~46.9厘米）
胸围	平均45.2厘米（41.0~49.4厘米）	平均44.1厘米（40.1~48.1厘米）

（1）生理特点

1）用手和肘进行爬行。

2）能自己撑起坐好。

3）大拇指和其余手指能协调动作，抓住物品。

4）两手对敲玩具。

5）拒绝自己不要的东西。用手抓东西吃。

（2）心理特点

1）牙牙学语并结合手势。

2）能发出“爸爸”、“妈妈”等音。

3）用眼睛寻找大人提问的东西。

4）注意观察大人的行动。

5）喜欢敲响物体。

宝宝的营养需求

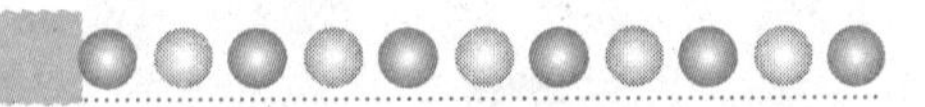

宝宝8个月时，妈妈乳汁的质和量都已经开始下降，难以完全满足宝宝生长发育的需要，所以添加辅食更为重要。从这个阶段起，可以让宝宝尝试更多种类的食品，由于此阶段大多数宝宝都在学习爬行，体力消耗也较多，所以应该供给宝宝更多的糖类、脂肪和蛋白质类食品。

婴儿期的生长通常不受遗传影响，营养却是影响孩子生长的关键因素。宝宝在8个月后逐渐向儿童期过渡，此时营养跟不上就会影响成年后的身高。此类过渡延迟将使其成年后的身高减损。所以，婴儿期的营养非常重要。

合理喂养，及时添加辅食。宝宝满4个月后应及时添加辅食，因为4～8个月时是宝宝形成吞咽固体物所需的条件反射形成的关键时期。如果4个月之后还没有添加辅食，宝宝就很难学会从进食液体食物到一半固体食物到一个固体食物的过渡，不能及时完成这种过渡，吃固体食物就不能下咽，容易呕吐，从而影响宝宝的生长发育。

什么都要吃，食物尽量多样化。在广东地区，人们习惯给食物定“药性”，热、寒、温、滞等，结果很多食物似乎都不太适合宝宝。从营养心理学上讲，如果婴儿时期食物品种过于单调，到了儿童期，出现偏食、挑食的机会将会大大增加。所以，食物要尽量多样化，尤其在婴幼儿期，尽量接触丰富多样的食物，不但能保证营养供应全面，而且能防止以后挑食的不良饮食行为的发生。

新妈妈喂养圣经

1 断奶前注意饮食调节

如果妈妈准备给宝宝断奶，这段时间宝宝的饮食至关重要，要注意合理调整宝宝的喂养方案，以免断奶导致宝宝营养不良，甚至影响宝宝的正常身体发育。

（1）断奶时宝宝可能出现的不适症状

1）爱哭、没有安全感。妈妈在准备给宝宝断奶时要注意，一定要提前做好足够的铺垫，不要硬性断奶。如果硬性断奶，宝宝会因为没有安全感而产生母子分离焦虑，具体表现为妈妈一离开他的视线就会紧张焦虑，哭着到处寻找。这个时候的宝宝情绪低落，更害怕见陌生人。

2）消瘦，体重减轻。断奶可能导致宝宝情绪受打击，加上还不适应只吃母乳之外的食物，这样就会引起宝宝的脾胃功能紊乱，食欲差，每天摄入的营养不能满足宝宝身体正常的需求，以致出现消瘦、面色发黄、体重减轻的症状。

3）抵抗力差，易生病。如果妈妈在断奶之前没有做好充分的准备，未及时给宝宝添加品种丰富的辅食，很多宝宝会因此出现挑食的毛病，比如只吃牛奶、米粥等，造成食物种类单调，从而影响宝宝的生长发育，导致宝宝抵抗力下降，爱生病。

（2）断奶准备期注意事项

1）断奶只是给宝宝断掉母乳，而不是脱离一切乳制品。配方奶粉仍需要一直喝下去，即使过渡到正常饮食，1 岁半以内的宝宝每天也应该喝 300 ~ 500 毫升的配方奶粉。所以，即使是断奶期的宝宝，配方奶粉仍要坚持喂养。

2）给宝宝准备断奶时，可以让他每日三餐都和大人一起吃，每天给他添加 2 次配方奶，再配合其他辅食或者水果。还没有彻底脱离母乳的宝宝，可在早起后、午睡前、晚睡前、夜间醒来时喂母乳，尽量不要在三餐前后喂，以免影响宝宝的正常进餐，为彻底断奶做好准备。

3）适当给宝宝增加菜的种类。这个月的宝宝可以吃的蔬菜种类很多，除了刺激性较强的蔬菜，如辣椒等，一般的蔬菜基本上都可以做给宝宝吃，只要注意合理的制作方法即可。

在这个时期，即使妈妈没有给宝宝断奶的打算，也不可将母乳作为宝宝的主食，需要增加丰富的辅食来满足宝宝的营养需求。有哺乳条件的妈妈还应坚持哺喂母乳，毕竟母乳才是宝宝最佳的营养食物。

（3）断奶时间及方法

断奶是一件痛苦的选择，这时的宝宝还不完全习惯改吃其他食品，一般都是又哭又吵，显得非常烦人。不过，断奶也有一定的方式方法，有些妈妈在乳头上涂上黄连或辣椒，宝宝仍然要吃，这会使宝宝受苦，妈妈乳头受损伤。最好的办法是妈妈不抱宝宝，晚上到另外的房间睡，宝宝醒时由父亲哄哄喂点开水或牛奶，这样过1周就可以断奶了。妈妈抱宝宝会产生条件反射而泌乳，宝宝会自己寻找乳头吃到母乳。妈妈不抱孩子，少喝汤水，奶的分泌会自然减少，如果系上一条毛巾还可以帮助回奶。有1周完全不喂就能完全断奶。千万勿用吸奶器，不要用手挤，因为吸和挤都会使泌乳增加，用毛巾略紧地束上1~2天可以减少奶胀和自动消退胀满感。

断奶最好避开夏季，因为夏天宝宝易患消化不良和腹泻。如果宝宝在夏季时满周岁，不妨提前在春末断奶，这样是非常有利的。

2 宝宝的代乳品因人而异

宝宝一过7个月，与饮食有关的各种个性就会逐渐表现出来。喜欢吃粥的孩子与不爱吃粥的孩子，在吃粥的量上就拉开了距离。每次100克，每天吃2次的孩子妈妈会感到很骄傲，而每天只能吃50克的妈妈则感到很懊恼。其实没有必要这样。

吃菜也一样，有喜欢吃蔬菜的，也有喜欢吃鱼类的。蔬菜和薯类可以直接切碎或磨碎后煮熟给这个时期的宝宝吃，含脂肪较多的鱼开始不要喂得太多，如果没有变态反应发生的话，就可以陆续增加。牛肉、猪肉可以做成肉末喂给宝宝。

总之，宝宝的代乳食品因人而异。不过无论有多大的差别，有一点必须注意，就是7个月大用牛奶喂养的宝宝，每天的奶量不得少于500毫升。

3 断奶期怎样喂养宝宝

7~10个月是宝宝以吃奶为主过渡到以吃饭为主的阶段，因而这个时期又被称为断奶期。断奶时，宝宝的食物构成就要发生变化，要注意科学哺养。

（1）选择、烹调食物要用心

选择食物要得当，食物应变换花样，巧妙搭配。烹调食物要尽量做到色、香、味俱全，适应宝宝的消化能力，并能引起宝宝的食欲。

（2）饮食要定时定量

宝宝的胃容量小，所以应当少量多次喂食。刚断母乳的宝宝，每天要保证5餐，早、中、晚餐的时间可与大人一致，但在两餐之间应加牛奶、点心、水果。

（3）喂食要有耐心

断奶不是一瞬间的事情，从开始断奶到完全断奶，一定要给宝宝一个适应过程。有的宝宝在断奶过程中可能很不适应，因而喂辅食时要有耐心，让宝宝慢慢咀嚼。

4 如何让宝宝拥有健康的牙齿

一般宝宝在6~8个月时开始长出1~2颗门牙。宝宝长牙后，妈妈要注意以下几个方面，以使其拥有良好的牙齿及用牙习惯：

（1）及时添加有助于乳牙发育的辅食

宝宝长牙后，就应及时添加一些既能补充营养又能帮助乳牙发育的辅食，如饼干、烤馒头片等，以锻炼乳牙的咀嚼能力。

（2）要少吃甜食

因为甜食易被口腔中的乳酸杆菌分解，产生酸性物质，破坏牙釉质。

纠正不良习惯。如果宝宝有吸吮手指、吸奶嘴等不良习惯，应及时纠正，以免造成牙列不正或前牙发育畸形。

(3) 注意宝宝口腔卫生

从宝宝长牙开始，妈妈就应注意宝宝的口腔清洁，每次进食后可用干净湿纱布轻轻擦拭宝宝牙龈及牙齿。宝宝 1 周岁后，妈妈就应教宝宝练习漱口。刚开始漱口时宝宝容易将水咽下，可用凉开水。

5 给出牙宝宝准备饼干、面包片

这个时期的宝宝大部分长有 2 颗牙，咀嚼能力提高了，这时正是给宝宝吃条形饼干、条形面包或馒头干的好时机，并且此时宝宝已经可以用手抓住食物往嘴里塞，虽然掉的食物比吃进嘴里的要多。

你需要逐一加以训练，使宝宝养成吃固体食物的习惯，因为此期宝宝乳牙萌出数逐渐增多，要逐渐增加固体辅助食品量，这可以训练宝宝的咀嚼动作、咀嚼能力，并且可以通过咀嚼刺激唾液分泌，促进牙齿的生长。

6 水果不能完全代替蔬菜

水果和蔬菜都是营养成分丰富的食品，也是 8 个月的婴儿需要同时添加的辅食。但是在现实生活中，往往宝宝不喜欢吃蔬菜而喜欢吃水果，而父母也因为准备水果更方便而更多的给孩子喂水果，甚至完全替代蔬菜。这样做是不适当的，因为水果不能完全替代蔬菜，其原因是：

(1) 尽管水果和蔬菜中均含有丰富的矿物质（如钾、钙、钠、镁、铜、铁、锌等）和维生素（如维生素 C、胡萝卜素等），但是从含量上来说，水果要比蔬菜逊色不少。例如，100 克辣椒中含维生素 C 80 毫克，100 克韭菜中含维生素 C 56 毫克，而 100 克生梨和 100 克香蕉中分别只含维生素 C 4 毫克和 8 毫克。

(2) 水果和蔬菜都含有一定的纤维素，但是水果中纤维素含量不多，而蔬菜含有的纤维素要多得多。纤维素可以刺激肠蠕动，防止便秘，减少肠对体内毒素的吸收。据研究，吃蔬菜纤维量较多的人患直肠癌、结肠癌的发生率明显地低于吃蔬菜纤维量较少的人。

（3）蔬菜和水果含有的糖分存在明显的区别，前者所含的糖分以多糖为主，进入人体后需经消化道内各种酶水解成单糖后才能缓缓吸收，因而不会使血糖骤增；而后者所含的糖类多数是单糖或双糖，这些糖进入人体后只需稍加消化就会很快进入血液。因此，短时间内大量吃水果，会使人的血糖浓度很快升高，而过高的血糖又促使人体分泌大量胰岛素，使血糖浓度迅速降低。短时间内血糖的大起大落，会使人有头昏脑涨、疲劳困倦等不舒服的感觉。而且，过多的糖分会在肝脏内转为脂肪，使人容易发胖。

可见，水果和蔬菜在营养成分上有相似之处，但不完全等同，所以水果是不能完全代替蔬菜的。7～9个月的宝宝一天吃水果50克左右就够了，过多地吃水果会导致孩子膳食的不平衡，有的孩子多吃水果还会腹泻，至于蔬菜可以适当多吃些。

7 给宝宝喂养米汤好处多

研究发现，一些腹泻脱水的婴幼儿在补水时，一般的补液无效，但喂米汤却效果显著。中医认为，米汤性味甘平，有益气、养阴、润燥的功效。婴幼儿常因患了急性胃肠炎而导致腹泻失水，伤阴耗液，胃肠功能紊乱，食欲减退，口干舌燥。在这种情况下，可尝试给宝宝喂些米汤。

米汤富含糖类和维生素 B_1、维生素 B_2 及磷、铁等成分，既能补充营养和水分，又易消化吸收，有利于维持机体的正常生理活动，还具有调节胃肠功能、增强免疫力、促进宝宝康复的功效。

研究还表明，米汤的渗透性较低，因此没有增加肠道分泌的危险性。另外，当妈妈患有某种疾病而不能哺乳时，用米汤代替水来冲调配方奶，能使奶粉中的酪蛋白形成疏松而柔软的小凝块，易被宝宝吸收，而且米汤经过煮沸这道工序，符合无菌要求，可放心给宝宝饮用。

8 宝宝食欲不振怎么办

在一般情况下，宝宝每日每餐的进食量都是比较均匀的。如果偶然出现某餐进食量减少的现象，不必强迫孩子进食，只要给予宝宝充足的水分，就不会影响健康。

宝宝的食欲会受多种因素的影响，如温度变化、环境变化、接触不熟悉的人及体内消化和排泄状况的改变等。

短暂的食欲不振并不是病兆，如果连续2~3天食量减少或绝食，并且出现便秘、手心发热、口唇发干、呼吸变粗、精神不振、哭闹等现象，则应加以注意。

食欲不振的宝宝如果没有发热症状，可给孩子助消化的中药和双歧杆菌等菌群调节剂，也可多喂开水。待宝宝积食消除，消化通畅，便会很快恢复正常的食欲。如无好转，应去医院进一步检查治疗。

9 让宝宝自己吃食物

宝宝开始自己吃食物时，家长应注意下面几个问题：

（1）防止洒食物

可以选用干净的塑料布或毛巾盖住餐桌和椅子下的地面，否则在宝宝吃饭后，妈妈还得花太多时间收拾残局。

（2）选择正确的器具

短柄的、有软头的儿童勺，非常适合初次吃饭的宝宝。底部弯曲的食具能防止宝宝把食具过深地放进嘴里（或喉咙里），以免造成伤害，并且这样能使宝宝手拿和操作起来更容易。

（3）准备合适的罩衣

宝宝不再需要小的围嘴，而需要能盖住前半身的大围巾了。市场上还有带有口袋的能装食物的塑料围嘴。妈妈也可以自己动手制作适合自己宝宝的小罩衣。

10 注意控制宝宝体重

对于那些不太喜欢喝牛奶而喜欢吃米粥或面包粥的宝宝，每次吃100克粥、1个鸡蛋，每天2次的话，体重增加得会很快。一般来说，这个月龄的宝宝，平均每天体重只增加10克左右，而这样能吃的宝宝却可能平均增加15克。

这个月龄的宝宝如果体重每天增加20克以上，就有长成巨大宝宝的可能。因此，对除代乳食品外，每天仍然像以前那样每次喝200毫升牛奶，每天喂5次奶的宝宝要限制奶量，给他一些尽可能淡的果汁或鲜奶。这个月龄的宝宝如果喝的是质量较好的袋装的灭菌牛奶就可以直接饮用，但一旦开封就要当日喝完。

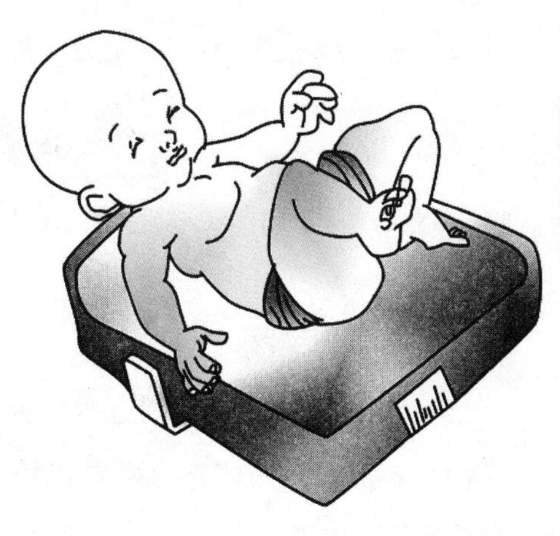

宝宝的推荐食谱

鸡肉粥

【原料】大米50克，食油10克，鸡肉末30克，葱姜末、酱油、盐各少许。

【做法】

（1）将大米50克淘洗干净，放入锅内，加入清水，用旺火煮开，转文火熬至黏稠。

（2）锅置火上，放入食油10克，下入鸡肉末30克炒散，加入葱姜末、酱油各少许搅匀，倒入粥锅内，加入盐，再用文火煮几分钟即成。

番薯泥

【原料】番薯100克，热牛奶100克，黄油5克，柠檬汁适量。

【做法】

（1）将番薯100克去皮，洗净，切成小块，放入锅内，加水及少许盐煮30分钟，沥去水分，用勺挤压碎。

（2）加入热牛奶100克、黄油5克和几滴柠檬汁，搅成泥，倒入盘内喂食。

鸡蛋面条

【原料】葱头10克，细面条50克，肉汤少许，番茄5克，鸡蛋液、盐、黄油各适量。

【做法】

（1）将锅置火上，放入黄油少许熬至溶化，下入切碎的葱头10克略炒片刻。

（2）再放入煮熟切碎的细面条50克，肉汤少许和盐一起煮，放入调匀的半个鸡蛋液，与面条混合盛入碗内上笼蒸5分钟，把切碎的番茄5克放在面条上即成。

双色蛋

【原料】熟鸡蛋1个，胡萝卜酱10克。

【做法】

（1）将煮熟的鸡蛋，剥去外皮，把蛋黄、蛋白分别研碎待用。

（2）将蛋白放入小盘内，蛋黄放在蛋白上面，放入笼中，用中火蒸7～8分钟，浇上胡萝卜酱即可。

番茄鱼

【原料】净鱼肉、番茄各适量，汤少许。

【做法】

（1）将收拾好的鱼放入开水中煮后，除去骨刺和皮；番茄用开水烫一下，剥去皮，切成碎末。

（2）将汤倒入锅内，加入鱼肉同煮，稍煮后，加入切碎的番茄，再用小火煮至糊状。

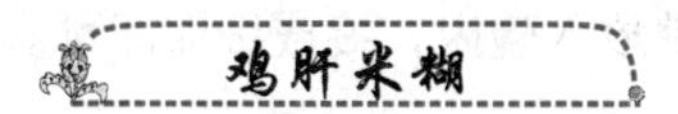

牛奶蛋

【原料】鸡蛋1个，牛奶1杯。

【做法】

（1）将鸡蛋的蛋白和蛋黄分开，把蛋白调至起泡待用。

（2）在锅内加入牛奶用微火煮一会儿，再用汤匙一勺一勺地把调好的蛋白放入牛奶中，将蛋黄放锅内稍煮即可。

鸡肝米糊

【原料】鸡肝适量，米糊适量，鸡汤（无盐）少许。

【做法】

（1）将鸡肝洗净，放入锅内稍煮一下，除去血沫后再换水煮10分钟，然后把鸡肝外的薄皮剥去，切成末备用。

（2）用冷水调开米糊，加入鸡肝末和鸡汤煮熟即可。

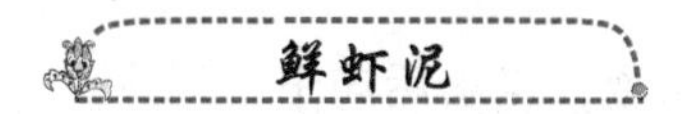

南瓜粥

【原料】南瓜100克，米50克。

【做法】

南瓜切丁，然后和米一起熬，熬到南瓜和米都熟透变黏稠即可。

鲜虾泥

【原料】鲜虾肉（河虾、海虾均可）50克，香油、盐各适量。

【做法】

（1）将鲜虾去皮洗净切碎，放入碗内，加少许水，上笼蒸熟。

（2）加入适量盐、香油，搅拌匀即可。

白菜烂面条

【原料】挂面30克，白菜10克，生抽少许。

【做法】

（1）挂面掰碎，放进锅里煮，白菜洗净切丝。

（2）挂面煮开后，转小火时加入白菜一起稍煮。可以边捣边煮，大约5分钟后起锅，加1滴生抽即可。

草莓蜜桃泥

【原料】草莓2颗，水蜜桃1/4个。

【做法】

（1）草莓洗净，择去蒂后再清洗一次，沥干水分备用；水蜜桃去皮、核。

（2）将草莓和水蜜桃放入碗内，捣成细泥即可。

小米番薯粥

【原料】番薯1个，小米50克。

【做法】

（1）小米洗净，放入清水中浸泡2小时。

（2）番薯洗净，去皮后切小块。

（3）将小米和番薯同放入锅内，加水煮成稀糊状即可。

美味银鱼粥

【原料】糙米1/2杯，番茄2个，土豆、胡萝卜各1/4个，银鱼15克。

【做法】

（1）银鱼入沸水中焯烫，捞出后沥干、剁碎。

（2）糙米淘洗干净，泡水后煮粥。

（3）土豆与胡萝卜分别去皮、洗净，蒸软；番茄用沸水烫一下后去皮。

（4）将土豆、胡萝卜与番茄一起放入榨汁机内搅打均匀。

（5）打好的蔬菜汁倒出，淋入糙米粥后放在火上，加剁碎的银鱼再一起熬煮5分钟，关火晾凉即可。

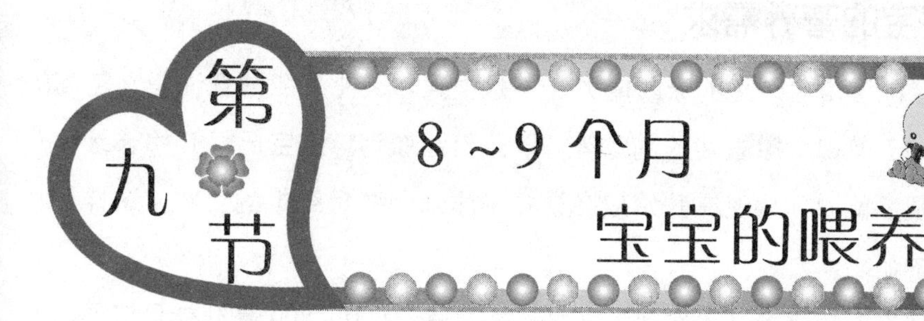

宝宝的身心发育

	男宝宝	女宝宝
身高	平均72.7厘米（67.9~77.5厘米）	平均71.3厘米（66.5~76.1厘米）
体重	平均9.3千克（7.2~11.4千克）	平均8.7千克（6.7~10.7千克）
头围	平均45.5厘米（43.1~47.9厘米）	平均44.5厘米（42.1~46.9厘米）
胸围	平均45.6厘米（41.6~49.6厘米）	平均44.4厘米（40.4~48.4厘米）

（1）生理特点

1）能用膝盖爬行。

2）可以抓住妈妈的手站起来。

3）手指更加灵活，能够捡起掉在地上的小物品。

4）喜欢用手抓食物吃。

5）睡眠时间14~15小时。

（2）心理特点

1）独自坐着玩玩具。

2）听到制止的命令，会停下手来。

3）会用摇头来表示“不”。

4）模仿别人说话的声音。

5）产生自我意识，什么事情都想自己来。

宝宝的营养需求

宝宝的肠道对油脂的吸收能力还不是很强，因此不能进食油脂含量高的食物，如五花肉、撇去油的高汤等，以免引起腹泻。宝宝已经开始长牙，有一定的咀嚼能力，从现在开始应在饮食中添加一些粗纤维的食物，这样有利于乳牙的萌出。

喂奶次数应逐渐从3次减为2次。每天哺乳600～800毫升就足够了。而辅食要逐渐增加，为断奶做好准备。从现在起可以增加一些粗纤维食物，如茎秆类蔬菜，但要把粗、老的部分去掉。9个月的宝宝已经长牙，有咀嚼能力了，可以让其啃食硬一点的东西，这样有利于乳牙的萌出。

饮食中应注意添加面粉类的食物，其中含有的糖类可为宝宝提供每天活动和生长的热量，其中含有的蛋白质可促进宝宝身体组织的生长发育。

增加粗纤维食物时，要将粗的老的部分去掉，以免难以咀嚼，影响宝宝的进食兴趣。

从9个月起，宝宝可以接受的食物明显增多，应试着逐渐增加宝宝的饭量，使宝宝对营养的摄取由以奶为主转为以辅食为主。由于宝宝的食谱构成正逐渐发生变化，选择食物要得当，烹调食物要尽量做到色、香、味俱全，以适应宝宝的消化能力，并引起宝宝的食欲。

新妈妈喂养圣经

1 本月喂养指导

（1）中、晚餐可以辅食为主，为断奶做准备

宝宝一天的食物中仍应包括五谷类、动物类、豆制品类、果蔬类等，营养搭配要适当，不可偏废。

1）每日牛奶用量仍为600~800毫升，加糖40克，但每日喂奶一定要减至4次，每次150~200毫升。

2）混合喂养方法。每日6时：牛奶180毫升，加少量饼干或糕点；10时：牛奶150毫升，烂粥内加入肝泥适量补充喂用；12时：面包干1片，水果泥2~3汤匙；14时：牛奶180毫升，菜泥1~2汤匙，小饼干适量；18时；鸡蛋羹1个，牛奶100毫升；20时：牛奶160毫升，并给予温开水、果汁、果泥、菜泥等。

3）浓缩鱼肝油。每日1次，每次3~4滴。

（2）注意下列食物不宜喂1岁以内的宝宝

1）酒、咖啡、浓茶、可乐等刺激性较强的饮料不宜喂给宝宝，以免影响宝宝神经系统的正常发育。

2）糯米（江米）制品（如元宵、粽子）、水泡饭、花生米、瓜子、炒豆等不易消化和易误入气管的食品。

3）太甜、太咸、油腻、辛辣刺激食物，如肥肉、巧克力等，以免宝宝消化不良。

4）少吃冷饮。冷饮含糖量高并含食用色素，易降低宝宝食欲，引起消化功能紊乱。

（3）可喂的食物

1）淀粉类：面条、软饭、面包、通心粉、薯类、热点心、饼、燕麦粥等。

2）蛋白质：牛奶、脱脂奶粉、乳酪、蛋、肉、鱼、猪肝、豆腐、豆类等。

3）蔬菜水果：四季蔬菜水果，特别要多吃些红、黄、绿色的。

4）海藻类：紫菜、海带、裙带菜等。

5）油：黄油、人造乳酪、花生油、香油、菜油、核桃油等。

如宝宝还不习惯咽硬食，可以比大人吃得软些、烂些，味道稍淡些。

2 断奶过渡饮食的安排

断奶的具体月龄无硬性规定，通常在1岁左右，但必须要有一个过渡阶段，在此期间应逐渐减少哺乳次数，增加辅食，否则，容易引起宝宝不适应，并导致摄入量锐减，消化不良，甚至营养不良。7~8个月宝宝妈妈的乳汁明显减少，所以8~9个月后可以考虑断奶。具体断奶时间，要根据妈妈乳汁的质量、季节的情况来决定。在夏天，天气炎热，宝宝易得肠道疾病，不宜断奶；宝宝生病期间不宜断奶。如果喂养得合理，能适应多种多样的食物，1岁左右的宝宝就可以不吃母乳了。1岁的宝宝在断奶后，每天除了喂500毫升左右牛奶外，还应增加其他辅食。

3 断奶期宝宝饮食保健的原则

断奶是宝宝发育到一定阶段后的有计划的必经过程。在顺利添加辅食的前提下，出生后8~10个月为最佳断奶期。如果母乳充足，且处于不易获得动物食品和乳品缺乏地区，也可推迟断奶，但不宜超过1周岁。

（1）事先做好充分的准备

宝宝出生后6个月或更早的一段时间里，应每日定时定量供应辅食，每次吃完辅食后应酌情再让孩子饮用50~100毫升牛奶或吃吸少量母乳。以培养孩子对一般家庭膳食的适应能力和兴趣，逐渐减少对牛奶或母乳的依恋。

如果孩子突然食欲不振，或不愿意吃辅食，只要孩子身体状况、精神和体重正常，就不要硬性勉强孩子吃辅食，也不要喂哺牛奶或母乳。

（2）训练孩子自己动手进食

8~10个月的宝宝常常想自己动手吃饭。饭前应将宝宝的手洗干净，然后训练他自己使用杯、碗、匙等进食。开始时应少给些食物，并多加善意的指导，不要怕孩子把餐桌搞得一塌糊涂。

如果不让孩子多练习独立进食，就很难尽快培养起孩子对乳制品以外的其他食物的兴趣，断奶也就难以成功。

（3）妈妈应下定给孩子断奶的决心

在给孩子正式断奶的数日至1周内，妈妈要有一次断奶成功的决心。

断奶时，孩子会有几天哭闹，但无论如何，也不要用母乳喂养，否则将前功尽弃，还会影响孩子的胃肠消化功能。断奶期间的关键是妈妈要痛下决心。

（4）避免使用骤然断奶的方法

断奶的前期准备工作从逐渐添加辅食开始，不应采取骤然断奶的方法。应在逐渐减少喂奶次数的同时，逐渐增加辅食的次数和数量，直至完全不喂奶时为止。

1）避免盛夏时断奶。断奶时间最好选择在气候较凉爽的春秋季，不宜在盛夏时断奶。在盛夏时节，由于婴儿的消化功能降低，抵抗力减弱，极易出现消化不良。

断奶时间的选择还应视孩子的健康状况而定。在孩子身体虚弱或病后恢复期，不宜进行断奶计划，应适当推迟断奶时间。

2）断奶不能完全断奶类食物。尽管奶类食物已经不能完全满足婴幼儿日益成长的需要，但它仍不失为一种良好的营养性食品。断奶后的孩子还应适当摄取鲜牛奶等奶制品，以充分满足机体对动物蛋白质的需要。摄取量以不影响正常饮食和食欲为度。

4 为宝宝自己吃饭做准备

（1）利用好的时机

这段时间是宝宝成长的黄金时期，他的动手能力及协调性都有很大进步，因此这个时期的宝宝在进食时有了自主性，已经不会再乖乖地让大人喂饭了，而是喜欢自己能参与其中。宝宝对大人吃饭非常感兴趣，他会盯着你的嘴看上半天，还会偶尔伸出手抓拿碗筷。在大人给宝宝喂饭的时候，宝宝会试图把汤匙夺过来自己试试。从这时候开始，妈妈就要注意做好让宝宝自己进食的准备了。

（2）循循善诱

宝宝在吃饭时开始自己去伸手抢汤匙了，这是宝宝开始准备自己进食的表现。妈妈就应该开始训练宝宝自己握奶瓶喝水、喝奶了，可以为宝宝准备一套碗和汤匙，学习让他慢慢熟悉这些餐具。虽然他可能只是拿餐具来敲敲打打，但相信经过妈妈循循善诱的教导，宝宝很快就能掌握它们的正确用法。

（3）因势利导

如果宝宝在餐桌上乱抓一气，妈妈切不可嫌脏就去制止宝宝的这种行为，或者打他的小手以示惩罚，这样会打击宝宝主动学习进食的积极性。要知道，这是宝宝成长的必经阶段，尽管他弄的满身都是，妈妈也要鼓励他这种行为，宝宝也会从中获得快乐和自信。为了确保宝宝的饮食卫生，妈妈可在进食前仔细清洗宝宝的双手，这样就可以放心让他抓食了。

5 怎样培养宝宝定时、定点吃饭的好习惯

这个时期是培养宝宝定时、定点吃饭的好机会，可以让他养成良好的就餐习惯。

八九个月的宝宝大多数可以通过餐具进食了，妈妈可以每次让宝宝坐在固定的场所和座位上（一般常选在推车上或宝宝专用椅上）来喂饭，让宝宝使用自己专用的小碗、汤匙、杯子，让宝宝明白，坐在这个地方就是为了准备吃饭，每次坐下后，看到这些餐具便通过条件反射知道该吃饭了。

这时宝宝对吃饭的兴趣是比较浓的，急于想吃到东西，很愿意听从父母的安排，坐在自己的饭桌前，高兴地等待香甜的饭菜。久而久之，坐在一起吃饭的良好习惯就养成了。

如果到了1岁多再来培养就晚了。1岁的宝宝兴趣日益广泛，再也不把大部分精力集中在吃饭上，而是集中在玩上，根本不会老老实实地坐着吃饭，绝大多数宝宝也就养成了边吃边玩的习惯。

6 宝宝不会咀嚼怎么办

多数宝宝到七八个月大的时候就开始长门牙了，如果辅食添加得正确，咀嚼动作应该进行得很熟练了。如果还不会嚼，多半是因为家长怕宝宝会噎着，一直采用捣烂、捣碎的办法制作辅食，让宝宝吃不必咀嚼就可以吞下去的食品，使宝宝的咀嚼能力得不到锻炼造成的。这时候就要改变以往的辅食添加方式，及时地给宝宝添加一些比较软的固体食物（如小片的馒头、面包、豆腐等）和比较稠的粥，锻炼一下宝宝的咀嚼能力。给宝宝添加的食物也不要弄得太碎，可以给宝宝做一些碎菜末、肉末等有颗粒感的食物，而不是像以前一样全部都打成泥。另外，还可以给宝宝一些烤馒头片、面包干、饼干等有硬度的东西，给宝宝磨磨牙，同样能锻炼宝宝的咀嚼能力。吃饭的时候，妈妈可以先给宝宝作示范，再鼓励宝宝学着自己的样子嚼着吃，让宝宝的咀嚼能力得到尽可能多的锻炼。

7 宝宝可以经常吃罐头食品吗

罐头食品和密封的肉类食品加工时都要加入一定量的防腐剂、色素等添加剂。由于宝宝身体各组织对化学物质的反应及解毒功能都较低，食入了上述成分，会加重脏器的解毒排泄负担，甚至会因为某些化学物质的积蓄而引起慢性中毒。因此尽量不要给宝宝食用此类食品，可以花点时间做些美味的辅食喂宝宝。

8 增强宝宝食欲的窍门

很多妈妈会觉得自家宝宝胃口不好，吃饭时要追着喂。宝宝总是边吃边玩，磨磨蹭蹭，一顿饭吃上1~2个小时，或吃上一两口饭就拒绝再吃，怎么哄劝就是不张口。下面就来讲解如何增强宝宝食欲以及如何正确给宝宝喂饭的要领。

（1）宝宝食欲不振与消化功能和性格有关

宝宝吃得好、长得壮是每个妈妈的心愿。妈妈最烦恼的是，宝宝一到吃饭时间就磨磨蹭蹭，边吃边玩，一顿饭吃上1~2个小时。

一般来说，宝宝食欲不振，很可能是因为脾胃功能低下，消化功能出现了问题。

如果宝宝食欲差，最好到医院检查一下。性格敏感且稍有些神经质的宝宝也会因挑食或偏食而食量过小。

(2) 在规定时间内让宝宝想吃多少就吃多少

要想让宝宝吃得好，就要让宝宝养成良好的饮食习惯。

喂断奶辅食时，妈妈要选择宝宝情绪好的时候喂，或在宝宝想吃的时候喂，让宝宝想吃多少就喂多少，逐渐培养宝宝良好的饮食习惯，千万不要在宝宝生病时或犯困时硬喂。

要给宝宝规定好进食时间，一般不要超过 30 分钟，一旦过了规定时间，马上收拾饭桌，不再喂宝宝吃。妈妈经常想让宝宝多吃一些，总想再喂上几口。这时妈妈要狠下心来，只要一过规定时间，不管宝宝吃没吃完，不必再让宝宝继续吃。这样反复几次后，就能让宝宝逐渐养成良好的饮食习惯，而且宝宝消化功能也会大有改善。

(3) 变换食物和餐具的外观

即使宝宝不爱吃饭，妈妈也不能用零食完全替代正餐。特别是作为加餐的小甜点，长期食用不但会让宝宝变得神经质，而且会使宝宝食欲更差。

为了刺激宝宝的食欲，妈妈要积极变换食物的外观形状和搭配，改变宝宝餐具的外观色彩。颜色与形状各异的小饭碗、汤匙、小叉子以及形状可爱的食物，都会使宝宝胃口大开。

9 让宝宝多吃粗纤维食物

粗纤维广泛存在于各种粗粮、蔬菜及豆类食物中。一般来说，含粗纤维较多的粮食有玉米、豆类等；含粗纤维较多的蔬菜有油菜、韭菜、芹菜、荠菜等。另外，花生、核桃、桃、柿子、红枣等也含有较丰富的粗纤维。粗纤维与其他人体必需的营养素一样，是宝宝生长发育所必需的。

（1）有助于宝宝牙齿生长

进食粗纤维食物时，必然要经过反复咀嚼才能吞咽下去，这个咀嚼的过程既能锻炼咀嚼肌，也有利于牙齿的发育。此外，经常有规律地让宝宝咀嚼有适当硬度、弹性和纤维素含量高的食物，还可减少蛋糕、饼干、奶糖等细腻食品对牙齿及牙周的黏着，从而防止宝宝龋齿的发生。

（2）可防止便秘

粗纤维能促进肠蠕动、增进胃肠道的消化功能，从而增加粪便量，防止宝宝便秘。与此同时，粗纤维还可以改变肠道菌丛，稀释粪便中的致癌物质，并减少致癌物质与肠黏膜的接触，有预防大肠癌的作用。

10 宝宝爱吃甜食怎么办

对宝宝来说，可以从甜食中得到蛋白质、脂肪、糖类、矿物质、维生素、膳食纤维、水和微量元素。对于甜食，不是说宝宝绝对不能吃，而是应给予一个合理的比例。

宝宝甜食吃得太多，其味觉会发生改变，他必须吃很甜的食物才会有感觉。导致宝宝越来越离不开甜食，甜食也越吃越多，而对其他食物缺乏兴趣。

过多地吃甜食还会影响宝宝的生长发育，导致营养不良、龋齿、“甜食依赖”、精神烦躁、加重钙负荷、降低免疫力、影响睡眠以及出现内分泌疾病。

要培养宝宝的口味，让宝宝享受食物天然的味道，给宝宝提供多样化的饮食，保证营养的均衡，控制宝宝每天吃甜食的量。

饭前饭后以及睡觉前不要给宝宝吃甜食，吃完甜食后要让宝宝漱口。父母榜样的力量是无穷的。想让宝宝少吃甜食，父母首先要控制自己吃甜食的量。

宝宝的推荐食谱

香菇火腿蒸鳕鱼

【原料】鳕鱼肉100克，金华火腿10克，香菇2朵（干、鲜均可），盐少许，料酒适量。

【做法】

（1）将香菇用35℃左右的温水泡1小时左右，淘洗干净泥沙，再除去菌柄，切成细丝（新鲜香菇直接洗干净除去菌柄即可）。

（2）将火腿切成细丝备用；鳕鱼洗干净备用。

（3）把盐和料酒放到一个小碗里调匀。

（4）取一个可以耐高温的盘子，将鳕鱼块放进去，在鳕鱼的表面铺上一层香菇丝和火腿丝，放到沸水锅里用武火蒸8分钟左右。也可以使用微波炉来蒸，用高火蒸3分钟左右就可以了。

（5）倒入调好的汁，再用武火蒸4分钟（用微波炉的话，用高火蒸1分钟）。取出后去掉鱼刺即可。

肉末番茄

【原料】新鲜番茄40克，猪瘦肉25克，植物油10克，嫩油菜叶10克，盐少许，料酒适量。

【做法】

（1）将猪肉洗净，剁成碎末，用料酒和少许盐腌10分钟左右。

（2）将番茄洗净，用沸水烫一下，剥去皮，除去籽，切成碎末备用。

（3）将油菜叶洗净，放到沸水锅里汆烫一下，捞出来切成碎末。

（4）锅内加入植物油，放到火上烧到八成热，下入肉末炒散，加入番茄翻炒几下，再加入油菜末，加入少量盐，用武火翻炒均匀即可。

冰糖紫米粥

【原料】紫米（黑米）适量，冰糖少许。

【做法】

（1）将紫米洗净，倒入锅中，根据口味加入适量冰糖。

（2）将紫米煮开后，改用小火熬至紫米糯软。

赤豆粥

【原料】大米、赤豆各适量。

【做法】

（1）先将赤豆拣净洗好，加足够的水，用大火煮开后，改用小火煮。

（2）待赤豆全煮开花后，捞去豆皮，再将淘洗干净的大米下锅。

（3）煮法与大米绿豆粥相同。

蛋花豌豆粥

【原料】大米、豌豆、鸡蛋各适量，葱花、植物油、盐、味精少许。

【做法】

（1）将大米、豌豆同时下锅熬成粥。

（2）把植物油放入另一锅中，待油热后放入葱花、爆出香味即可。

（3）把葱花、盐、味精放入豌豆大米粥中搅匀。

（4）在锅中打一个鸡蛋，成蛋花状，然后再煮片刻即可。

香肠豌豆粥

【原料】大米、豌豆、香肠各适量，植物油、葱花、酱油、盐、味精各少许。

【做法】

（1）将香肠切成小丁与豌豆、大米同时下锅。

（2）其他步骤与蛋花豌豆粥相同。

玉米排骨粥

【原料】玉米粒10克，排骨20克，粥1碗。

【做法】

（1）玉米粒剁碎，排骨剁小块。

（2）粥内加水大火煮开，放入玉米碎、排骨块，小火熬烂，即可。

青蛤蒸蛋

【原料】青蛤10个，鸡蛋2个。

【做法】

青蛤洗净后剁成酱，鸡蛋打散后加水继续搅至发白，加入青蛤酱，拌匀上锅蒸至蛋熟，即可。

肉末菜粥

【原料】大米（小米）、青菜各50克，植物油10克，肉末30克，葱姜末、酱油、盐各适量。

【做法】

（1）将大米（或小米）淘洗干净，放入锅内，加入水，用旺火烧开后，转微火煮成粥。

（2）将青菜洗净，切碎，然后将植物油倒入锅内，下入肉末炒散，放入少许葱姜末、酱油、盐炒匀，加入米粥内，同煮一下即成。

豆腐萝卜玉米糊

【原料】胡萝卜2片，四季豆2根，豆腐1块，黄玉米粉2汤匙，开水1杯。

【做法】

（1）将胡萝卜、四季豆洗净蒸熟后压碎；豆腐压碎。

（2）将1杯开水煮开后放入上述蔬菜和黄玉米粉一起放入水中，中火煮至菜米熟，并随时搅拌，最后淋入少许香油即成。

黑米糊

【原料】黑米4/1杯，牛奶适量。

【做法】

（1）将黑米放在食品加工器上磨成粉。

（2）将水或牛奶1杯放在小锅内，烧开后，加入黑米粉，用小火煮至熟烂、黏稠，如果太稠可适量加水，直至适当的稠度即可。

宝宝的身心发育

	男宝宝	女宝宝
身高	平均73.9厘米（68.9~78.9厘米）	平均72.5厘米（67.7~77.3厘米）
体重	平均9.5千克（7.5~11.5千克）	平均8.9千克（7.1~10.7千克）
头围	平均45.8厘米（43.2~48.4厘米）	平均44.8厘米（42.4~47.2厘米）
胸围	平均45.9厘米（41.9~49.9厘米）	平均44.7厘米（40.7~48.7厘米）

（1）生理特点

1）长出了4~6颗牙齿。

2）扶着墙站起来，甚至移动几步。

3）打开有把手的抽屉、橱柜等。

4）会叫妈妈，不断重复一个单字或声音。

5）说一些简单的词语。

（2）心理特点

1）很喜欢模仿大人的说话与动作。

2）理解一些常用词语的意思。

3）用动作表达自己的意见。

4）探索周围环境。

5）喜欢被表扬。

宝宝的营养需求

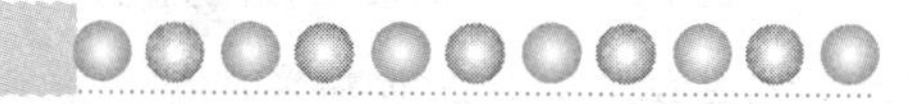

宝宝一般已长出了4～6颗牙齿，有的宝宝出牙较晚，此时才刚刚长出第1颗牙齿。虽然牙齿还很少，但他已经学会用牙床咀嚼食物，这个动作也能更好地促进宝宝牙齿的发育。在前几个月的准备下，宝宝进入了断奶期，此时辅食的添加次数也应相应增加。

多吃促进宝宝大脑发育的食物：鱼、蛋黄、虾皮、紫菜、海带、瘦肉等。每周吃1次动物内脏如猪肝及动物脑等。多吃富含维生素C的水果如橘子、苹果等。经常吃豆类或豆制品。多吃香蕉，多喝牛奶，最好是含牛磺酸的宝宝专用配方奶。

宝宝的吃奶量明显减少，辅食的质地以细碎状为主，食物可以不必制成泥或糊，有些蔬菜切成薄片就可以了，因为经过一段时间的咀嚼锻炼，宝宝已经不喜欢太软的流质或半流质食物了。

可以让宝宝尝试全蛋、软饭和各种绿叶菜，既增加营养又锻炼咀嚼能力，同时仍要注意微量元素的添加。

新妈妈喂养圣经

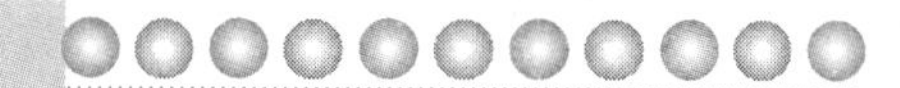

1 本月宝宝的喂养方案

（1）对辅食不太感兴趣的宝宝，牛奶日需量仍为600～800毫升，每日4次，每次150～200毫升。很愿意吃辅食的孩子，慢慢对牛奶不感兴趣了，这时就可减少1次牛奶喂养，每日3次，每次180毫升。由于辅食的增加，补充了大量热能，所以加糖量可降到20克。

（2）为刺激宝宝的食欲，可加点带咸味的辅食，如嫩豆腐、鱼汤、小虾、肉松等。

（3）浓缩鱼肝油，每日1次，每次3~4滴。

2 怎样做到科学断奶

产后10个月，母乳的分泌量及营养成分都减少了很多，而宝宝此时却需要更加丰富的营养，如果不断奶，就会患上佝偻病、贫血等营养不良性疾病。同时，妈妈喂奶的时间太久，会使子宫内膜发生萎缩，引起月经不调，还会因睡眠不好、食欲不振、营养消耗过多造成体力透支。因此，适时、科学地给宝宝断奶对宝宝和妈妈的健康都非常重要。

（1）逐渐加大辅食添加的量

从10个月起，每天先给宝宝减掉一顿奶，添加辅食的量相应加大。过1周左右，如果妈妈感到乳房不太胀，宝宝消化和吸收的情况也很好，可再减去一顿奶，并加大添加辅食的量，逐渐断奶。减奶最好先减去白天喂的那顿，因为白天有很多吸引宝宝的事情，他不会特别在意妈妈。但在清晨和晚间，宝宝会非常依恋妈妈，需要从吃奶中获得慰藉。断掉白天那顿奶后再逐渐停止夜间喂奶、直至过渡到完全断奶。

（2）妈妈断奶的态度要果断

在断奶的过程中，妈妈既要使宝宝逐步适应饮食的改变，又要采取果断的态度，不要因宝宝一时哭闹就下不了决心，从而拖延断奶时间。而且，反复断奶会接二连三地刺激宝宝的不良情绪，对宝宝的心理健康有害，容易造成情绪不稳、夜惊、拒食，甚至为日后患心理疾病留下隐患。

（3）不可采取生硬的方法

宝宝不仅把母乳作为食物，而且对母乳有一种特殊的感情，因为它给宝宝带来信任和安全感，所以妈妈断奶态度要果断，但千万不可采用仓促、生硬的方法。这样只会使宝宝的情绪陷入一团糟，因缺乏安全感而大哭大闹，不愿进食，导致脾胃功能紊乱、食欲差、面黄肌瘦、夜卧不安，从而影响宝宝生长发育，使其抗病能力下降。

（4）注意抚慰宝宝的不安情绪

在断奶期间，宝宝会有不安的情绪，妈妈要格外关心和照顾，花较多的时间来陪伴宝宝。

（5）宝宝生病期间不宜断奶

宝宝到了断奶月龄时，若恰逢生病、出牙，或是换保姆、搬家、旅行及妈妈要去上班等情况，最好先不要断奶，否则会增大断奶的难度。给宝宝断奶前，最好带他去医院做一次全面体格检查，宝宝身体状况好，消化能力正常才可以断奶。

3 本月宝宝要喂的食物量

这个月龄的宝宝，多数妈妈都会给喂米粥或面包粥。那么，给宝宝喂多少才合适呢?

（1）米粥喂多少合适

这个时期的宝宝，每天喂2次还是3次米粥要看宝宝对粥的食欲如何。

如果宝宝能在10～15分钟内轻松地吃完大半碗粥，就可以给他每天喂3次。但如果吃一次粥就需要30分钟以上，那么每天就只喂一次面包粥或者米粥，或者面条。

对那些不喜欢吃像米粥这样软食的宝宝，只喂软一点的米饭也行，不过在喂完米饭后还要给宝宝充足的牛奶喝。

（2）其他辅食的添加情况

这个月龄的宝宝可以吃各类点心了，如饼干、蛋糕等。也有一些妈妈认为给孩子吃了点心，孩子就不吃粥了，所以一点点心也不给孩子吃，其实这没有必要。

要知道，饼干是糖质，粥也是糖质，没必要特意选择从孩子不喜欢的糖质中获取能量。而且，即使是给饼干而把粥减下去，在营养上也不会有什么影响。

这时给宝宝喂的水果绝大部分可以不切碎、不榨汁，整个地给宝宝吃，宝宝也会喜欢。

母乳喂养的宝宝，在添加两次代乳食品后，都要喂牛奶。此外，还要再给一次点心和牛奶。母乳则在早晨醒来时、晚上临睡前、夜里醒来时喂即可。这个时期如果只喂母乳，外加一点米饭的话，会导致宝宝营养不良。

这个阶段的宝宝，对牛奶以外的代乳食品差不多都适应了，但他们吃东西的量会有很大的区别。父母不必因宝宝的食量小而担心，食量小是因为宝宝的身体只需要那么多能量的缘故，只要宝宝精神好，父母也不用担心。

4 断奶期吃白肉鱼的好处

为什么断奶期应该喂白肉鱼呢？这是因为白肉鱼味淡，脂肪少，而且不容易引起过敏反应。例如青鱼，如果是新鲜而且炖到火候了的，也未尝不可，但青鱼是容易引起过敏的鱼，而且也没有必要这么早开始喂。为了防止过敏，最好是喂白肉鱼。不过，这也并不等于说白肉鱼就不过敏，主要还是取决于宝宝的体质。总而言之，要选择新鲜的鱼，并炖到火候，每天改变种类，一点一点地喂。

5 逐渐将辅食变为主食

可以每天早晚各喂奶 1 次，中餐、晚餐吃饭和菜，并在早餐时逐步添加辅食，上下午可供给适当水果或饼干等点心，下午可酌情加喂 1 次牛奶。

（1）改变食物的形态

1）由稀饭过渡到稠粥、软饭。

2）由烂面过渡到挂面、面包、馒头。

3）由肉末过渡到碎肉。

4）由菜泥过渡到碎菜。

（2）正确认识宝宝饮食的变化

10个月后，宝宝的生长发育较以前减慢，食欲也较以前下降，这是正常现象，妈妈不必为此担忧。吃饭时不要强喂硬塞，宝宝每顿吃多吃少可随他去，只要每天摄入的总量不明显减少，体重继续增加即可。否则，易引起宝宝厌食。

（3）培养良好的饮食习惯

1）可让宝宝与大人坐在餐桌上同时进餐，进一步培养宝宝自用餐具的能力。

2）进餐环境要安静，不要边吃边玩，边吃边说，否则易分散宝宝的注意力，影响食欲。

6 如何使宝宝的食物多样化

（1）谷类

添加辅食初期给宝宝制作的粥、米糊、汤面等都属于谷类食物，这类食物是最容易为宝宝接受和消化的，也是糖类的主要来源。宝宝长到7～8个月时，牙齿开始萌出，这时在添加粥、米糊、汤面的基础上，可给宝宝一些可帮助磨牙、能促进牙齿生长的烤馒头片、烤面包片等。

（2）动物性食物及豆类

动物性食物主要指鸡蛋、肉、奶等，豆类指豆腐和豆制品，这些食物含蛋白质丰富，也是宝宝生长发育过程中所必需的。动物的肝及血除了提供蛋白质外，还提供足量的铁，可以预防缺铁性贫血。

（3）蔬菜和水果

蔬菜和水果富含宝宝生长发育所需的维生素和矿物质，如胡萝卜含有较丰富的维生素D、维生素C，菠菜含钙、铁、维生素C，绿叶蔬菜含较多的B族维生素，橘子、苹果、西瓜等富含维生素C。对于1岁以内的宝宝，可用鲜果汁、蔬菜水、菜泥、苹果泥、香蕉泥、胡萝卜泥、红心番薯泥、碎菜等方式摄入其所含营养素。

(4) 油脂和糖

宝宝胃容量小，所吃的食物量少，热能不足，所以应适当摄入油脂、糖等体积小、热量高的食物，但要注意不宜过量，油脂应是植物油而不是动物油。

(5) 巧妙烹调

烹调宝宝食品时，应注意各种食物颜色的调配；味道不能太咸，不要加味精；食物可做成有趣的形状。另外，食物要细、软、碎、烂，不宜做煎、炒、爆的菜，以利消化。

7 让宝宝接受新食物

家长在使宝宝养成良好饮食习惯的同时，还要让宝宝对新食物感兴趣、愿意接受。

促使宝宝接受新食物的方法很多，如在餐桌上一次只增加一种新食品，量要少，应在宝宝饥饿时或精神好时喂，只喂一汤匙；或把新食物和宝宝熟悉的食物搭配在一起吃；或者父母边讨论新食品的味道、颜色、质量及香甜可口，边咀嚼新食品，并做出兴致很高的表情，以增加宝宝对新食物的感官了解和熟悉程度。如果宝宝接受了这种新食品，要给予适当的表扬，至少4~5天后，再让宝宝尝另一种食品；如果初次进食被宝宝拒绝，暂且不去理会，切勿强迫他再进食或对他表示不满，要等以后有机会时，再试试其他的办法。如一种新食品烹调成多种菜肴，让它以另一种形式去引起宝宝的兴趣，或许宝宝更乐于接受，或利用宝宝喜欢食用的某类食品（例如饺子、包子），把新食物加工成这类食品，以此达到让他接受新食物的目的。

父母在为宝宝准备新食物时，应注意色、香、味、形，以增加进食兴趣，使宝宝易于接受。在向宝宝推荐新食物时，不能用物质奖励的办法：一是若用点心、巧克力等宝宝喜爱食品当奖励，宝宝可能因食糖过多变肥胖；二是虽然物质奖赏暂时能让宝宝接受新食物，但宝宝不一定会长期接受它。

8 科学烹调让宝宝吃得更营养

很多妈妈都会有这样的疑惑，在给宝宝添加辅食时，已经非常注意营养的均衡了，可为什么宝宝还是会出现营养缺乏的现象呢？

其实这大多跟妈妈没有采用科学的烹调方法有关。许多食物确实营养丰富，但如果烹调方法不当，其中的营养素就会被破坏掉。所以，妈妈看似给宝宝添加了全面的营养辅食，但是，真正能让宝宝有效吸收的却并不多。在保持食品营养成分方面，妈妈要留心以下几点：

（1）蔬菜现用现买，不宜久放。蔬菜中富含维生素，越新鲜的蔬菜含量越高，因此给宝宝做辅食的蔬菜应该现用现买，买回来应现时制作，一次吃完。在煮青菜时，应等水开后再放菜，能有效地保留住菜里的维生素。

（2）宝宝辅食的肉宜切成碎末、细丝或小薄片；鱼肉应放进冷水锅里用小火炖煮；用动物骨头熬汤时可把骨头拍碎，并在汤里加一点醋，可以促进钙质的溶解。

（3）不宜给宝宝添加油炸辅食，因为油炸食品里的营养成分大部分已经被破坏掉，而且也不利于宝宝消化吸收。

9 不要让宝宝多吃冷饮

在炎热的夏天，冷饮有消暑解渴之功，但冷饮含糖量较高，还含有食用色素，故宝宝不宜食用。

如果宝宝进食过多的糖，肠内发酵引起胀气，孩子有饱胀感，同时促进细菌生长繁殖，易致宝宝腹泻。

另外，冷饮与体内温差较大，宝宝的消化器官不适应，会引起胃肠功能紊乱，食欲降低，影响宝宝的生长发育。因此，宝宝最好少吃冷饮。

10 宝宝应少吃巧克力

巧克力香甜可口，宝宝较喜欢，但巧克力不是宝宝的最佳食品。

巧克力是一种以可可油脂为基本成分的含糖食品，它的脂肪、糖、蛋白质含量分别为：30%～40%、40%～60%、5%～10%。巧克力含较多脂肪，热量较高，是牛奶的7～8倍。

巧克力并不适合宝宝吃，因巧克力含蛋白质较少，钙、磷比例不合理，糖及脂肪太多，不符合宝宝生长发育的需要；其次，吃过多的巧克力往往会导致婴儿食欲低下，影响其生长发育。偶尔吃点巧克力并不会引起不良后果，只不过别把巧克力当做营养的佳品即可。

11 强化食品的种类及选择

我国家庭自制的断奶期辅食一般都不具有强化性，如蔬菜汁、果泥、胡萝卜泥、肉泥、肝泥、肉菜糊等；我国食品厂生产的断奶期配方食品大多是多种营养素强化的，强化的营养素，大都是断奶期宝宝比较容易缺乏的几种，如维生素A、维生素D、维生素B_2和钙、铁、锌、碘等矿物质。应注意的是目前市售的以谷、豆类为基础的断奶期配方食品有两类：一类是按国家标准（GB）强化的配方食品；另一类则是超标准强化的特殊食品。有的配方食品超过国家标准（GB）规定的数倍量强化，食用时应注意说明，正常宝宝应限量食用。

婴幼儿强化食品是指为增加营养而加入了天然或人工合成的营养强化剂（较纯的营养素）配制而成的婴幼儿食品，选购时要注意包装说明、厂名、食用对象、方法和保存期、保存方法。要结合自己孩子的情况选购，最好能在保健医师的指导下使用，不可乱加。关于宝宝食品和强化食品，我国已制定了国家标准（GB）及强化食品卫生管理法规，规定可以强化的食品范围以及允许强化的品种和剂量。对于特殊的强化食品我国目前尚未制定法规，选购时均应严格按说明使用，不可过量，以免影响婴幼儿食欲和引起不良反应。

12 从10个月开始训练宝宝用汤匙吃饭

宝宝不可能一开始就会用汤匙吃饭，妈妈先让宝宝拿汤匙玩耍，让宝宝有直观感受。

汤匙要适合宝宝嘴巴的大小，边缘要圆滑，没有锋利的边刺，质感不要太硬。

宝宝的推荐食谱

白芸豆粥

【原料】大米、白芸豆各适量。

【做法】

（1）将白芸豆淘洗干净，加适量水煮至软烂。

（2）待豆软烂后将大米淘洗干净下锅同煮，一直到白芸豆裂口、米烂再停火。如果用玉米渣与白芸豆一同煮粥，会更香甜柔软。玉米渣和白芸豆要同时下锅，多加水。先用大火烧开然后改用小火慢煮，煮90分钟左右方可食用。

红枣米粥

【原料】大米（或小米）、红枣各适量，冰糖或白糖各少许（1岁以后添加）。

【做法】

（1）将红枣洗净，挖去枣核，放入锅中加少量水煮开。然后将枣捞起，将煮枣水倒掉（汤有时有苦味）。

（2）将大（小）米淘洗干净。

（3）重新加上够煮粥的水，用大火烧开，放入大（小）米和红枣同煮，待粥煮烂后加入白糖，一烧开即停火。

煎番茄饼

【原料】番茄、面包粉各10克，色拉油8克，面包粉、芹菜末各适量。

【做法】

（1）将番茄1/4个（约25克）用开水烫一下，切成薄片，面包粉10克烤成焦黄色。

（2）将色拉油8克放入平底锅内烧热，放入番茄煎至两焦黄，盛入小盘内，撒上面包粉、芹菜末少许即成。

虾末花菜

【原料】30克花菜，虾10克，白酱油、盐各适量。

【做法】

（1）将30克花菜洗净，放入开水中煮软后切碎。

（2）把虾10克洗净，放入开水中煮去皮，切碎，加入少许白酱油、盐，使其具有淡咸味，倒在花菜上即可。

肉末豆腐干油菜丝

【原料】猪瘦肉、豆腐干（或豆腐片）、油菜、植物油、葱花、盐各适量。

【做法】

（1）将猪瘦肉剁成肉末，豆腐干（或豆腐片）切成小丝，油菜洗净切丝。

（2）热锅放点油，下肉末煸炒，随后放入葱花、豆腐干丝，添适量水，烧片刻，再投入油菜丝，翻炒片刻，加入盐即成。

芙蓉蒸蛋

【原料】鸡蛋1个，豆腐1/5块，胡萝卜少许。

【做法】

（1）豆腐压碎与搅拌均匀的蛋汁混合后备用，胡萝卜研磨成泥。

（2）将豆腐泥和胡萝卜泥放在一起搅拌均匀，放入锅内蒸熟即可。

肉末卷心菜

【原料】卷心菜100克，猪肉末50克，肉汤少许。

【做法】

（1）卷心菜洗净，用开水烫一下后切小块。

（2）油锅烧热，下入猪肉末煸炒至断生，然后加入卷心菜翻炒几下，倒入少许肉汤，稍煮等猪肉末完全熟透即可。

银耳核桃糖水

【原料】枸杞子50克，银耳30克，核桃肉100克，冰糖少许。

【做法】

（1）枸杞子、核桃肉洗净；银耳用温水泡软，去蒂后切小片。

（2）锅内加适量水烧开，放入银耳、枸杞子，改用小火煲30分钟，加入核桃肉再煲10分钟。

（3）最后放入冰糖煮溶即可。

疙瘩汤

【原料】1/4个鸡蛋，面粉，葱头、胡萝卜、圆白菜（切碎）、肉汤、酱油，水适量。

【做法】

（1）把鸡蛋和少量水放入一大匙面粉中，用筷子搅拌成小疙瘩。

（2）把切碎的葱头、胡萝卜、圆白菜各2汤匙放入肉汤内煮软后，再把面疙瘩一点一点放入肉汤中煮，煮熟之后放少许酱油即可。

蒸鱼饼

【原料】鱼、豆腐泥、鱼汤各适量。

【做法】

（1）把1/2条鱼去皮、骨、刺后，研碎。

（2）与豆腐泥混合均匀做成小饼，放蒸锅内蒸，把鱼汤煮开后加少许作料，最后把蒸过的鱼饼放入鱼汤内煮熟。

虾豆腐

【原料】小虾2条，豆腐1/10块，嫩豌豆苗适量。

【做法】

（1）小虾，豆腐，嫩豌豆苗煮后切碎，放入锅内。

（2）加切碎的生香菇1/4个，加海味汤煮，加白糖和酱油各1汤匙，熟时薄薄地勾一点儿芡即可。

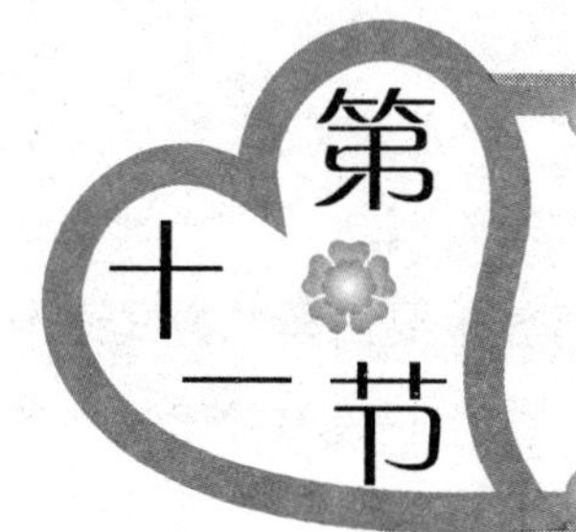

10~11个月宝宝的喂养

宝宝的身心发育

	男宝宝	女宝宝
身高	平均75.3厘米（70.1~80.5厘米）	平均74.0厘米（68.8~79.2厘米）
体重	平均9.8千克（7.7~11.9千克）	平均9.2千克（7.2~11.2千克）
头围	平均46.3厘米（43.7~48.9厘米）	平均45.2厘米（42.6~47.8厘米）
胸围	平均46.2厘米（42.2~50.2厘米）	平均45.1厘米（41.1~49.1厘米）

（1）生理特点

1）长出4~6颗牙齿，4颗上牙，2颗下牙。

2）会转身，失去平衡时能抓住周边物体。

3）独自站立几秒。

4）扔掉抓在手里的东西。

5）蹲下来捡东西。

6）翻开、合上书。

（2）心理特点

1）会随着音乐摇晃扭动。

2）重复没有具体意义的短句，有几个字能让人听懂。

3）听到简单要求，能做出反应。

4）喜欢捉迷藏。

5）探求欲望增强，仔细观察玩具。

6）懂得因果关系。

宝宝的营养需求

宝宝普遍已长出上下切牙，能咬较硬的食物，哺养也要由婴儿方式逐渐过渡到幼儿方式，每餐的进食量增加，这个时期的宝宝生长发育较迅速，父母要为之补充足够的糖类、蛋白质和脂肪。

除一日三餐外，妈妈还应给宝宝添加一些小点心。吃点心应该每天定时，不能随时都喂，有些饭量大的宝宝没吃点心就长得够胖了，可以用水果代替点心来满足他旺盛的食欲。此外，妈妈在购买点心时，不要选太甜的点心，如巧克力等糖果不能作为点心给孩子吃。

宝宝开始表现出对特定食物的好恶，父母不能过于溺爱，每餐都做宝宝爱吃的食物，应在保证营养充足的前提下，合理适量安排食物，并培养宝宝对各种食物的兴趣，防止宝宝养成偏食的习惯。

新妈妈喂养圣经

1 本月宝宝的饮食情况

过了10个月宝宝的饮食情况，随着孩子的个性和母乳的多少而有所不同。

有的宝宝从10个月起就开始吃米饭，蔬菜可以是菠菜、胡萝卜或卷心菜等，另外还提供一些动物蛋白，午后则提供一些草莓、香蕉等水果，晚餐就和父母吃一样的饭食。而有的宝宝非常爱吃粥，一点米饭都不吃。

还有一些宝宝，代乳食品吃得也很好，不过母乳仍然很充足，所以可以给喂一些母乳。这些情况都是因人而异。所说的断奶食谱只是为大多数妈妈提供一个依据而已。5 个月的宝宝或许可以依照统一的断奶食谱喂哺，但 10 个月的宝宝就没有这么简单了。

宝宝的断奶进行得是否顺利，并不是用断奶食谱来衡量的，而是要求所选择的饮食，是否能让宝宝健康快乐。只要宝宝的日平均体重增加 5 ~ 10 克就可以了。

2 开始正式制订断奶计划

此时期，宝宝的消化功能和咀嚼能力大大提高。如果宝宝饮食已形成一定规律，食入量和品种增多，营养供应能满足身体生长发育的需要，则应该考虑断奶。

（1）断奶时机的选择

1）断奶应该选择春、秋、冬三季，在天气凉爽时进行。

2）断奶必须选择宝宝身体健康的时候进行，如宝宝身体不适就应推迟断奶。

3）采用自然断奶法，逐渐减少喂奶时间和喂奶量，直到完全停止。避免采用药物或辣椒涂抹奶头的方法迫使宝宝断奶，以免造成精神刺激。

4）如果母乳充足，宝宝身体较差，可延至 1 岁半断奶。

（2）断奶食谱安排（食谱举例）

早餐：鸡蛋 1 个，喂母乳 1 次或牛奶 220 毫升，米糊少量或将鸡蛋拌在米糊里。

午、晚餐：粥或面条共约 2 小碗，肉末、肝或鱼泥 50 ~ 100 克，豆腐 25 克，蔬菜 50 ~ 100 克。

早餐与午餐及晚餐之间可加水果 50 ~ 100 克，饼干 1 ~ 2 块，鱼肝油适量。

3 夏季不宜断奶

宝宝出生后10个月便可以断奶了，但是遇到炎热的夏季，就应推迟断奶时间，待天气凉爽后再断奶。

夏季，特别是七、八月份，天气炎热，人体为了散发热量，保持体温恒定，就会多出汗，汗液中除水分外，还有相当数量的氯化钠。由于出汗多，氯化钠的丢失也相应增加。氯化钠中的氯离子是组成胃酸必不可少的物质，大量的氯离子随汗液排出，使体内氯离子减少，胃酸的生成相对不足。胃酸减少后，不但影响食物的消化，导致宝宝食欲减退，而且会使食物中的细菌相应增多，出现消化道感染。

夏季气温高，会使机体新陈代谢加快，体内各种酶能量消耗增加，消化酶也会因此而减少。由于神经系统支配的消化腺分泌功能减退，消化液的分泌量也会因此而减少，最终导致食欲下降，饮食量减少，从而影响营养素的吸收，使宝宝身体抵抗力减弱。另外，高温有利于苍蝇的繁衍和食物变质，这增加了胃肠道传染病的发生机会，容易出现腹泻，影响宝宝健康，所以夏季不宜断奶。

4 断奶末期如何喂宝宝

宝宝10个月时就进入了断奶末期。这个阶段可以把哺乳次数进一步降低为不少于2次，让宝宝进食更丰富的食品，以利于各种营养元素的摄入。可以让宝宝尝试软饭和各种绿叶蔬菜，既增加营养又锻炼咀嚼能力，同时仍要注意微量元素的添加。尝试正式断奶，如果错过了这一时期，宝宝就会依恋母乳的味道，使断奶变得更加困难。除了味道之外，宝宝还会领悟到吸吮母乳比咀嚼食物容易得多，因此更离不开母乳。

给宝宝做饭时多采用蒸煮的方法，比炸、炒的方式保留更多的营养元素，口感也较松软。同时，还保留了更多食物原来的色彩，能有效地激发宝宝的食欲。

5 宝宝断奶后的饮食

宝宝的肠胃消化功能较差，刚刚断奶以后还不能像正常宝宝那样进食固体食品。在宝宝已习惯食用各种辅食的基础上，逐渐增加新品种，使宝宝有一个适应的过程，逐渐把流质、半流质改为固体食品。这一时期的饮食调理非常重要，密切关系着以后的营养状况，家长必须重视这件事，妥善安排。

断奶后必须注意为孩子选择质地软、易消化并富含营养的食品，最好为他们单独制作。在烹调方法上要以切碎烧烂为原则，通常采用煮、煨、炖、烧、蒸的方法，不宜用油炸。

有些家长为了方便，只给孩子吃菜汤泡饭，这是很不合理的。因为汤只能增加些滋味，里面所含的营养素极少，经常食用会导致营养不良。有的家长以为鸡蛋营养好，烹调方法又简便，每天用蒸鸡蛋作下饭菜，这也不太妥当。鸡蛋固然营养价值较高，孩子也很需要吃，然而每天都用同样方法，时间久了，会使孩子感到厌烦，影响食欲甚至拒食。

进餐次数以每天4～5餐最好，即早、中、晚三餐，午睡后加一次点心。如宝宝体质较弱，食量小，也可在9时左右加一次点心。至于每餐的量，应特别强调早餐“吃得饱”，因为宝宝早晨醒来，食欲最好，应给予质量较好的早饭，以保证宝宝上午的活动需要；午饭量应是全日最多的一餐，晚餐宜清淡些，以利睡眠。

6 宝宝秋季防燥辅食

秋天天气干燥，宝宝体内容易产生火气，小便少，神经系统容易紊乱，宝宝的情绪也常随之变得躁动不安，所以，秋季给宝宝的辅食应选择含有丰富维生素A、维生素E，能清火、湿润的食品，对改善秋燥症状大有好处。

（1）南瓜

南瓜所含的β—胡萝卜素，可由人体吸收后转化为维生素A，吃南瓜可以

防止宝宝嘴唇干裂、流鼻血及皮肤干燥等症状，可以增强机体免疫力，改善秋燥症状。小点的宝宝，可以做点南瓜糊；大些的宝宝，可用南瓜拌饭。给宝宝吃南瓜要适量，一天的量不宜超过一顿主食，也不要太少。

（2）藕

鲜藕中含有很多容易吸收的糖类、维生素和微量元素等，宝宝食之能清热生津、润肺止咳，还能补五脏。6~12个月的宝宝，可把藕切成小片，上锅蒸熟后捣成泥给宝宝吃。

（3）水果

秋季是盛产水果的季节，苹果、梨、柑橘、石榴、葡萄等能生津止渴、开胃消食的水果都适合宝宝。

（4）干果和绿叶蔬菜

干果和绿叶蔬菜是镁和叶酸的最好来源，缺少镁和叶酸的宝宝容易出现焦虑情绪。镁是重要的强心物质，可以让心脏在干燥的季节保证足够的动力；叶酸则可以保证血液质量，从而改善神经系统的营养吸收。所以，秋季可以给宝宝适量吃点核桃、瓜子、榛子、菠菜、芹菜、生菜等。

（5）豆类和谷类

豆类和谷类含有B族维生素，维生素B_1是人体神经末梢的重要物质，维生素B_6有稳定细胞状态、提供各种细胞能量的作用。维生素B_1和维生素B_6在粗粮和豆类里面含量最为丰富，宝宝秋季可以每周吃3~5次软软的粗粮米饭或用大麦、薏仁、玉米粒、赤豆、黄豆和大米等熬成的粥。另外，糙米饼干、糙米蛋糕、全麦面包等都可以常吃一些。

（6）含脂肪酸和色氨酸的食物

脂肪酸和色氨酸能消除秋季烦躁情绪，有影响大脑神经的作用，补

充这些营养，可以让宝宝多吃点海鱼、核桃、牛奶、榛子、杏仁和香蕉等。

7 调理宝宝肠胃的饮食方案

这个月的宝宝每天可吃三次奶、两顿饭或两次奶、三顿饭。仍吃母乳的宝宝在早、晚各吃一次母乳，然后吃三顿饭。应注意给宝宝添加富含蛋白质的辅食以满足其身体所需，宝宝蛋白质的需要量约为每日每千克体重3.5克。

妈妈给宝宝添加富含蛋白质饮食时要注意丰富食物的种类。这是因为，多种食物搭配食用可为宝宝补充身体所需的不同种类氨基酸，从而为宝宝补充充足的营养，保证宝宝健康成长。

除了可以为宝宝做各种不同口味的粥外，还可以给宝宝添加软米饭、面条（片）、小馒头、面包、馄饨等，各种带馅的包子、饺子也是不错的选择，注意把馅剁得细碎一些。为了促进宝宝的食欲，辅食要经常变换花样，并且要做得软烂一些，以利于消化。

这个时期的宝宝已具有进食的主动性，所以他不爱吃的食物可能吃两口就不肯再吃，而喜欢吃的东西吃完了还会再要。妈妈应注意控制宝宝的进食量，不要因为宝宝爱吃就不限量地喂食，这样会损伤宝宝的脾胃，导致消化不良。

另外，妈妈还可以将水果切成小片或小条让宝宝自己拿着吃，既可锻炼咀嚼能力又能促进宝宝牙齿发育。如果宝宝吃了西瓜或番茄，大便会略带红色，妈妈不必紧张，这并不是宝宝消化不好。对于不爱吃水果或只吃很少水果、蔬菜的宝宝，每天可适量喂些果汁，以补充宝宝身体发育所需的维生素。

8 宝宝进食时不宜逗乐

在孩子进食时逗乐是非常危险的事，不仅会影响宝宝良好饮食习惯的形成，还可能使其将食物吸入气管。

小宝宝误把奶液吸入气管，会发生吸入性肺炎；大宝宝如把花生米、瓜子仁呛入气管，会引起肺不张、窒息等危险。

在生活中，有的家长把黄豆、五香豆向上一抛，再张开嘴去接，表演给孩子看，孩子如果照此模仿，食物就可能误入气管，导致严重后果。

9 如何通过饮食促进宝宝智力发育

脑是智力发育的物质条件，脑的神经细胞、胶质细胞的发育及正常功能的维持，都需要一定的营养物质。婴儿期是脑发育的关键期，这一阶段如注意营养，将十分有利于脑结构分化与成熟，为学龄期和青少年时期的智力发育奠定基础。那么怎样进行饮食调整呢？

脑和其他组织一样，需要充足的蛋白质、脂肪、糖、维生素 C、B 族维生素、维生素 E、维生素 A 及钙、磷、铁、锌等营养素。此外，脑组织在发育及工作中还有其特有的营养要求，脑组织本身不能储存葡萄糖，只是利用血液中含有的葡萄糖，平时，血液中大约 2/3 的葡萄糖要被脑消耗掉，所以要及时补充糖类。另外还要注意摄取含有 B 族维生素的食物，如水果、蔬菜等，以利于大脑对糖类的作用。还应多吃些富含卵磷脂的食物，脑组织的脂类含量很丰富，是营养神经系统的营养物质，人吃了富含卵磷脂的脑组织能提高脑力劳动的效率。大豆及豆制品、牛奶、鸡蛋和牛肉中含卵磷脂多，宝宝应该多吃。还要多吃一些蛋白质，蛋白质是构成神经细胞、神经胶质细胞的重要成分，给予宝宝优质蛋白将促进脑细胞的增长发育。蛋白质是由很多氨基酸组成的，其中有个叫亮氨酸的，如果缺乏可致大脑发育不全，而色氨酸、铬氨酸可能化为神经传递物质，对人脑的思维活动有促进作用。

宝宝的推荐食谱

蔬菜乌冬面

【原料】生乌冬面50克，南瓜和白菜各20克，胡萝卜少许，鸡肉或猪肉15克，银鱼3条，水3/4杯。

【做法】

（1）将乌冬面入开水烫一下，捞出沥干水分，切成长2~3厘米的段。

（2）蔬菜切成厚5~7毫米的方丁。

（3）肉切碎，放入开水锅中焯一下。

（4）将银鱼去头，收拾干净。

（5）将银鱼放入锅中；加清水煮开，捞出银鱼。

（6）银鱼汤中放入蔬菜和肉继续煮，倒入乌冬面，再煮开一次即可。

茭瓜鸡蛋汤面

【原料】挂面30克，鸡蛋1个，食用油少许，茭瓜1块，香油少许，牛肉高汤或银鱼汤1/2杯。

【做法】

（1）鸡蛋敲破，打成蛋液，摊成鸡蛋薄饼，切成细丝。

（2）茭瓜切丝，炒锅上火烧热后放香油，油热后放入茭瓜丝略炒，盛出备用。

（3）挂面煮好后捞出，放入凉开水中冲泡一下，捞出沥干水分，盛碗中。

（4）高汤烧开，浇在面条上，放上茭瓜丝和蛋饼丝即成。

通心粉蔬菜汤

【原料】通心粉20克，卷心菜叶1张，洋葱、胡萝卜、南瓜各20克，高汤1杯。

【做法】

（1）锅中加清水煮开，放入通心粉煮熟后捞出，沥干水分备用。

（2）将卷心菜、洋葱、胡萝卜、南瓜切成方丁。

（3）锅中加入高汤，放入蔬菜丁煮熟后，倒入备用的熟通心粉，再煮开一次即成。

南瓜菠菜面

【原料】干细面条30克，南瓜50克，菠菜20克，鸡蛋半个，高汤半碗，酱油少许。

【做法】

（1）将干细面条对折成一半，煮软后用冷水洗净，沥干水；南瓜切薄片；菠菜洗净去根，放入锅中加水煮过后泡冷水，捞出，沥干水后切碎。

（2）将高汤和南瓜倒入锅内，加热，煮软，加入面条和菠菜继续煮，待煮沸后加入少许酱油调味，再倒入打匀的鸡蛋，煮至半熟即可。

鱼蛋饼

【原料】洋葱10克，鱼肉20克，蛋黄1个，黄油、奶酪各适量。

【做法】

（1）将洋葱切成碎末；鱼肉煮熟，放入碗内研碎。

（2）将蛋黄磕入碗内，加入鱼泥、洋葱末搅拌均匀，成糊。

（3）平底锅置火上，放入黄油烧热，将糊做成小圆饼，放入油锅内煎炸，煎好后把奶酪浇在上面即可。

黄瓜沙拉

【原料】黄瓜25克，橘子4瓣，火腿肠末25克，葡萄干20克，沙拉油10克，盐少许。

【做法】

（1）先把黄瓜洗干净去皮切成小片，再把葡萄干用开水泡软洗干净。

（2）将洗干净的橘子去皮去核后切碎，把火腿肠末蒸10分钟取出，切成小方块，然后把加工好的黄瓜、泡软的葡萄干和研碎的橘子瓣、火腿肠一起放入小碗里，加上沙拉油和少许盐拌匀即可食用。

豆豉牛肉末

【原料】豆豉15克，牛肉末30克，植物油、酱油和鸡汤各适量。

【做法】

（1）炒锅置于火上，放适量植物油，待油热时，下牛肉末煸炒片刻，再放豆豉、鸡汤和酱油，搅拌均匀即成。

（2）在给宝宝喂稠粥或烂面条或面片时，添加这种豆豉牛肉末即可。

桂花番薯粥

【原料】番薯50克，粳米30克，糖桂花少许，白糖适量，清水适量。

【做法】

（1）将粳米淘洗干净，下锅放入清水适量，用旺火煮开后，续用小火煮成稀粥。

（2）将番薯洗净，上屉蒸熟后去皮碾成泥，调入稀粥中，再加适量的白糖再次煮沸，最后撒上糖桂花即可喂食。

猪肉鸡蛋土豆

【原料】土豆1个，猪肉末100克，鸡蛋1个，盐少许。

【做法】

（1）土豆1个用水煮熟，去皮，切成几块并用匙压碎。

（2）炒锅热后加少许油，放入猪肉末100克，炒熟；加入土豆，边炒边压碎，并与肉末搅混匀；再加入打匀的鸡蛋1个，将三者混合，加入盐少许，翻炒几下即可。

三鲜蛋羹

【原料】鸡蛋1个，新鲜虾仁，肉菜末，盐、水各适量。

【做法】

把1个鸡蛋打入碗中，加少许盐和凉开水调匀，放入锅中蒸热，然后再切几个新鲜虾仁与炒好的肉菜末放进碗中搅匀，再继续蒸5~8分钟，停火后即可食用。

鸡蛋柠檬汤

【原料】鸡汤1杯，鸡蛋1个，柠檬汁、盐、豌豆苗各适量。

【做法】

（1）鸡汤放在锅中，加入1/4杯，用小火煮开。

（2）打碎鸡蛋，与柠檬汁1汤匙混在一起，加盐（如鸡汤中有盐，则不加）少许，加一点热鸡汤，搅混匀，再全部倒入锅中，小火加温，最后，加入切细的少许豌豆苗，不要煮开。

燕麦牛奶粥

【原料】燕麦片50克，牛奶250克，白糖少许。

【做法】

（1）将燕麦片和牛奶放在一个小平底锅内，充分混合，用文火烧至微开，用勺不停地搅动，以免粘锅，待锅内食物变稠即成。

（2）将燕麦粥盛入碗内，加入少许白糖，搅和均匀，晾至温度适宜即可喂食。

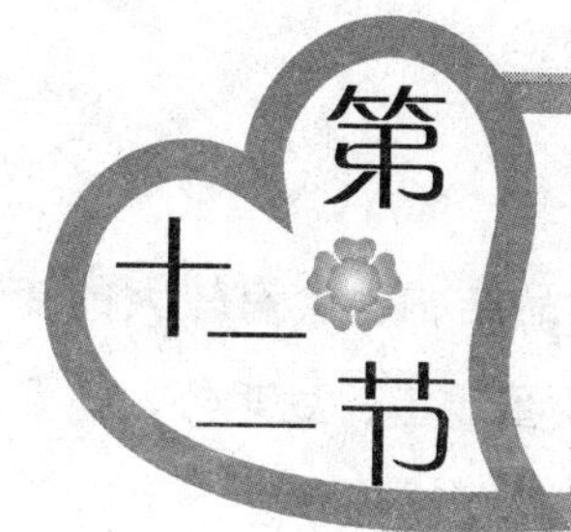

11~12个月宝宝的喂养

宝宝的身心发育

	男宝宝	女宝宝
身高	平均77.3厘米（71.9~82.7厘米）	平均75.9厘米（70.3~81.5厘米）
体重	平均10.1千克（8.0~12.2千克）	平均9.4千克（7.6~11.2千克）
头围	平均46.5厘米（43.9~49.1厘米）	平均45.4厘米（43.0~47.8厘米）
胸围	平均46.5厘米（42.5~50.5厘米）	平均45.4厘米（41.4~49.4厘米）

（1）生理特点

1）体重为出生时的3倍。

2）能摇摇晃晃走上几步。

3）喜欢往上爬，可以爬出婴儿床。

4）能完成大人提出的简单要求。

5）学说话，拍手。

6）睡眠时间13~14小时。

（2）心理特点

1）学唱歌曲，随儿歌做表演动作。

2）长时间集中注意力听别人讲话，并作出反应。

3）记忆力增强，能认出经常见到的人。

4）用动作表达自己的意见。

5）独立性增强，愿意自己吃东西或走路或一个人玩。

宝宝的营养需求

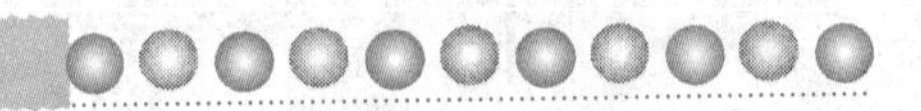

很多12个月大的宝宝已经或即将断母乳了，食品结构也会有较大的变化，这时食物的营养应该更全面而充分，除了瘦肉、蛋、鱼、豆浆外，还要有蔬菜和水果。食物要经常变换花样，巧妙搭配。

断奶后的宝宝应和平时一样，白天除了给宝宝喝奶之外，还可以给宝宝喝少量1:1稀释的鲜果汁和白沸水。如果是在1岁以前断奶，应当喝宝宝配方奶粉；1岁以后的宝宝喝母乳的量逐渐减少，要逐渐增加喝牛奶的量，但每天的总量基本不变（1～2岁幼儿应当每日600毫升左右）。

断奶后宝宝全天的饮食安排：一日五餐，早、中、晚三顿正餐，二顿点心，强调平衡膳食和粗细、米面、荤素搭配，以碎、软、烂为原则。

吃营养丰富、细软、容易消化的食物。1岁的宝宝咀嚼能力和消化能力都很弱，吃粗糙的食品不易消化，易导致腹泻。所以，要给宝宝吃一些软、烂的食品。一般来讲，主食可吃软饭、烂面条、米粥、小馄饨等，副食可吃肉末、碎菜及蛋羹等。值得一提的是，牛奶是宝宝断奶后每天的必需食物，因为它不仅易消化，而且有着极为丰富的营养，能提供给宝宝身体发育所需要的各种营养素。避免吃刺激性的食物。刚断奶的宝宝在味觉上还不能适应刺激性的食品，其消化道对刺激性强的食物也很难适应，因此，不宜让宝宝吃辛辣刺激性食物。

新妈妈喂养圣经

1 宝宝断奶后的合理膳食

（1）宝宝断奶后饮食特点

1）宝宝的饮食基本过渡到以粮食、奶、蔬菜、鱼、肉、蛋为主的混合饮食。

2）奶仍是宝宝饮食中的重要成分，每天要保证供奶600毫升以上。

（2）宝宝断奶后饮食须知

1）每天要供给宝宝丰富的蛋白质食物，如乳类、鱼、肉、蛋、豆制品等，以满足宝宝生长发育的需要。

2）应该适当供应粥、大米饭、面条、小饼干等，以提供足够的热量。

3）经常给宝宝吃些蔬菜（包括海产品）和瓜果，它们能提供维生素和矿物质，促进消化，增进食欲。

4）经常给宝宝吃一些肝脏、动物血，以保证铁的供应。

5）烹制方法多样化，注意色、香、味、形，且要软、细、碎、烂，以利于消化。不宜煎、炒、爆。

（3）注意饮食卫生

1）每次进食后，再给宝宝喂少量白开水，可清洁口腔，防止龋齿。

2）进食前后避免剧烈活动。

3）不要随意给宝宝糖果零食，尤其要避免睡前再进食。

2 怎样向幼儿的哺喂方式过渡

12个月的宝宝普遍已长出了上下切牙，能咬下较硬的食物。相应地，这个阶段的哺喂也要逐步向幼儿方式过渡，餐数适当减少，每餐量增加，除喝牛奶外，还应添加含糖类、脂肪、蛋白质较为丰富的食物，如肉、鱼、鸡蛋、各种绿叶蔬菜等。

3 让宝宝学吃"硬"食

吃惯了流质饮食的宝宝，虽长了几颗牙齿，也像是有了些咀嚼能力，但要吃"硬"食（固体食物），还应有个练习的过程。

什么时候才能让宝宝去学吃"硬"东西。儿科专家建议：孩子在12个月大时，就可以开始吃固体食物，因为在这个阶段，宝宝通常已能掌握拿东西、嚼食物的基本技巧了。当然，在开始时可将固体食物弄成细片，好让孩子便于咀嚼。可以先吃去皮、去核的水果片和蒸过的蔬菜（如胡萝卜）等。

当宝宝已习惯吃这些"硬"东西后，便可以使食物的硬度"升级"，让他们尝试吃煮过的蔬菜，但不宜太甜、太咸或含太多的脂肪，以免"倒"了胃口，产生厌食、拒食行为。在让宝宝逐渐适应不同硬度的食物时要有耐心，不可过高估计他们牙齿的切磨、舌头的搅拌和咽喉的吞咽能力。固体食物应切成半寸大小，太大时很容易阻塞咽喉。硬壳食物，至少要到孩子4~5岁时才适宜吃。

经常给孩子吃些硬食物不仅可以促进唾液腺分泌，有助于消化食物，同时还能促进大脑的发育，促进血液、淋巴液的循环，增强代谢，有助于颌面的发育。

4 怎样给宝宝吃水果

对宝宝来说，没有什么特别好的水果的说法。每个季节最多产的水果，既新鲜又好吃，价格也便宜的就可以。

草莓、番茄中的小籽，做不到一粒一粒都剔除后给宝宝吃，不过，西瓜、葡萄的籽是一定要去掉的。苹果的果肉太硬，要切成薄片后喂给宝宝。香蕉、梨和桃也可以给宝宝吃。

柿子，有的父母是绝对不给孩子吃的，而有些父母则会挑较软的果肉给孩子吃。即使是容易便秘的孩子吃些柿子、无花果、菠萝也很少会便秘，倒是有时为了大便通畅，一些父母还特意给孩子吃。

吃了番茄、胡萝卜和西瓜等水果，无论是在宝宝多么健康的时候，在大便中都可以见到像是原样排出来的东西。虽然排出了带颜色的东西，父母也不要认为是消化不良，这主要是因为宝宝的胃肠消化功能还不够完善。

5 不爱吃米饭的宝宝可多喂小食品

妈妈注意到孩子米饭吃得少，一般都是与邻近的妈妈交流后才得知的。实际上，只要宝宝精神状态良好。每天都能高高兴兴地玩耍，就没必要在意他吃了多少米饭。

不喜欢吃米饭的宝宝，如果喜欢吃小食品的话，也可以给他吃。宝宝并不是因为吃小食品而不吃米饭的，所以只要宝宝喜欢，就可以给他小食品吃。

原本食量很小的宝宝，不会因为满周岁了就突然能多吃饭了。食量小也不会对生活有什么影响，强迫进食也不能使宝宝变大食量。

6 宝宝不宜多吃蜂蜜

蜂蜜是营养丰富的滋补品，但蜂蜜在生产、运输和储存等一系列过程中，极易受到肉毒杆菌的污染。而肉毒杆菌适应环境的能力甚强，既耐严寒，又耐高温，能够在连续煮沸的开水中存活 6～10 小时。因此，即使经过一般加工处理的蜂蜜，也仍有一定数量的肉毒杆菌孢芽存活。这些孢芽无法生长和释放毒素。然而，这些孢芽一旦进入婴幼儿体内，尤其是进入 1 岁以下的宝宝体内，因婴幼儿的免疫系统尚未成熟，它们便迅速发育成肉毒杆菌，并释放出大量的肉毒素。平时这些毒素毒性甚强，据说 1 毫克即可致万名婴儿死亡。

另据调查，目前婴幼儿急死症中，有 5% 的宝宝是因肉毒素中毒而引起死亡的。所以，婴幼儿最好不要多吃蜂蜜，尤其是1岁以下的宝宝，不宜食用蜂蜜。

7 断奶后宝宝拒绝奶粉怎么办

这种时候比较有效的方法有三个：

（1）换奶嘴

通常母乳喂养的宝宝不肯吃奶粉，主要是对奶嘴不适应，你可以给宝宝用那种十字形NUK的自动进气仿真奶嘴，开始的时候可以用乳胶的，这种奶嘴的形状比较接近妈妈乳头在宝宝口腔中的形状（扁状），符合宝宝的口腔，乳胶又比较柔软，接近乳头的口感，十字形的流量比较快，接近吸食乳头的感觉，这种奶嘴有进气口，吸吮时不用停下来换气。你可以给宝宝多试试。

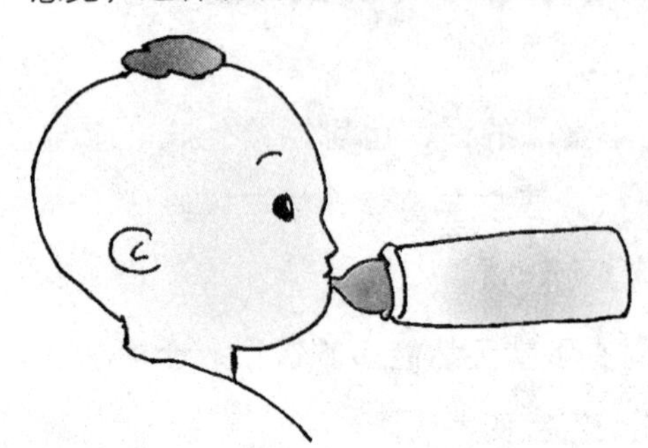

还有一点就是奶嘴压到宝宝的舌头了，宝宝很不舒服，一般奶瓶和宝宝的嘴巴大概成45°夹角就可以了。

（2）换奶粉

每个宝宝喜欢的口味不同，你可以多试几种奶粉。还有就是冲泡奶粉的温度，一定要接近体温，宝宝吃母乳已经适应37℃的温度，如果比较热，宝宝也会拒绝。

（3）饿

这个时期的宝宝光吃馒头喝粥营养跟不上，所以长痛不如短痛，该饿的时候也一定要饿。

8 怎样应对会走的宝宝喂饭难问题

当宝宝会走以后，每次喂饭，都是你追在后面，小心翼翼地央求，宝宝则坚决不吃，每喂进一口，就仿佛是天大的胜利，一顿饭有时会喂上一两个小时。这是宝宝自我意识开始萌发，想自己动手吃饭、摆弄东西，到处试验自己的能力和体力的表现，你可以采取下面的方式来对付宝宝的这种行为。

(1) 培养好的饮食习惯

饭前1小时内不吃零食，平时零食不能吃得过多，热量不能过高；让宝宝养成定点吃饭的饮食习惯，固定餐桌和餐位；将宝宝的餐位放在最靠内侧的位置不方便宝宝进出。

(2) 进餐氛围要良好

要精心营造舒适的饮食环境，创造开心、轻松、愉快的进餐气氛来引起宝宝的食欲；要重视食物品种的多样化，饭花菜样经常更新，引起宝宝食欲；食物要软，易咀嚼，松脆，而不要干硬，应使宝宝吃起来方便；色彩鲜艳的食品更受宝宝的青睐；食物的温度以不冷不热微温为宜；饭前不要用激烈的言辞来训斥宝宝，若宝宝吃饭吵闹，应正确引导宝宝养成良好的按时吃饭的习惯；不要强迫宝宝吃某种自己不喜欢的食物，应多劝导，若能少量进食，应及时给予鼓励。

(3) 不要强迫宝宝进食

这个时期的宝宝饮食有较明显的变化，个体差异也越来越明显。宝宝的食量因人而异，每餐饭究竟该吃多少食物，你要有正确的估计，而不是按你希望宝宝吃的量来强迫他吃。让他自己动手会吃得更香。

(4) 尽量满足宝宝的愿望

让宝宝自己“吃”。正餐时，用安全的餐具盛上一点点饭，让宝宝自己拿勺吃（其实，宝宝不会自己盛饭，更不会把饭吃到口中）。趁宝宝不注意的时候，喂宝宝一勺饭，而宝宝呢，仿佛认为是自己吃到的食物，会感到很高兴。

9 让宝宝与家人同桌进餐

到了这个月，宝宝对食物的接受能力强了，几乎奶以外的食物，宝宝都可以吃。但要比父母吃的软些、烂些，味道稍淡些。这时宝宝的咀嚼能力进一步加强，手指也可以抓住食物往嘴里塞，尽管他吃一半撒一半，但这也是一大进步。此年龄段正是宝宝模仿大人动作的时候，看到父母吃饭时，他会不由自主地吧嗒着嘴唇，明亮的双眼盯着饭桌和大人，还会伸出双手，一副馋嘴相。看到宝宝这种表现，父母可以抓住时机，在宝宝面前也放一份小儿饭菜，让他和父母同桌进餐（最好同桌分餐进食），他会高兴地吃。这种愉快的进餐环境对提高宝宝食欲是大有益处的。

宝宝和父母一起进餐后，桌上父母丰盛的菜肴，可以让宝宝尝一尝，如尝酸味的时候，告诉他“这是酸的”。宝宝的视、听、嗅、味的感觉信息，经过大脑的活动，有效地进行组合，从而使宝宝增加了对食物的认识和兴趣。不能因为宝宝想吃，于是大家就你一勺、他一筷地喂宝宝吃各种食物，还是尽量让妈妈去喂。此时可以手把手地训练宝宝自己吃饭，这样做，既满足了宝宝总想自己动手的愿望，还能进一步培养他自用餐具的能力。宝宝自己进餐不可避免地会把手和脸搞得很脏，但随着年龄的增长，这些会逐渐改善。因此，父母对宝宝的态度要保持冷静与温和，使全家在愉快气氛中进餐。

10 怎样给宝宝吃点心

断奶后，宝宝尚不能一次消化许多食物，一天光吃几顿饭，尚不能保证生长发育所需的营养，除吃奶和已经添加过的辅食外，还应添加一些点心。给宝宝吃点心应注意：

（1）选一些易消化的米面食品当点心

此时宝宝的消化能力虽已大大进步，但与成人相比还有很大差距，不能随意给宝宝吃任何成人能吃的食物。给宝宝吃的点心，要选择易消化的米面类的，糯米做的点心不易消化，也易让宝宝噎着，最好不要给宝宝吃。

（2）不选太咸、太甜、太油腻的点心

此类点心不宜消化，易加重宝宝肝肾的负担，再者，甜食吃多了不仅会影响宝宝的食欲，也会大大增加宝宝患龋齿的概率。

（3）不选存放时间过长的点心

有些含奶油、果酱、豆沙、肉末的点心存放时间过长，或制作方法中不注意卫生，会滋生细菌，容易引起宝宝肠胃感染、腹泻。

（4）点心是作为正餐的补充

点心味道香甜，口感好：宝宝往往很喜欢吃，容易吃多了而减少其他食物的量，尤其是对正餐的兴趣。妈妈一定要掌握这一点，在两餐之间宝宝有饥饿感、想吃东西时，适当加点心给宝宝吃，但如果加点心影响了宝宝的正常食欲，最好不要加或少加。

（5）加点心最好定时

点心也应该每天定时，不能随时都喂。比如在饭后1～2小时适量吃些点心，是利于宝宝健康的；吃点心也要有规律，比如上午10时，下午3时，不能给宝宝吃耐饥的点心，否则，下餐饭就不想吃了。

宝宝的推荐食谱

肉末软饭

【原料】大米、茄子、葱头、芹菜、猪瘦肉末各适量，植物油、酱油、盐、葱和姜末各少许。

【做法】

（1）将米淘洗干净，放入小盆内，加入清水，上笼蒸成软饭备用。

（2）将茄子、葱头、芹菜择洗干净，均切成末。

（3）将植物油倒入锅内，下入肉末炒散，加入葱姜末，酱油搅炒均匀，加入茄子末、葱头末、芹菜末煸炒断生，加少许水、盐，放入软米饭，混合后，尝好口味，稍焖一下出锅即可。

豆腐软饭

【原料】大米、豆腐、青菜（菠菜、油菜、芹菜等绿叶蔬菜）、炖肉汤各适量。

【做法】

（1）将大米淘洗干净，放入小盆内加入清水，上笼蒸成软饭备用。

（2）将青菜择洗干净切成末，豆腐放入开水中煮一下，切成末。

（3）将米饭放入锅内，加入肉汤一起煮，煮软后加入豆腐、青菜末稍煮即可。

龙眼莲子粥

【原料】大米（或糯米）50 克，龙眼肉 2 个，莲子（去心）10 克，红枣 3~5 颗，清水适量。

【做法】

（1）大米（或糯米）淘洗干净，用冷水泡 2 小时左右。

（2）莲子冲洗干净，用干粉机磨碎。

（3）红枣剖成两半，去掉核，剁成碎末备用；龙眼肉剁成碎末备用。

（4）大米（或糯米）连水加入锅里，先用武火烧沸，再用文火熬 30 分钟左右；加入龙眼肉、莲子、红枣，煮 5 分钟左右即可。

鲜肉馄饨

【原料】新鲜猪肉 50 克，嫩葱叶 5 克，馄饨皮 10 张，香油 5~10 滴，高汤适量，紫菜、盐少许。

【做法】

（1）紫菜用温水泡发，洗干净泥沙，切成碎末备用。

（2）肉洗净，剁成极细的肉蓉；将葱叶洗净，剁成极细的末。

（3）肉蓉里加入葱末、香油和盐拌匀。

（4）挑起肉馅，放到馄饨皮内包好。

（5）入高汤，煮沸，下入馄饨煮熟，然后撒入准备好的紫菜末，煮 1 分钟左右，盛出即可。

碎菜牛肉

【原料】新鲜的嫩牛肉30克，新鲜番茄30克，嫩菠菜叶20克，胡萝卜15克，黄油10克，清水、高汤各适量，盐少许。

【做法】

（1）牛肉洗净切碎，放到锅里煮熟；胡萝卜洗净，去皮，切成1厘米见方的丁，放到锅里煮软备用。

（2）菠菜叶洗干净，放到沸水锅里焯2~3分钟，捞出来沥干水，切成碎末备用。

（3）番茄用沸水烫一下，去掉皮、子，切成碎末备用。

（4）黄油入锅内烧热，依次下入胡萝卜、番茄、碎牛肉、菠菜翻炒均匀，加入高汤和盐，用火煮至肉烂即可。

黄豆蛋糕

【原料】黄豆粉1杯，鸡蛋3个，泡打粉3/5匙，白醋适量，白糖1/3匙，玉米油少许。

【做法】

（1）把鸡蛋和白醋打匀，直到看不到蛋沫，再加入白糖搅打3分钟，调入少许玉米油。

（2）把黄豆粉和泡打粉均匀混合，倒入蛋液搅拌均匀。

（3）蛋糕糊用器皿装好，放入蒸锅里蒸熟即可。

苋菜面条

【原料】新鲜红苋菜20克，面条10克，高汤适量。

【做法】

（1）苋菜洗净并沥干水分，切细备用；面条剪成长约2厘米的段。

（2）锅内加水烧开，放入面条煮2分钟，即捞起。

（3）将苋菜放入高汤中煮软，约3分钟后放入面条再煮1分钟即可。

罗宋汤

【原料】牛肉 100 克，圆白菜 50 克，芹菜半棵，胡萝卜半根，土豆、番茄各半个，红肠 20 克，番茄酱少许。

【做法】

（1）牛肉洗净切小块；土豆、胡萝卜、番茄均去皮切小块；圆白菜切碎；芹菜切丁；红肠切片。

（2）锅内加适量水，放入牛肉块后加盖大火煮开，改小火煮至牛肉熟烂为止。

（3）放入胡萝卜、土豆块煮烂，再加入红肠、芹菜、圆白菜煮开约 10 分钟，调入番茄酱，最后加番茄块略煮即可。

五谷粥

【原料】大米、黑米、山药各 20 克，小米 10 克、百合各 10 克。

【做法】

（1）将大米、小米、黑米淘好，放入锅内加水大火煮开。

（2）山药去皮，切丁；百合洗净，泡水，去杂质。

（3）粥大火煮开后，放入山药丁、泡好的百合，转小火熬煮，大约 30 分钟后即可。

牛奶小馒头

【原料】面粉 40 克，牛奶 20 克，发酵粉少许。

【做法】

（1）将面粉、发酵粉、牛奶和在一起揉匀，放入冰箱冷藏室，15 分钟后取出。

（2）将面团切成 3 份，揉成 3 个小馒头，上锅蒸 15～20 分钟即可。

第二章

1～2 岁宝宝的喂养

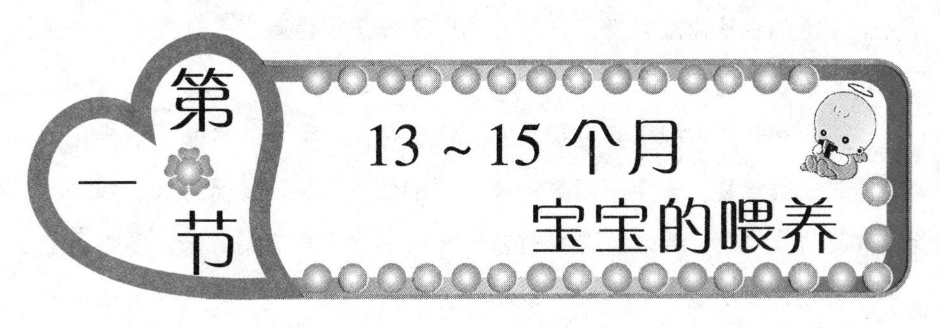

第一节 13~15个月宝宝的喂养

宝宝的身心发育

	男宝宝	女宝宝
身高	平均79.7厘米（74.2~85.2厘米）	平均78.6厘米（73.1~84.1厘米）
体重	平均10.6千克（8.1~13.1千克）	平均9.5千克（7.4~11.6千克）
头围	平均46.7厘米（44.2~49.2厘米）	平均45.6厘米（43.2~48.0厘米）
胸围	平均46.8厘米（42.9~50.7厘米）	平均45.7厘米（41.7~49.7厘米）

步态蹒跚地到处行走，一会儿蹲下，一会儿站起，一会儿爬上沙发，一会儿钻进床底。当宝宝坐下时，两只小手可不愿闲着，揪揪这，抠抠那。尤其对小孔、按键感兴趣，录音机、电视机、电插座等，都是他研究的对象。画笔和纸这时在他的眼中与其他玩具没有两样，滚动的小皮球是他的最爱。这时的他会用手指物品来表达他的需要，需要帮助时还会拉着成人来或大声叫喊。来客人时会按妈妈的指令指出家中的灯、冰箱、电视等物品，甚至会指出图画书中的许多东西。

这个年龄段的宝宝活泼可爱，但很难照看。还是喜欢把手里的玩具或物品扔到地上，并且还让你捡起来。1岁以后的宝宝最喜欢与父母一起玩，充分的玩耍将帮助宝宝发展自信心和对人的信任感。

宝宝的营养需求

15个月时，宝宝的身高较周岁时增加2.5厘米，平均每个月仅增加0.8厘米，宝宝的体重较周岁时增加0.6~0.9千克，平均每个月仅增加0.2~0.3千克。宝宝的生长速度减慢了，与此同时营养需求量减少，饮食也开始减少了，但只要在正常范围之内，父母就不用过分担心。

这个阶段，要重视培养宝宝良好的饮食习惯。宝宝的食品要多样化，不能只吃某一类食物。如果有对某一类食物的偏食现象，要努力加以纠正。在选购和烹调食物时，要注意选择有益于健康的食物和烹调方法，多吃有益于心脏的食物，少吃高脂肪食物，以防宝宝肥胖，同时也能降低宝宝成年后心血管疾病的发生率。

宝宝的饮食要尽量做得清淡，菜不要太咸，动物蛋白与蔬菜的比例要适当，不能只一味地吃肉，应适当添加蔬菜和豆制品等，以保证宝宝的营养均衡。

鸡蛋是父母为宝宝首选的营养品，由于3岁之前宝宝的胃肠消化功能尚未成熟，过多摄入鸡蛋会增加胃肠道负担，严重时还会引起消化不良性腹泻，因此，此时的宝宝以每天或隔天摄入一个全鸡蛋为宜。

新妈妈喂养圣经

1 怎样安排宝宝的主食

幼儿的主食主要有米粥、软饭、面片、豆包、面条、馒头等。主食是幼儿补充热量的来源。

周岁孩子每日的膳食大致可以这样安排：主食100克左右，牛奶500毫升加白糖15克（分两次喝），瘦肉类30克，猪肝泥20克，鸡蛋1个，植物油5克，蔬菜150~200克，水果150克。

要想孩子长得健壮，父母必须细心调理好孩子的三餐饮食，将肉、鱼、蛋、蔬菜等与主食合理搭配。由于幼儿牙齿还未长齐，咀嚼功能还不是太强，所以父母应尽量把菜做得细软一些，肉类要做成泥或糜，以便孩子消化吸收。

为了保证周岁幼儿身体所需的钙，还应每日给其加服鱼肝油，钙片也应每日2次，每次1克。

2 宝宝的主食应多样化

幼儿的常用主食有软饭、稠粥、烂面片、麦糊、面包、馒头、小包子、馄饨、饺子、藕粉、红枣、赤豆粥、绿豆粥、蛋糕、花卷、发糕等。

每日要有充足的乳类。牛奶或豆浆是幼儿重要的营养食物，每日宜喝250~500毫升。

1岁以后的宝宝在选用大米、面粉外，还应经常选用小米、玉米、黑米、标准粉、大麦片等，以补充B族维生素，防止其缺乏。

3 做好宝宝的营养调配

（1）以菜为主

这个时期，大部分宝宝都能从食物中摄取营养，只是尚不能充分消化这些食物，因此还必须做点适合宝宝吃的食物。

宝宝在发育期需要大量蛋白质、脂肪、淀粉、维生素、矿物质等。其中动物蛋白（牛奶、肉、鱼、蛋等）比较重要。因此，宝宝每餐都应该吃一点。豆类及其制品也是很好的蛋白质来源之一。总之，宝宝要多吃菜，每餐应相当于大人的2/3左右。宝宝吃的菜饭不要太硬或太生，烧得烂糊些，多放点油。

（2）多喝牛奶

鲜牛奶中含有丰富的蛋白质、矿物质、钙质等，这些营养素在宝宝骨骼发育旺盛的幼儿期里是不可缺少的营养。

在这个时期最好每天喝200~400毫升牛奶，即1~2瓶，可以在吃点心时喝，也可以当饮料给宝宝喝，还可以用来煮菜。

(3) 饮食时多时少

宝宝幼儿期是饮食时多时少，也是吃饭时爱玩的时期。高兴时就多吃些，不高兴时就少吃些。有时只吃饭，有时一天到晚只吃水果。作为父母，还是应该让宝宝吃配有淀粉、蛋白质、脂肪、蔬菜和水果等营养全面的饭菜。

在这个时期，要尽量让宝宝自己动手吃饭。虽然宝宝还不太会用汤匙，容易把饭菜撒在桌上，可在桌面铺上塑料布，并让宝宝知道饭菜撒在桌上不好。

(4) 关于宝宝挑食

1岁以后，宝宝一般都会挑食，今天多吃一点，明天少吃一点，有时只吃这个，有时只吃那个。挑食过度叫做偏食。宝宝不愿吃蔬菜时，可包在煎鸡蛋卷里或混在饭里，宝宝就能高高兴兴地吃下去。

4 提升宝宝智力的DHA、ARA

(1) 营养解读

DHA又名二十二碳六烯酸，是构成细胞及细胞膜的主要成分之一。在大脑皮质中，DHA是构成神经传导细胞的主要成分，对脑细胞的分裂、增殖、神经传导、神经突触的生长和发育都起着极大的促进作用，在宝宝的大脑发育过程中扮演着极其重要的角色。宝宝的视网膜感光细胞中也含有大量的DHA，这些DHA可以使宝宝的视网膜细胞变得更加柔软，进而使视觉信息更快地传递到大脑，提高宝宝的视觉功效。

ARA的正式名称是二十碳四烯酸，又名花生四烯酸，属ω-6系列中多不饱和脂肪酸的一种。ARA是一种对大脑和视神经发育具有重要促进作用的物质，如果宝宝在成长过程中缺乏ARA，大脑和神经系统发育将会受到严重影响，身体的发育也会受到阻碍。ARA虽然可以由必需脂肪酸——亚油酸转化而成，不属于必需脂肪酸，但由于1~2岁以内的宝宝自己合成ARA的能力较低，还需要通过食物摄入足够的ARA，来满足自己大脑、神经系统和身体发育的需要。

（2）宝宝的需求量

世界粮农组织和世界卫生组织联合委员会建议正常宝宝每天每千克体重应当补充20毫克DHA，40毫克ARA；早产宝宝每天每千克体重应当补充的DHA和ARA的量则分别是40毫克和60毫克。DHA和ARA之间的比例，以1∶2~1∶1.8为最佳。

（3）富含DHA和ARA的食物

母乳是最好的DHA和ARA的来源。此外，蛋黄、深海鱼类、海藻等食物中也含有丰富的DHA和ARA。

5 宝宝的养肺饮食

秋天气候十分干燥，尤其是北方更为严重。宝宝的小手经常摸上去很热，却没有发烧。小嘴唇也出现了小裂口，甚至小鼻子还会偶尔出现流血现象，这就是秋燥耗损了宝宝体内津液所造成的。妈妈必须掌握科学的饮食之道，注意为宝宝添加具有润肺功效的食品，才能避免秋燥对宝宝身体造成的伤害。

（1）喝水养肺

秋燥会引起宝宝体内缺水。我国传统医学认为，养肺可以驱走燥邪。为了防止燥邪侵扰宝宝的身体，妈妈一定要注意给宝宝补水。

秋季妈妈更要注意让宝宝多喝水，以保持呼吸道的湿润，防止燥邪侵害宝宝身体。

给宝宝的呼吸道“蒸桑拿”。妈妈可以把热水倒入杯子里，让宝宝的鼻孔对着杯子吸入水蒸汽，这就相当于直接从呼吸道“摄”入水分，使呼吸道黏膜不再干燥。每次进行10分钟，早晚各1次。操作过程中要特别注意水温和距离，避免烫伤。

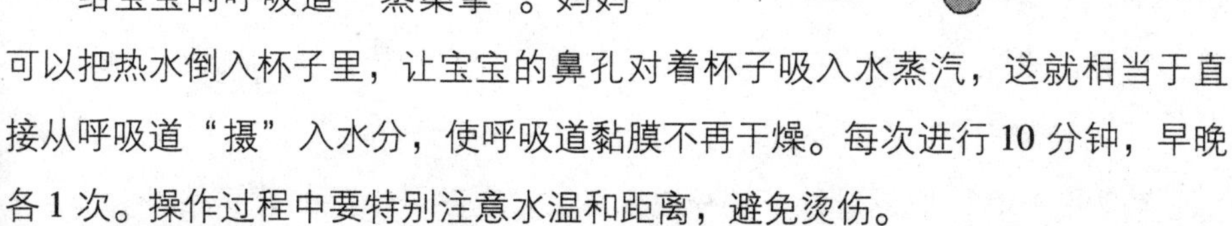

勤给宝宝洗澡。传统医学认为，皮毛是肺的屏障，伤肺先伤皮毛。因此多洗澡有利于皮肤的血液循环，使全身气血通畅，使肺得到滋润。

(2) 吃蔬菜和水果养肺

以下蔬果都具有滋阴养肺的功用，妈妈可以适量让宝宝多吃一点：

1) 梨：梨具有生津止渴、润燥化痰的功效，秋燥之时适量给宝宝吃梨很有益处。

2) 红枣：红枣具有益气生津、滋润心肺的功效，是宝宝在秋天里的滋补佳品。

3) 柑橘：柑橘有生津止咳、润肺化痰等功效，对于津液不足、咳嗽的宝宝有很大的好处。

4) 百合：百合味道鲜美，有润肺止咳的功效。把鲜百合蒸熟给宝宝吃，可有效预防肺热咳嗽。

5) 花菜：秋天是呼吸道感染的多发季节，具有养肺功效的花菜确实是宝宝适时的保健佳蔬。

6) 银耳：银耳具有润肺养阴、化痰凉血的功效，与冰糖一起炖食，可治疗秋燥引起的咳嗽、痰多。

6 宝宝的健脑食物

(1) 豆类

对于大脑发育来说豆类是不可缺少的植物蛋白质。黄豆、花生、豌豆等都有很高的营养价值。

(2) 糙米杂粮

糙米的营养成分比精白米高，黑面粉比白面粉的营养价值高。这是因为在细加工的过程中，很大一部分营养成分损失掉了。要给孩子多吃杂粮，包括糯米、玉米、小米、赤豆、绿豆等，这些杂粮的营养成分适合孩子身体发育的需要，搭配食用能使孩子得到全面的营养，有利于大脑的发育。

(3) 动物内脏

动物肝、肾、脑、肚等，既补血又健脑，是孩子很好的营养品。

(4) 鱼虾类及其他

鱼、虾、蛋黄等食品中含有一种胆碱物质，这种物质进入人体后，能被大脑从血液中直接吸收，在脑中转化成乙酰胆碱，提高脑细胞的功能。尤其是蛋黄，含卵磷脂较多，被分解后能释放出较多的胆碱，所以宝宝最好每天吃点蛋黄和鱼肉等食品。

7 给宝宝多吃些粗粮

现在，多数家庭的食谱中，精米细面和鸡鸭鱼肉占了主导地位，而五谷杂粮在餐桌上几乎见不到了。当然这说明人们的生活水平提高了，饮食质量和结构发生了较大的变化。但从医学角度和人体营养的合理性上看，还是要多吃一些粗粮。

宝宝从4～6个月开始添加辅食后，就可以考虑添加粗粮了。所谓粗粮是指除了精白粉、富强粉或标准粉以外的谷类食物，如大米、玉米和高粱等。

（1）各种粗粮所含营养素较多

各种粗粮所含的营养素都各有所长。如小米含铁及B族维生素比较高，全麦粉含钙比较多，这样都能使孩子获得多方面的营养素。

此外，粗粮所含纤维素比细粮多，对防治宝宝便秘有良好作用。所以营养学家的建议是：不可把粗粮从餐桌上撤走。

（2）在精加工过程中会损失一部分营养成分

精米细面在粮食加工过程中，有相当一部分营养成分被损失掉了，最严重的当属B族维生素及矿物质的损失。因为B族维生素主要存在于谷类的外层，当去掉麸皮和外壳时，B族维生素也就随之去掉了，所以长期吃精米白面的人，容易因B族维生素缺乏而患脚气病（一种有周围神经炎、心血管系统特殊症状的营养缺乏病）。

粗粮中的营养成分是细粮无法替代的，餐桌上应该多一些黄面、黑面类的食物。只是在给宝宝吃粗粮时，要做成幼儿容易消化的食品，如可用小米粉做成鸡蛋软饼、用玉米面煮成糊等。

8 有助宝宝长高的食物

宝宝的身高不仅受遗传因素影响，而且受营养状况、运动量以及睡眠习惯的影响。因此，即使是矮个子父母的宝宝，也可以通过营养、休息和有规律的适量运动，最后使其长高。

有助宝宝长高的饮食方法：

（1）睡眠和营养状况良好的宝宝长得高

一般认为，出于遗传方面的原因，矮个子父母的孩子必定不高。实际上，决定身高的因素中，遗传因素所占比例不超过50%，营养状况占30%左右，环境影响约占10%，运动约占10%。

后天因素对孩子身高的影响不亚于先天的遗传因素。

（2）蛋白质是人体生长必需的营养素

要想宝宝长高，就必须让宝宝吃好。特别是在1~2岁时，宝宝对蛋白质和钙的需求量较大，特别需要妈妈的精心喂养。

宝宝生长发育的速度取决于体内生长激素分泌是否旺盛，生长激素分泌是否旺盛取决于宝宝摄取的营养是否充足。妈妈要悉心调制出营养丰富、味道鲜美的食物，促进宝宝的健康成长。

妈妈要多下工夫制订婴幼儿食谱，尽量通过每顿饭让宝宝摄取到均衡的营养。其中蛋白质尤为重要，它不仅能够参与制造人体血液和肌肉，而且是生长激素的原料，是宝宝长高不可或缺的营养成分。

（3）要想长高多补钙

牛奶被称为蛋白质和钙的最佳结合体。牛奶中钙的含量很高，且易于吸收，所以很多人都把牛奶当作补钙和促进长高的食品。

即使牛奶质量再好，营养再高，但如果让宝宝过多饮用，反而不利于宝宝的成长。满10周岁的宝宝每天牛奶饮用量最好不超过500毫升。

（4）要想长高多补锌

婴儿期缺锌是影响宝宝长高的原因之一，牛羊肉、动物肝和海产品都是锌的良好来源。草酸、味精等会影响锌的吸收，孕妇和宝宝都不宜食用味精。吃含草酸高的菠菜、芹菜前应先用开水焯一下。

9 强壮宝宝骨骼的食物

有些宝宝易发生骨折，这让父母非常惊慌。宝宝易骨折的常见原因是缺钙和摄入过多糖分。要想让宝宝的骨骼正常发育，强健结实，就要想办法让宝宝摄入足够的钙质。缺钙不仅使宝宝成长减慢，发育延缓，还会导致宝宝情绪不稳定，养成坐立不安或暴躁易怒的性格。

宝宝缺钙的危害还有很多，如皮肤粗糙、失去弹性或头发干枯等。因此，妈妈一定要注意给宝宝补钙，最好的补钙方法就是通过食物摄取。

正在发育的孩子每天要喝2杯鲜牛奶，多吃奶酪、酸奶等奶制品。除奶制品外，银鱼、干虾、鸡蛋、大豆、豆腐、豆腐脑、海藻类食品和蔬菜都是很不错的钙质来源。

钙具有不易被人体吸收的缺点，因此要将含钙高的食品与含优质蛋白质或含维生素D的食品搭配起来食用，才有助于钙的吸收。

优质蛋白质不仅能促进钙的吸收，而且还能够与钙相结合，进一步提高营养价值。维生素D也有助于钙的吸收，它具有将钙固着在骨骼中的作用。

含钙量丰富的食品主要有干虾、银鱼、紫菜、裙带菜等。糖分含量过高的饼干类食品会阻碍钙的吸收，还会软化骨骼，应尽量让宝宝少吃。

10 宝宝不宜过量吃水果和碳酸饮料

任何食品都讲究饮食平衡，对宝宝来说尤其重要，因为宝宝的身体在发育期，许多器官功能还不完善。因此，过量食用水果和碳酸饮料不仅不利于宝宝的生长发育，甚至可能带来疾病。

(1) 患水果病

水果病最常见的就是橘子高胡萝卜素症，多发生在秋季橘子丰收的季节，

主要的症状是宝宝鼻唇沟、鼻尖、前额、手心、脚底等处皮肤出现黄染，严重的全身发黄，同时伴有恶心、呕吐、食欲不振、全身乏力等症状。有的家长误以为宝宝得了肝炎。

（2）过量吃水果容易影响其他食物的摄入

宝宝吃水果太多了，就不愿意吃饭了，肯定会影响其他营养的吸收。对于因营养不良而消瘦的宝宝来说加重了蛋白质摄入的不足；对于肥胖的宝宝来说，大量摄入高糖分水果进一步加重了肥胖，不利于减肥。

（3）不要给宝宝喝碳酸饮料

碳酸饮料中最主要的三种成分均影响宝宝健康，在日常生活中，你应该尽量做到不要让宝宝喝碳酸饮料。

（4）二氧化碳过多影响消化

碳酸饮料口味多样，但里面的主要成分都是二氧化碳，所以你喝起来才会觉得很爽、很刺激。但饮用碳酸饮料后，释放出的二氧化碳很容易引起腹胀，影响食欲，甚至造成肠胃功能紊乱。

（5）大量糖分有损牙齿健康

除了含有让人清爽、刺激的二氧化碳外，碳酸饮料的甜香也是吸引宝宝的重要原因，这种浓浓的甜味儿来自甜味剂，也就是说饮料含糖量太多。

饮料中过多的糖分被人体吸收，就会产生大量热量，长期饮用非常容易引起肥胖。最重要的是，它会给肾脏带来很大的负担，这也是导致宝宝糖尿病发生的隐患之一。

碳酸饮料里的这种糖分对宝宝们的牙齿发育很不利，特别容易腐损牙齿。有的家长会因此而选择无糖型的碳酸饮料，尽管喝无糖型的碳酸饮料减少了糖分的摄入，但这些饮料的酸性仍然很强，同样能导致齿质腐损。

（6）磷酸易导致骨质疏松

如果你仔细注意一下碳酸饮料的成分，尤其是可乐，不难发现，大部分都含有磷酸。通常人们都不会在意，但这种磷酸却会潜在地影响你的骨骼，常喝碳酸饮料骨骼健康就会受到威胁。人体对各种元素的需求比例都是有要求的，所以，大量磷酸的摄入就会影响钙的吸收，导致钙、磷比例失调。

一旦钙缺失，对于处在生长过程中的宝宝身体发育损害非常大。缺钙无疑意味着骨骼发育缓慢、骨质疏松。

11 脂肪对人体的作用

防寒。这是因为能用手捏起的皮下脂肪具有保温作用。从生理角度讲脂肪还具有以下作用：

（1）为机体产热、释放能量。脂肪是人体能量的主要来源，产热量要比蛋白质和糖都高。一般人体食用的脂肪，一部分被消耗利用，一部分在体内贮存起来。当人体饥饿时脂肪就会释放能量，为身体产生热量。

（2）是构成人体细胞的成分（主要是磷脂和胆固醇等），也是构成脑和神经组织的主要成分。组织细胞的各种膜叫细胞膜，都离不开脂类与蛋白质成分。

（3）促进脂溶性维生素的吸收。维生素可分为脂溶性维生素与水溶性维生素两种，脂溶性维生素包括维生素 A、维生素 D、维生素 E、维生素 K 等，此类维生素吸收条件是只有溶于脂肪中才能被吸收利用。

12 各种维生素的作用

（1）维生素 A 可使人体皮肤光滑健康，保护眼睛，抵抗疾病的侵袭。

（2）维生素 D 可以促进钙质的吸收和利用，预防宝宝维生素 D 缺乏病的发生。

（3）维生素 E 可以保护心脏和骨骼肌肉健康，延缓人类衰老过程，并有抵抗空气污染物对人体的影响作用。

（4）维生素 B_1 有稳定人的情绪、增强记忆力和活力的功能。

(5) 维生素 B_2 可预防口腔黏膜溃疡，是蛋白质、脂肪和糖代谢过程中需要的酶类所不可或缺的成分，也是促进儿童生长必需的物质。

(6) 维生素 B_3 能促进糖类、脂肪和氨基酸的代谢，并可减少人体血液中超量的胆固醇，防止血管硬化，使人保持旺盛的精力。

(7) 维生素 B_6 可调节人体中枢神经系统活动，稳定情绪，能协助机体产生抗体，促进皮肤健康。

(8) 维生素 B_{12} 可协助人体神经系统工作，并维持正常红细胞的生成过程。叶酸能协助机体形成红细胞。

(9) 维生素 C 可以促进牙齿和骨骼的生长，促进骨折和外伤的愈合，并能抵抗传染病和其他疾病。

13 如何培养宝宝良好的饮食习惯

(1) 定时进餐

如果宝宝正玩得高兴，不宜立刻打断他，而应提前几分钟告诉他“快要吃饭了”；如果到时他仍迷恋手中的玩具，可让宝宝协助成人摆放碗筷，转移注意力，做到按时就餐。

(2) 愉快进餐

饭前半小时要让宝宝保持安静而愉快的情绪，不能过度兴奋或疲劳，不要责骂宝宝。培养宝宝对食物的兴趣爱好，引起宝宝的食欲。

(3) 专心进餐

吃饭时不说笑，不玩玩具，不看电视，保持环境安静。

(4) 定量进餐

根据宝宝一日营养的需求安排饮食量，如果宝宝偶尔进食量较少，不要强迫进食，以免造成厌食。还要合理安排零食，饭前 1 小时内不要吃零食，以免影响正餐。不过多进食冷饮和凉食。

(5) 进餐习惯

1) 尽可能根据当地情况和季节选用多种食物，经常变换饭花菜样，引起宝宝的食欲。培养宝宝不偏食、不挑食的习惯。

2）进餐时间不要太长，也不要过短。不要催促宝宝，培养宝宝细嚼慢咽的习惯。

3）饭桌上特别可口的食物应根据进餐人数适当分配，培养宝宝关心他人，不独自享用的好习惯。

4）培养宝宝正确使用餐具和独立吃饭的能力。可在宝宝碗中装小半碗饭菜，要求宝宝一手扶碗，一手拿勺吃饭。可以逐渐教宝宝学习使用筷子。

5）边吃边玩是一种很坏的饮食习惯。因为在正常情况下，进餐期间，血液聚集到胃，以加强对食物的消化和吸收功能。边吃边玩，就会使一部分血液供应到身体的其他部位，从而减少了胃的血流量，使消化机能减弱，继而使食欲不振。而且宝宝此时好动，吃几口，玩一会儿，延长了进餐时间，饭菜就会变凉，总吃凉的饭菜对身体极其不利。这样不但损害了宝宝的身体健康，也养成了做事不认真的坏习惯，等宝宝长大后精力不易集中。

（6）进餐卫生

注意桌面清洁，餐具卫生，为宝宝准备一条干净的餐巾，让他随时擦嘴，保持进餐卫生。

14 让宝宝远离酸性食物

人体内的正常环境呈弱碱性。当给予过多的糖类（如白糖等）或过多的肉类、蛋类时会使人体呈酸性体质。人的脑细胞在酸性环境中易发生水肿，使接受和输出信息的功能下降，影响智力。摄入过多的白糖还可造成维生素 B_1 缺乏，钙的消耗量增加，使大脑所需的营养素减少，导致孩子的智力发育迟缓、下降，所以，在宝宝的喂养中，要限制食用白糖，各种粥、奶中等不能放入过多的糖。同时，也要限制肉类和蛋类的摄入，对宝宝而言，每天 1 个鸡蛋、50 克肉类就能保证机体对这类食品的需要了。

鸡油豌豆

【原料】鲜豌豆150克，火腿30克，鸡汤120克，鸡油12克，盐、味精各少许，料酒10克，葱、生姜各5克，水淀粉5克。

【做法】

（1）将火腿切成小丁；葱、生姜均切末。

（2）锅置火上，放入鸡油，下葱末、姜末炝锅，投入火腿丁、豌豆翻炒几下，加入盐、料酒、鸡汤、味精，开锅后，用水淀粉勾芡，盛入盘中即成。

虾皮紫菜蛋汤

【原料】紫菜10克，虾皮5克，鸡蛋1个，香菜5克，姜末、香油各2克，盐、葱花各少许。

【做法】

（1）将虾皮洗净；紫菜用清水洗净，撕成小块；鸡蛋磕入碗内打散；香菜择洗干净，切成小段。

（2）锅置火上，放油烧热，下入姜末略炸，放入虾皮略炒一下，添水200克，烧沸后，淋入鸡蛋液，放入紫菜、香菜，加入香油、盐、葱花，盛入碗内即成。

鸡血豆腐汤

【原料】豆腐30克，熟鸡血15克，熟瘦肉、熟胡萝卜各10克，水发木耳、水淀粉各5克，鸡蛋半个，鲜汤200克，香油、盐、料酒、葱花各2克，酱油1克。

【做法】

（1）将豆腐、鸡血切成略粗的丝；黑木耳、熟瘦肉、熟胡萝卜均切成粗细相等的丝。

（2）炒锅置火上，放入鲜汤，下入豆腐丝、鸡血丝、黑木耳丝、熟瘦肉丝、熟胡萝卜丝，烧开后，撇去浮沫，加入酱油、盐、料酒。再烧沸后，用水淀粉勾薄芡，淋入鸡蛋液，加入香油、葱花，盛入碗内即成。

蜂蜜大米饭

【原料】牛奶200克，大米40克，蜂蜜10克（宝宝1岁后添加）。

【做法】

（1）将牛奶200克倒入锅中烧开，加入蜂蜜，撒入淘洗干净的大米，搅拌均匀后再焖熟。

（2）将米饭盛入小碗内，待晾至不烫后喂食，在晾的过程中，饭粒会将牛奶全部吸收。

骨头汤焖饭

【原料】大米、骨头汤各适量，青菜叶、紫菜各少许。

【做法】

（1）将骨头汤用细筛子或纱布过滤好，扔掉骨头渣子，将汤慢慢倒入锅中。

（2）将米淘洗干净，倒入锅中，用小火焖成烂饭。然后将青菜叶择洗干净，沥去水分，切成小块，紫菜扯成小块，一起撒到饭上。吃时用筷子稍稍拨散即可。

奶香米饭

【原料】大米、牛奶各适量（比例以1∶2为宜）。

【做法】

（1）将大米淘洗干净。

（2）将牛奶倒入锅中，再将洗好的大米倒入，然后搅拌一下。用小火焖煮30分钟左右，即可食用。

虾皮丝瓜汤

【原料】丝瓜1根，虾皮10克，紫菜、香油、盐、植物油各适量。

【做法】

（1）丝瓜去皮洗净，切成片。

（2）将炒锅加热，倒入植物油，然后加入丝瓜片煸炒片刻，加盐加水煮开后加入虾皮、紫菜，小火煮2分钟左右，加入香油，盛入碗内即可。

菠菜猪血汤

【原料】菠菜1棵，猪血50克，生姜1片，大豆油、盐各少许。

【做法】

（1）菠菜洗净，用热水焯一下，切段，下油锅略炒。

（2）猪血洗净、切块后，放入菠菜锅内，翻炒两下后，加水加生姜大火煮开，再转小火焖煮一会儿，加盐调味即可。

洋葱鸡蓉炒饭

【原料】番茄1/2个，洋葱若干片，鸡蓉20克，软饭50克。

【做法】

（1）将番茄洗净，去皮、籽，切丁。

（2）油锅烧热，下入洋葱片煸炒熟。

（3）鸡蓉略微煸炒。

（4）将番茄片、洋葱片、鸡蓉和软饭一起翻炒片刻即可。

蛋黄南瓜饭

【原料】南瓜、蛋黄、大米各适量，盐少许。

【做法】

（1）南瓜去皮、籽后切成小块；大米清洗干净。

（2）油锅烧热，倒入南瓜块翻炒1分钟。

（3）倒入洗净的大米与南瓜同炒片刻，然后加入适量清水大火烧开，盖上锅盖后转为中火焖10分钟，然后调入盐翻炒均匀，再次盖上锅盖焖至饭熟，加入熟蛋黄翻炒均匀即可。

土豆蛋卷

【原料】鸡蛋1个，土豆半个，牛奶1汤匙，香菜末少许，黄油、盐各少许。

【做法】

（1）土豆煮熟之后捣碎，并用牛奶、黄油拌匀。

（2）鸡蛋打散，倒入平底锅中煎成鸡蛋饼。

（3）把捣碎的土豆泥放在鸡蛋饼上卷好，撒上香菜即可。

法式吐司

【原料】面包1片，鸡蛋1/3个，牛奶1大勺，豆粉少许，食用油或黄油少许，香蕉1/4个。

【做法】

（1）将面包片撕去边皮，只取用中间部分。

（2）鸡蛋打散后加入牛奶搅拌均匀，放入1汤匙豆粉拌匀。

（3）将面包片浸入加了豆粉的牛奶鸡蛋液中。

（4）用干净的洗碗巾蘸适量食用油，在平底锅里涂匀，放入浸有蛋液的面包片煎至两面金黄。

（5）将煎好的面包片撒上适量豆粉，将香蕉块切出花样略加装饰即成。

蔬菜煎饼

【原料】菠菜3棵，煮熟的胡萝卜末2大勺，牛奶4大勺，面粉2大勺，打好的鸡蛋1大勺，食用油少许。

【做法】

（1）将菠菜用开水烫一下，沥干水分，切碎备用。

（2）面粉中加入牛奶、鸡蛋调成面糊，放入菠菜和胡萝卜末搅拌均匀。

（3）用干净碗巾蘸食用油在平底锅里涂匀，平底锅烧热后放入适量面糊，摊成面饼。

（4）待面饼上出现许多小孔时，将面饼翻个身，略煎片刻即成。

橘子燕麦饼

【原料】橘子1个，原味酸奶、面粉各2大勺，燕麦片、牛奶各4大勺，砂糖1汤匙，黄油或食用油少许。

【做法】

（1）橘子剥皮后压碎，将燕麦片和牛奶拌匀，放入砂糖、面粉、橘子，调成面糊。

（2）平底锅烧热，用干净碗巾蘸少许黄油或食用油将锅底涂匀，烧热后放入一勺面糊，煎成面饼，煎至两面微黄。

（3）将煎好的燕麦饼盛在盘中，浇上适量糖浆即成。

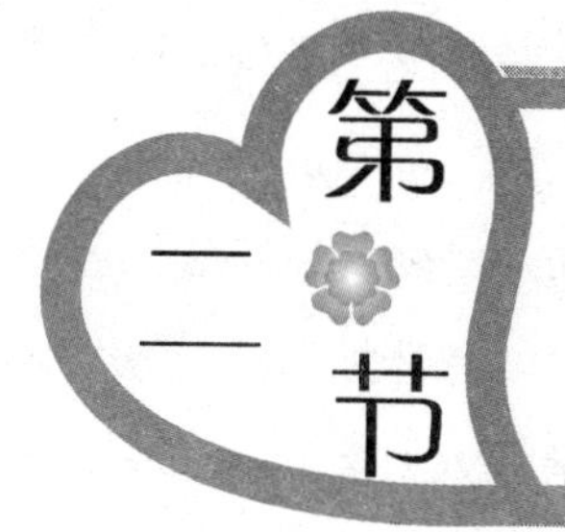

第二节 16~18个月宝宝的喂养

宝宝的身心发育

	男宝宝	女宝宝
身高	平均82.4厘米（76.1~88.6厘米）	平均81.7厘米（76.2~87.3厘米）
体重	平均12.1千克（10.7~13.4千克）	平均10.2千克（8.0~12.3千克）
头围	平均47.2厘米（44.5~49.8厘米）	平均46.0厘米（43.6~48.4厘米）
胸围	平均47.2厘米（43.3~51.2厘米）	平均46.1厘米（42.1~50.2厘米）

（1）**生理特点**

走路越来越稳，能向前走，也能退着走；喜欢爬上爬下楼梯、钻爬桌底和床底；手的稳定性和灵巧性越来越棒，能模仿搭高楼，能握笔乱涂乱画。

（2）**心理特点**

能听懂成人的简单指令；能主动称呼其他人。

宝宝的营养需求

这时宝宝的体重增长速度变慢，3个月增加0.5千克，平均每个月仅增加不足0.2千克，但总体的营养需求量仍很高。此时如果辅食添加不当，很容易营养不良。父母要注意观察宝宝的各项生长指标，及时发现并纠正营养不良。

宝宝的食物须碎、软、新鲜，忌食过甜、过咸、过酸和刺激性的食物，主食应以谷类为主，保证肉、奶、蛋各类蛋白质的供应。

宝宝的胃很小，仅三次正餐无法满足宝宝需求，必须少吃多餐。除正餐外，可在上、下午各增加一次点心，但要注意种类和数量。

单纯性肥胖的孩子越来越多。肥胖除影响形象和活动外，还可因肺换气不足引起缺氧和心肺功能衰竭。防止孩子肥胖，父母须有计划地控制孩子的饮食，限制高糖、高脂肪食物的摄入，让孩子适当增加体力活动，但千万不能因为控制热量供给，而影响到孩子的正常发育。

新妈妈喂养圣经

1 宝宝的喂养特点

随着幼儿消化功能的不断完善，食物的种类和烹调方法将逐步过渡到与成人相同。1 岁半的孩子还应注意选择营养丰富、容易消化的食品，以保证足够营养，满足生长发育的需要。1 岁半的宝宝已经断奶，每天主餐吃饭，再加 1 ~2 顿点心。若晚餐吃得早，睡前最好再给孩子吃些东西，如牛奶等。

给孩子做饭，饭要软些，菜要切碎煮烂；油煎的食品不易消化，宝宝不宜多吃；吃鱼时要去骨除刺，给孩子吃的东西一定要新鲜，瓜果要洗干净。孩子的碗、勺最好专用，用后洗净，每日消毒。孩子吃饭前要洗手，大人给孩子喂饭前也要洗手。

2 不要随意给宝宝添加营养补品

市场上为宝宝提供的各种营养品很多，有补锌的、补钙的、补充赖氨酸的、开胃健脾的、补血滋养的等。对于这些营养品家长要有正确的认识，那就是任何营养品只适用于一定的身体状况，并非像广告宣传的那样能包罗万象。

人体是一个非常精确的平衡体，多一点少一点都对人体的健康不利，尤其是幼儿的各系统功能还未发育成熟，调节功能相对差，不恰当的营养会造成各种疾病。如宝宝服用蜂王浆类的补品容易造成性早熟；宝宝补充维生素A过量会造成维生素A中毒。

不管怎样，都要记住一点，正常情况下，宝宝从食物中就能摄取丰富而全面的营养，只要不偏食，没有特殊的需要就没必要另外添加营养品。如果宝宝确实存在某些问题需要增补营养，最好也得经医生的提议，选择一种合适的补品，有目的有针对性地去添加，要懂得，宝宝营养并非多多益善。

3 宝宝每天的食物应包括哪些种类

饮食中种类丰富合理的搭配，不但可以提高营养素的吸收利用率，而且还可以使食物色、香、味俱全，从而提高幼儿的食欲。膳食上应做到荤素搭配，粗细搭配。幼儿每日食物要包含下列4类：

（1）粮谷类或薯类；

（2）乳类及乳制品类；

（3）鱼、肉、蛋、禽等动物性食品及豆制品；

（4）蔬菜和水果类。

在食物搭配上（以食物重量计），应该以粮谷类和蔬菜水果最多吃，乳类及其他动物性食物或豆类适量吃，油、盐、精制糖要最少吃。对于1~3岁的幼儿，平均每人每天各类食物的参考量为：粮谷类100~150克，鲜牛奶350~500毫升或全脂奶粉50~60克，鱼、肉、禽类或豆制品100~130克，蔬菜、水果类150~250克，植物油20克，糖0~20克。此外，不同食物应该轮流使用，使膳食多样化，从而发挥出各类食物在营养成分上的互补作用，达到均衡营养的目的。

4 偏瘦宝宝的体重调整

(1) 了解宝宝偏瘦的原因

1）食量大还偏瘦的情况。一般来说，食物的营养功能是通过它所含有的营养素来实现的，孩子吃的食物越多，按理他所摄入的营养素也就应该越多，就能长胖。如果宝宝食量很大却很瘦，那很可能是由于宝宝的消化道功能很差，导致营养素未被吸收、利用，而是直接排出体外的缘故。

2）还有一种可能就是宝宝的能量消耗大于能量摄入，摄入的营养素不能满足他生长所需，这样的宝宝当然不会胖。如果宝宝总是处于饥饿状态，有可能是消化道寄生虫病；若宝宝表现为吃得多、体重下降、体质虚弱，很可能患有某种内分泌系统疾病，应带孩子去医院进行体检与治疗。

3）宝宝厌食。如果宝宝一见妈妈端着饭来就跑开或表现出不爱进食的现象，那很可能是患了厌食症。宝宝体内缺锌、铁、钙或有贫血、胃病、消化不良等症状都会导致厌食症。此时妈妈要注意了，看是不是由于平时给宝宝准备的食物太单调，或者给宝宝吃了太多零食而导致宝宝厌食。

(2) 制定科学的“增肥”计划

如果宝宝偏瘦，首先应该带他去做全面的身体检查，然后再通过调整膳食结构、改善喂养方法，纠正宝宝的不良饮食习惯来改善宝宝偏瘦的情况。

身体检查可以了解宝宝的消化系统、脾、胃等的健康状况，如果出现病症应进行药物治疗，如果宝宝只是缺锌、铁、钙等营养元素，严重的要遵医嘱进行药补，轻微的就要给宝宝进行食补。这时候妈妈就要及时调整宝宝的饮食计划，每天的食物尽量多样，谷类、肉类、豆类和蔬菜应合理搭配，让宝宝能充分摄取全面的营养，从而改变偏瘦体形。

5 宝宝瘦是病吗

我们时常听到妈妈们在议论，谁家的孩子长得胖乎乎的，我家的宝宝怎么就那么瘦呢？其实，什么样的幼儿可称之为瘦，是有科学依据的。

(1) 怎样判定宝宝“瘦”

在医学上，通过对幼儿身高、体重的测量，再将结果与正常人群（健康人群）的标准相对照，继而对幼儿的体格发育状况进行判断，便可确定幼儿是否是真的“瘦”。

如果判定为消瘦，那么就可以认为，该幼儿确实有病，在医学上称为营养不良。营养不良还包括那些被判定为低体重和发育迟缓的宝宝。

（2）怎样预防幼儿营养不良

可以通过以下调养预防幼儿的营养不良：

1）合理喂养。婴儿期应尽量采用母乳喂养，随着宝宝月龄的增长，应逐步添加各种辅助品，以满足宝宝生长发育所需的各种营养素。

2）合理安排幼儿生活。建立保健和生活制度，以保证幼儿充足的睡眠，纠正不卫生习惯，适当安排户外活动及锻炼身体，以增进幼儿食欲，提高消化能力。

3）预防各种传染病的发生和对先天畸形的治疗。对患有先天性畸形如唇裂、腭裂及幽门狭窄的幼儿，要及时给予治疗。

（3）没病的“瘦”小孩

如果幼儿经体格发育检查，被确定为发育正常，即使宝宝在父母眼中感到“瘦”，实际上可以这样认为，宝宝并不是营养不良。

再结合宝宝的其他表现，如是否经常发热、感冒，孩子的精神状态是否良好。如果什么问题都没有的话，那么“瘦”小孩没有病是显而易见的。

因此对“瘦”小孩也要进行全面检查和具体分析，其中确实有营养不良的患儿，也有相当一部分健康的孩子。

6 让宝宝愉快进食

现在常听到年轻的父母抱怨自己的孩子“什么都不想吃”，该如何使孩子“见饭香”呢？当然，除了提高自己的烹调水平这一基本点外，还要讲究些方式、方法，让幼儿有愉快的心情进餐。父母在日常生活中要做到以下几点：

（1）幼儿进餐使用的桌、椅、碗、筷等的大小、形状均要适合幼儿的年龄特征，否则会因此而影响宝宝的进食兴趣。

（2）饭前半小时至1小时内不要让幼儿吃任何食品，特别是甜食如糖果等，饭前进食会影响到吃饭时的食欲。

（3）饭前应让幼儿做些安静的活动，避免幼儿过度兴奋。应让宝宝养成这样的好习惯：饭前15分钟把玩具收好，上厕所，然后用肥皂洗手，等候在餐桌旁准备开饭。

（4）在进餐过程中，要提醒幼儿细嚼慢咽，不要边吃边玩，不能边吃饭边看电视。要鼓励幼儿多吃，但不要让幼儿过量进食，更不可强迫。若是幼儿食欲不振，父母应该先查明可能存在的原因，然后进行解释与鼓励，不可不分青红皂白地训斥幼儿。

（5）食物的种类和花样要不断更换。在给幼儿食用一种新食品时，可用讲故事和童话的方式向幼儿讲解新食品的营养价值，对人体生长发育的作用。在给幼儿吃新食品前，不要让幼儿吃其他食物，这样才会增加孩子的食欲。

（6）幼儿对食物的好恶，常受父母的影响。所以父母应做幼儿的榜样，对各种有益身体发育的重要食物夹放在自己碗里。父母必须以身作则，不挑剔或评价饭菜不好，不谈论其他宝宝的特殊饮食习惯。尤其要避免对健康食物作不利的评论。

（7）有些妈妈过分担心宝宝吃得太多，往往在孩子面前表露出忧虑或愤怒，结果使孩子感觉到吃东西受到压迫，反而会影响孩子的食欲。

（8）孩子也会用食物的颜色和气味来评价食物，所以父母除了要注意宝宝各年龄层不同变化外，还要考虑食物色、香、味的搭配，使食物产生吸引力，以加深孩子对该食物的好印象。

7 多吃含钙多的食品

对于幼儿来说，奶类是其补充钙的最好来源，500毫升母乳中含钙170毫克，牛奶含钙600毫克，羊奶含钙700毫克，奶中的钙容易被消化吸收。蔬菜中含钙质高的是绿叶菜。如大家熟悉的油菜、雪里红、空心菜、大白菜等，食后吸收也比较好。给幼儿食用绿叶菜，最好洗净后用开水烫一下，这样可以去掉大部分的草酸，有利于钙的吸收。豆类含钙也比较丰富，每100克黄豆中含360毫克的钙质，每100克豆皮中含钙284毫克。含钙特别高的食品还有海带、虾皮、紫菜、麻酱、骨髓酱等。

8 油炸食品不宜多吃

油炸食品中炸薯条、炸薯片是幼儿极喜爱的小食品，目前自选商场内还提供各种各样的供油炸制的半成品食物，例如鸡块、羊肉串等。它们为家庭制作油炸食品提供了极大的方便。这样一来，孩子吃油炸食品的机会就越来越多了。但是如果让幼儿经常食用油炸食品对他的正常发育是很不利的。

因为油炸食品在做法过程中，油的温度过高，会使得食物中所含有的维生素被大量地破坏，使宝宝失去了从这些食物中获取维生素的机会。如果在做油炸食物时反复使用以往使用过的剩余油，里面会含有10多种有毒的不挥发物质，对人体健康十分有害。另外，油炸食物也不好消化，易使孩子的胃部产生饱胀感，从而会影响宝宝摄取其他食物的兴趣，影响宝宝的食欲。

如果你想给宝宝吃炸油饼或炸油条，还要注意“铝”的摄入问题。我们知道，在制作油饼、油条的过程中必须加入明矾，明矾中含有铝的成分，铝的化合物是很容易被人体吸收的。铝化合物到了体内，如果沉积在骨骼中，可使骨质变得疏松；如果沉积在大脑中，可使脑组织发生器质性改变，出现记忆力减退、智力下降；如果沉积在皮肤中，可使皮肤弹性降低，皮肤褶皱增多等。

此外，铝还会使人食欲缺乏和消化不良，影响肠道对磷的吸收等。因此，家长不要经常用油条作幼儿的早餐，各种油炸食物也不宜多吃。

9 不宜用果汁代替水果

有些家长常给孩子喝橙汁、果子露或橘子汁，以代替吃新鲜水果，这是非常错误的。新鲜水果含有丰富的维生素，孩子在吃水果时，还可锻炼咀嚼肌和牙齿的功能，刺激唾液分泌，增进孩子的食欲。各类果汁皆含有食用香精、色素等食品添加剂，且甜度高，会影响宝宝食欲。因此，为了孩子的健康，家长应尽可能给孩子多吃新鲜水果，少喝或不喝瓶装果汁。

10 宝宝不宜多吃肥肉

众所周知，肥肉含脂肪多，肉越肥脂肪含量越多，供给的热量也就越多。由于肥肉很香，便于幼儿咀嚼、吞咽，所以许多幼儿都爱吃。幼儿吃一些肥肉是可以的，但不可多吃。若长期过量地吃肥肉，则对幼儿的生长发育十分不利。

（1）肥肉约含90%的动物脂肪，脂肪摄入后容易产生饱食感，过多食用，则会影响其他营养食品的进食量。

（2）高脂肪饮食会影响钙的吸收，这是因为脂肪消化后与钙形成不溶性的脂肪钙，从而阻止钙的吸收。

（3）脂肪摄入过多，血液中胆固醇与甘油三脂的含量会增高。这两种物质是形成动脉硬化，导致冠心病、心肌梗死等心血管疾病的主要致病物质。

（4）脂肪进食过多，会产生肥胖。过分肥胖的幼儿，心脏负担增加。同时由于体重增加，两足负重也增加，容易形成宝宝扁平足。

11 宝宝应少吃果冻

果冻绝大多数都是采用海藻酸钠、琼脂、明胶、卡拉胶等增稠剂，加入少量人工合成的香精、甜味剂、酸味剂、人工着色剂等配制而成。

这些物质虽然大多来源于海藻和陆生植物，但在提取过程中，经过酸、碱、漂白等工艺处理，其原有的维生素、矿物质等营养成分大都流失。

果冻并不像新鲜水果那样含多种维生素、微量元素及其他营养成分，而且有的成分对胃、肠和内分泌系统还有一定的不良影响。

因此，不要让宝宝经常吃果冻，以免造成食欲不振、消化功能紊乱和内分泌失调。

由于吸食果冻阻塞气管造成婴幼儿窒息的事故时有发生，因此千万不要让宝宝自己吸食果冻。

12 对宝宝大脑发育有害的食物

（1）**腌渍食物**

包括咸菜、榨菜、咸肉、咸鱼、豆瓣酱以及各种腌制蜜饯类的食物，含有过高盐成分，不但会引发高血压、动脉硬化等疾病，而且还会损伤脑部动脉血管，导致脑细胞缺血缺氧，造成宝宝记忆力下降，大脑反应迟钝。

（2）**含有味精的过鲜食物**

含有味精的食物将导致周岁以内的宝宝严重缺锌，而锌是大脑发育最关键的微量元素之一，因此即便宝宝稍大些，也应该少给他吃加有大量味精的过鲜食物，如各种膨化食品、鱼干、泡面等。

（3）**煎炸、烟熏食物**

鱼、肉中的脂肪在经过200℃以上的热油煎炸或长时间曝晒后，很容易转化为过氧化脂质，而这种物质会导致大脑早衰，直接损害大脑影响其发育。

（4）**含铅食物**

过量的铅进入血液后很难排出，会直接损伤大脑。爆米花、松花蛋、啤酒中含铅较多，传统的铁罐头及玻璃瓶罐头的密封盖中，也含有一定数量的铅，因此这些“罐装食品”父母也要让宝宝少吃。

（5）**含铝食物**

油条、油饼在制作时要加入明矾作为涨发剂，而明矾（三氧化二铝）含铝量高，常吃会造成记忆力下降，反应迟钝，因此父母应该让宝宝戒掉以油条、油饼做早餐的习惯。

13 如何避免菜肴中维生素C的丢失

孩子的生长发育，需要大量的营养。特别是维生素类物质，对预防孩子的一些疾病有非常重要的作用。那么怎样保护好蔬菜中的维生素，使之发挥应有的作用呢?

一棵菜中，外层菜叶的维生素 C 比内层菜叶的含量要多，叶部较茎部要多，因此要尽量地少丢弃叶边和外层菜叶。

蔬菜要先洗后切，洗时不要在水中久泡，以避免蔬菜中可溶性维生素和矿物质溶解损失。

由于维生素 C 等在酸性环境中比较稳定，所以在做菜时最好加些醋，这既改善了口味，提高了孩子的食欲又保护了蔬菜中的营养成分。

煮菜时最好先将水烧沸后再将菜放入，且不宜久炖，以减少维生素的损失。

14 汤泡饭对宝宝生长不利

一些父母喜欢用汤或开水泡饭吃，这种不良的习惯也会逐渐影响到幼儿；还有一些幼儿不爱吃蔬菜，父母为了避免幼儿营养素摄入不足而用汤给幼儿泡饭吃。其实，幼儿多吃汤泡饭会对身体健康产生危害。

用汤汁或开水泡饭吃，就会有很多饭粒还没有嚼烂就咽下去了，这样就会加重胃的负担，增加患胃病的机会。而且汤水较多的话，就会把胃液冲得很淡，这也不利于食物在胃肠道的消化。

所以说幼儿常吃汤泡饭对生长发育不利。

15 莫让宝宝食用含色素的食品

儿童食品具有多种多样的颜色，其中有些颜色是化学合成的，添加了人工合成色素。人工合成色素对人体健康有害无益，可引起多种过敏症。

某些人工合成色素会作用到神经介质，影响冲动传导，从而导致孩子一系列多动症症状。

我国食品卫生标准对人工合成色素的使用规定十分严格，强调婴幼儿代乳食品不得使用人工合成色素。

宝宝的推荐食谱

油菜牡蛎粥

【原料】泡好的大米4大勺，牡蛎2个，油菜2棵，葱白1小段，海带1段，清水150毫升，香油1汤匙。

【做法】

（1）将海带放入水中，熬煮约30分钟，捞出，只留海带汤备用。

（2）油菜切碎，葱白切成葱花备用。

（3）牡蛎除去碎壳泥沙，用盐水淘洗干净后切碎。

（4）锅置火上，加香油烧热，放葱花和牡蛎略炒。

（5）倒入泡好的大米略炒，放入切碎的油菜和海带汤，用小火熬煮成粥。

（6）待米粒煮成稠粥后，关火即成。

橙汁胡萝卜饼

【原料】鸡蛋2个，牛奶160克，面粉60克，胡萝卜20克，橙汁1大勺，水淀粉1汤匙，黄油或食用油少许。

【做法】

（1）将鸡蛋打成蛋液，与牛奶60克拌匀，加入面粉，搅拌成面糊。

（2）倒入剩余的100克牛奶，搅拌均匀，常温下放置2小时以上，或放入冰箱冷藏一夜。

（3）平底煎锅烧热，用干净的碗巾蘸少许黄油或食用油，在锅底上涂匀。

（4）用汤匙将面糊倒入平底锅中，煎成薄饼。

（5）胡萝卜煮熟，用擦板擦成胡萝卜泥。

（6）将胡萝卜泥和橙汁倒入锅中煮开，撒入水淀粉搅拌后煮开，倒在薄饼上即成。

南瓜吐司

【原料】煮熟的南瓜泥2大勺，面包1片，鸡蛋1个，牛奶2大勺，食用油少许。

【做法】

（1）将鸡蛋打成蛋液，与牛奶拌匀。

（2）面包片撕去边皮，只取用中间部分，在一面上涂匀南瓜泥。

（3）将面包片在鸡蛋液中浸泡一下。

（4）平底锅上火烧热，用干净碗巾蘸少许食用油在锅底涂匀，放入面包片，煎至两面金黄即成。

蒸蛋羹

【原料】鸡蛋或者鸭蛋2个，盐、味精、香油、水各适量。

【做法】

（1）将整个鸡蛋敲开之后，置于饭碗内，用筷子打散，加入水少许，用筷子搅拌均匀以免蛋白沉积于碗底结块，加入少许盐和味精。

（2）加冷水于碗中（八分），然后置于锅内或电锅中蒸熟即可。最后淋入少许香油调匀即可食用。

银丝干贝羹

【原料】豆腐、干贝各100克，黑芝麻、白芝麻各5克，白菜50克，瘦肉丝25克，盐、淀粉、鸡汤各适量。

【做法】

（1）豆腐洗净，切成丝，用开水焯后（去除豆腥味）待用。

（2）干贝放入容器中蒸熟后取出碾碎。

（3）黑芝麻、白芝麻淘洗干净，炒熟碾碎。

（4）白菜择洗干净，切成约1寸长细丝。

（5）瘦肉丝洗净。

（6）锅中放入鸡汤、干贝、豆腐、白菜丝、瘦肉丝，放入盐，煮熟后，放入黑芝麻、白芝麻，搅匀，再放入水淀粉，推匀后即成。

冬瓜烫面饺

【原料】面粉、猪肉（羊肉、牛肉也可）、冬瓜、盐、植物油各适量，葱、生姜、香油、味精各少许（宝宝1岁后添加）。

【做法】

（1）面粉适量，用开水边烫边和，扒开晾凉，和到不黏手时为好。

（2）猪肉、葱、生姜都剁成细末，加入盐、植物油、香油拌匀。

（3）冬瓜洗净去皮和瓤，剁成碎馅，用纱布包好挤出水分，放入猪肉馅中搅拌均匀。

（4）烫面揉好，分成小面剂，擀成饺子皮包上冬瓜猪肉馅。捏成蒸饺，上蒸笼蒸8～10分钟，即可食用。

阳春面

【原料】细挂面、肉汤（鸡汤最好，骨头汤也可）各适量，香油、酱油、葱花、虾皮、紫菜、味精各少许（宝宝1岁后添加）。

【做法】

（1）将面条放入开水锅中煮熟，面要煮软些。捞出后用凉开水泡一下，盛到碗中备用。

（2）将汤烧开，放入香油、虾皮、葱花、酱油等调料，停火后放入味精，然后将汤浇到面上拌食。

胡萝卜肉末面

【原料】面条、肉末、胡萝卜各适量，盐、花生油（豆油、菜子油均可）、酱油、葱花、花椒各少许（宝宝1岁后添加）。

【做法】

（1）花生油烧开后，放入几粒花椒。待花椒变成深红色，即将花椒捡掉扔掉不用，将油倒出，这就是花椒油。装碗备用。

（2）将胡萝卜洗净，切成细末。

（3）锅内再加花生油，油开后放入葱花、肉末翻炒几下，再加入胡萝卜末同炒。加少许水让胡萝卜软烂，放入适量的盐、酱油。停火后放入味精，作卤。

（4）面条煮好，捞出后浇上卤，淋上花椒油即可食用。

鸡肉炖毛豆

【原料】鸡肉15克，鸡蛋1个，牛奶、毛豆各1大勺，淀粉水少许。

【做法】

（1）鸡肉洗净，剁成泥；毛豆洗净，用滚水汆烫，捞起浸泡冷水后去除外皮，捞出，沥干水分，切碎。

（2）鸡蛋打入碗中搅拌均匀，与牛奶一同放入锅中，隔水加热拌成奶蛋汁备用。

（3）鸡肉炖煮至肉色变白，再加入毛豆及奶蛋汁煮至熟烂。淋上淀粉水勾芡即可。

青椒炒肝丝

【原料】猪肝200克，青椒30克，植物油、葱末、姜末、料酒、白糖、盐、水淀粉、香油、醋各适量。

【做法】

（1）把猪肝、青椒洗净切丝，猪肝丝用淀粉抓匀，下入四五成热的油中划散捞出。

（2）锅内留少许油，葱末、姜末炝锅，下入青椒丝，放料酒、白糖、盐及少许水，烧开后用水淀粉勾芡。

（3）倒入猪肝丝，淋入少许香油、醋即可。

油菜肉末烺面

【原料】香葱10克，肉末30克，挂面50克，小油菜2棵，料酒1汤匙，盐1汤匙，油适量。

【做法】

（1）香葱洗净切小段，用油爆香，另将肉末泡软，拣净杂质，放入葱段中一同爆香，然后淋料酒，加水煮开，改小火。

（2）另将半锅水烧开，将面煮熟，捞入肉末汤内，小火煨煮5分钟。

（3）小油菜洗净，放入汤内同煮，并加盐调味后即可。

第三节 19~21个月宝宝的喂养

宝宝的身心发育

	男宝宝	女宝宝
身高	平均85.1厘米（78.6~91.5厘米）	平均84.6厘米（78.9~90.3厘米）
体重	平均12.6千克（11.1~14.0千克）	平均10.7千克（8.5~12.9千克）
头围	平均47.5厘米（44.8~50.1厘米）	平均46.3厘米（43.9~48.8厘米）
胸围	平均47.9厘米（43.9~51.8厘米）	平均46.7厘米（42.7~50.8厘米）

（1）生理特点

喜欢模仿大人做事，模仿着做广播体操，有兴趣的学数数。

（2）心理特点

会说20~30个词语，能自言自语地说话，与家人对话。

宝宝的营养需求

乳品已不再是宝宝的主食，但仍应每天饮用牛奶，以获得更佳的蛋白质。

体重轻的宝宝，可以多安排一些高热量食物，帮助体重增加；超重的宝宝，食谱中要减少高热量食物，多安排粥、汤面、蔬菜等占体积的食物。无论宝宝体重如何，食谱中必须保证蛋白质的供给，牛奶、鸡蛋、鱼、瘦肉、豆制品、鸡肉等要交替提供，蔬菜、水果每日也必不可少。

在宝宝摄入的食物中，碳水化合物占有很大的比例，在体内均能转化为葡萄糖，因此，宝宝不宜直接摄入过多的葡萄糖，更不能用葡萄糖代替白糖或其他糖类。常用葡萄糖会导致消化酶分泌功能降低，消化能力减退，从而影响宝宝的生长发育。

一般来说，1 岁半的宝宝每天还应喝 250 毫升牛奶，因为牛奶是比较好的营养品，既易消化又含有多种营养素，是婴幼儿生长发育不可缺少的食物。但是有的宝宝到了 1 岁多，尝到五谷香，便不爱喝牛奶了。

新妈妈喂养圣经

1 宝宝喂养的特点

有的孩子快 2 岁了，仍然只爱吃流质食物，不爱吃固体食物。这主要是咀嚼习惯没有养成，2 岁的孩子，牙齿快出齐了，咀嚼已经不成问题。所以，对于快 2 岁还没养成咀嚼习惯的孩子只能加强锻炼而不能任其吃流食。有的家长图省事，让孩子继续用奶瓶，这对幼儿心理发育是不利的。

孩子对甜味特别敏感，喝惯了糖水的孩子，就不愿喝白开水。但是糖水喝多了，既会损坏牙齿，又会影响食欲。家长不要给孩子养成只喝糖水的习惯，已经形成习惯的，可以逐渐地降低糖水的浓度。吃糖也要限定时间和次数，一般每天不超过 2 块糖，慢慢纠正这种习惯，你会发现，糖吃得少了，糖水喂得少了，孩子的食欲却增加了。

这个阶段的孩子每天吃多少合适呢？每个孩子情况不同。一般来说，每天应保证主食 100 ~ 150 克，蔬菜 150 ~ 250 克，牛奶 250 毫升，豆类及豆制品

10~20克，肉类25克左右，鸡蛋1个，水果40克左右，糖20克左右，油10毫升左右。另外，要注意给孩子吃点粗粮，粗粮含有大量的蛋白质、脂肪、铁、磷、钙、维生素、纤维素等，都是宝宝生长发育所必需的营养物质。将近2岁的孩子可以吃些玉米面粥、馍片等。

2 宝宝要多吃些深色蔬菜

蔬菜的颜色越深、越绿，其维生素的含量就越高。如油菜、小白菜、苋菜、菠菜和青椒等含胡萝卜素、B族维生素较多。橙色蔬菜如胡萝卜、黄色南瓜等也含有较多的胡萝卜素。

胡萝卜素是深色蔬菜中的一种植物色素，它在人体内受胡萝卜素双氧化酶的作用转变成维生素A，能起到与维生素A相同的重要生理作用。当人们不易获得含维生素A丰富的动物性食物时，可考虑让幼儿多吃一些物美价廉的深色蔬菜。

3 膳食纤维对人体的作用

膳食纤维又称为食物纤维，是一种糖类，但不能被人体吸收利用。它主要来自于植物细胞的细胞壁，包括纤维素、半纤维素、木质素、果胶和角质素等。蔬菜如芹菜、韭菜和竹笋，粗粮如番薯和玉米中都含有丰富的膳食纤维。如果人们的膳食中缺乏膳食纤维，会引起多种疾病的发生。膳食纤维对人体的功能主要表现在以下几个方面。

（1）刺激排便，减少结肠癌的发生

膳食纤维吃得少，可使肠道中粪便水分减少，大便干结，引起便秘。粪便中含有很多有害物质，如真菌毒素、某些酚类以及细菌的代谢产物如脱羟胆汁酸等。目前认为它们是导致结肠癌的致癌物质。便秘后因水分吸收使肠内的致癌物质浓度增加，与肠黏膜的接触时间也增加，所以增加了患结肠癌的概率。提供4~6个月的宝宝吃菜泥，除了补充维生素和矿物质外，还可补充膳食纤维，以促进大便通畅，防止便秘。

（2）影响血糖，预防糖尿病的发生

实验发现，经常食用富含膳食纤维食物的人其空腹血糖水平及葡萄糖耐量试验结果均比少食膳食纤维者要好。而糖尿病患者服用果胶或豆胶后，餐后血糖水平也有所下降。另外，当糖尿病患者食用杂粮、麦麸等食物后，对胰岛素的依赖性也减少了。

（3）降低血清胆固醇，预防胆结石的产生

当人体内的胆汁酸与胆固醇含量失去平衡，胆固醇过度饱和时，会形成结石。膳食纤维可降低胆汁和血清中的胆固醇浓度，从而减少胆结石的发病率。同时，部分膳食纤维还具有降低血脂的作用，从而可以减少心血管疾病的发生。

（4）防止肥胖

进食较多的膳食纤维可增加胃内容物体积，产生饱腹感，减少食物的摄入量，从而能有效地控制体重，避免肥胖病的发生。

4 能提高宝宝注意力的食物

如果宝宝吃的食物多偏酸性，就会影响钙的吸收，宝宝会变得烦躁、易怒。钙具有镇定作用，对增强宝宝注意力大有帮助，所以要让宝宝多吃富含钙的食物。

妈妈要想给宝宝补钙，除牛奶等食物外，最佳选择就是裙带菜、海带、鹿角菜、紫菜等海藻类食品。干裙带菜不仅含钙量高，而且富含食用纤维，具有降低胆固醇和治疗便秘的效果。

妈妈利用这些海藻类食品制作幼儿食物，会收到意想不到的效果。有一天你会突然发现，宝宝已在不知不觉中变得精力集中了。

5 不必追求宝宝每一餐都营养均衡

1岁多的宝宝开始表现出对某种食物的偏好，也许今天吃得很多，明天只吃一点儿。父母不必为此过分担心，也不必刻板地追求每一餐的营养均衡，甚至也不必追求每一天的营养均衡，只要在一周内给宝宝提供尽可能丰富多样的食品，那么宝宝一般就能够摄取充足的营养。

6 抵制腌渍食品

有的家长常给孩子吃腌制过的鱼、肉，如腌肉、腌鱼、熏肉、熏鱼、咸肉、咸鱼、火腿、香肠、腊肉等。这些食品的制作工艺使鱼及肉中含有大量的二甲基亚硝酸盐。二甲基亚硝酸盐进入体内后将被人体转化为致癌性很强的二甲基硝酸，会对孩子幼小的身体产生伤害。

7 让宝宝远离奶糖

幼儿喜欢吃奶糖，家长应该限制，因为幼儿吃奶糖有如下的危害：

幼儿正是长牙的时候，一般来说小孩到2周岁时20个乳牙就长全了。乳牙的骨质比恒牙要脆弱得多，最怕酸性物质的腐蚀。而奶糖一般是发软发黏的，孩子们吃糖的时候往往会在牙缝间隙或沟缝内留存一些残糖，这些残糖经过口内的细菌作用，很快就会转化为酸性物质，腐蚀牙齿。

另外，一般工厂在制糖过程中，为了促进蔗糖的转化和调味，还加进了少量的有机酸，这样奶糖本身就含有酸性物质，这种糖在牙缝中残存多了、久了，会使牙齿的组织疏松、脱钙、溶解，严重的还会形成龋齿。

鉴于以上原因，家长应避免幼儿吃奶糖。

8 饭前忌服维生素类药物

维生素是人体正常生长发育必需的一类有机化合物，天然存在于食物中，人体几乎不能合成，需要量甚微。维生素既不参加机体组成，也不提供能量。但维生素不仅是防止多种疾病发生的必需营养素，而且具有预防多种慢性退化性疾病的保健功能，所以很多父母都给幼儿补充维生素类药物。但幼儿饭前是不应该服用维生素类药物的。

（1）幼儿饭前为什么忌服维生素类药物

维生素类药物口服后，主要经小肠吸收，如果在饭前空腹时服用，由于肠道内没有食物，所以药物很容易被迅速吸收到血液中，使血液中维生素浓度很快增高，在被身体组织利用之前，就会从尿中排出去，从而起不到应有的治疗作用。

（2）饭后服维生素类药物有什么益处

幼儿饭后服用维生素类药物，由于肠道中有食物，维生素就会被逐渐吸收，则有利于其发挥治疗作用。尤其是脂溶性的维生素A、维生素D、维生素E和维生素K，易溶于脂肪中被吸收，更应在饭后进服。

此外，维生素与某些矿物质也有相互促进吸收的作用。如钙有助于维生素D的吸收，维生素有助于钙的吸收。钙还有助于维生素A的吸收，维生素C有助于铁的吸收等。这些互相促进吸收作用，也说明在饭后服用维生素较为适宜。

9 饭前饭后半小时内忌饮水

人的胃肠等器官，到了平时吃饭的时间，就会条件反射地分泌消化液，如牙齿在咀嚼食物时，口腔会分泌唾液，胃分泌胃酸和胃蛋白酶等，与食物碎末混合在一起，这样，食物中的大部分营养成分就被消化成易被人体吸收的物质了。

如果在饭前饭后半小时内喝茶饮水，势必冲淡和稀释了唾液和胃液，并使蛋白酶的活力减弱，影响消化吸收。如果幼儿在饭前口渴得厉害，可以先少喝点温开水或热汤，休息片刻后再进餐，就不致影响胃的消化功能了。

10 夏季宝宝饮食的注意事项

夏季由于天热，宝宝都不愿意吃饭，如若调养不慎，宝宝容易发生肠胃炎、中暑、苦夏等病症。夏季宝宝的饮食应该注意以下两点：

荤素搭配，保持营养平衡。

饮食注意三宜与三忌。

（1）三宜

①食物适当咸些。宝宝出汗过多，排出的盐分往往超过摄入量，易出现头晕、乏力、中暑等症。在菜肴中适当多放些盐，可补充宝宝体内盐分的丢失。但不宜吃盐过多，否则有益无害。②菜肴适宜用醋。夏季人体需要大量维生素C，在烹调时放点醋，不仅味鲜可口，增加食欲，还有保护维生素C的功效。醋有收敛止汗、助消化的功效，对夏季宝宝肠道传染病有一定预防作用。③用膳必有汤。汤的种类很多，易于消化吸收，且营养丰富，并有解热祛暑等作用。夏季宝宝进食，更应该有菜有汤、干稀搭配。

（2）三忌

①忌狂饮。宝宝大量喝水，能冲淡胃液而影响消化功能，还会引起反射性排汗亢进等。②忌多吃冷食。宝宝偏嗜冷食如雪糕、冰制品等，会损伤脾脏，引起食欲缺乏、腹痛腹泻、消化不良等症。③忌喝汽水过量、过急。宝宝过多饮用汽水，会降低消化与杀菌能力，使脏腑功能降低，影响食欲。

11 给宝宝零食的原则

零食是宝宝的最爱，但是你要是给的方式不当，不但对宝宝的身体健康不利，还会养成宝宝一闹就要拿零食来哄的坏习惯。在此，要把握几个给宝宝零食的原则：

（1）时间要到位

如果在快要开饭的时候让宝宝吃零食，肯定会影响宝宝正餐的进食量。因此，零食最好安排在两餐之间，如上午10时左右，下午3时半左右。如果从吃晚饭到上床睡觉之间的时间相隔太长，这中间也可以再给一次。这样做不但不会影响宝宝正餐的食欲，也避免了宝宝忽饱忽饿。

(2) 不可让宝宝不断地吃零食

这个坏习惯不但会导致宝宝肥胖，而且如果嘴里总是塞满食物，食物中的糖分会影响宝宝的牙齿，造成龋齿。

(3) 不可无缘无故地给宝宝零食

有的家长在宝宝哭闹时就拿零食哄他，也爱拿零食逗宝宝开心或安慰受了委屈的宝宝。与其这样培养宝宝依赖零食的习惯，不如在宝宝不开心时抱抱宝宝、摸摸他的头，在他感到烦闷时拿个玩具给他解解闷。

12 尽量少给宝宝零食

由于生活水平的不断提高，很多家庭孩子想吃什么就买什么，家里也经常准备很多糕点、汽水、可乐、巧克力、话梅、糖等，给孩子养成了爱吃零食的习惯。零食吃得多，扰乱了幼儿胃肠道的正常消化功能，降低了正餐的食欲。零食吃得越多，幼儿越不按时吃饭，饭就吃得越少。长期下去，造成恶性循环，幼儿会出现营养不良、消瘦，严重的会影响生长发育。

家长必须注意少给幼儿吃零食，特别是饭前不要给零食，让他感到饥饿，他就会好好吃饭。另外，要给幼儿安排好一天的活动，不要让他把注意力总放在吃零食上。改掉了吃零食的习惯，才能多吃饭，身体健康。

宝宝的推荐食谱

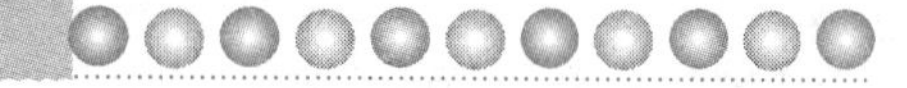

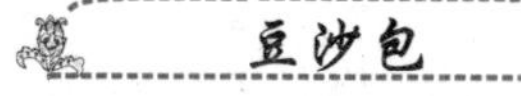

豆沙包

【原料】面粉、赤豆各适量，白糖、猪油、发酵剂各少许。

【做法】

(1) 将赤豆煮烂，开锅后一次一次打出豆皮，用小火充分煮烂后，用汤匙将豆子捣成泥加入白糖和猪油，充分搅压，使之更加细腻。

（2）将发好的面团，分成鸡蛋黄大小的面剂若干个，把每个面剂略擀成片。

（3）将拌好的豆沙馅包到面皮里，将口捏紧向下放平。上蒸笼蒸15分钟左右。

猪肉菜包

【原料】面粉、发酵剂、猪肉、白菜（包心菜、圆白菜）各适量。酱油、葱、食用油、味精、盐、五香粉、香油各少许。

【做法】

（1）将面发好。

（2）猪肉剁成肉馅、葱切成末。

（3）白菜用开水烫一下，捞出挤干。先顺丝切成丝、再横切成末，用乱刀剁细，挤出水分。备用。

（4）将猪肉末，放入盆中，加盐、味精、酱油、葱末、五香粉和适量的水，向一个方向搅拌均匀。再将白菜末放入肉馅中，在白菜馅上浇适量的食用油，拌一下（这样可防止白菜出水）然后再将菜、肉混拌均匀。

（5）发面按个大小做面剂，擀皮，包入肉菜馅。包包子时要用右手拇指与食指顺面皮边向上提捏10~14个小褶，把口收紧，上蒸笼蒸15分左右即可。

羊肉包

【原料】面粉、发酵剂、羊肉、白菜各适量，葱、生姜、盐、料酒、香油各少许。

【做法】

（1）面粉发酵。

（2）羊肉洗净剁成肉馅，放入盆中加料酒拌匀，然后加盐。

（3）将葱和生姜切成细末，白菜也切成碎末。挤去水分，倒入肉馅中，将香油浇到白菜末上，将葱末、姜末也一起放进去，拌匀。

（4）将发好的面粉擀成面皮，方法与制猪肉菜包相同。

（5）用擀好的面皮包羊肉包，包的方法与包猪肉菜包相同。也可以将面皮两边一合包成大饺子状。

（6）将包好的羊肉包放蒸笼上蒸15分钟左右即可。

蜜枣核桃卷

【原料】蜜枣150克，核桃仁、糯米粉各50克，鸡蛋2个，白糖适量。

【做法】

（1）将蜜枣去核；核桃仁用热水泡开，炒锅放油烧至五成熟时，下核桃仁过油1分钟，捞出沥干油待用。

（2）取出蜜枣一枚摊开，包进一小块过油的核桃仁，卷成橄榄形，蜜枣全部包完；鸡蛋磕开取蛋清，放入糯米粉调拌后，将卷好的蜜枣放入糯米浆内蘸匀。

（3）炒锅放油烧至五成热，将蜜枣一个一个放油锅炸至色黄发脆，先将炸好的捞起，待全部炸好，再加锅略炸，倒入漏勺里过油，装在盘内撒上白糖即可。

五仁包

【原料】面粉400克，核桃仁100克，莲子、葵花籽、松子仁、花生仁、熟黑芝麻各30克，白糖和香油各适量。

【做法】

（1）面粉发酵后调好碱，搓成一个一个小剂子，做成圆皮备用。

（2）将核桃仁、莲子、葵花籽仁切碎，加炒好的黑芝麻、松子仁、花生仁、白糖、香油，拌匀成馅。

（3）面皮包上馅后，把口捏紧，然后上笼用急火蒸15分钟即可。

香炸豆腐

【原料】豆腐300克，炸花生仁50克，葱段、料酒、白糖、干辣椒、花椒粒、清汤、盐、酱油、水淀粉各适量。

【做法】

(1) 将干辣椒切段；碗内加清汤、白糖、水淀粉、盐、酱油调成味汁备用。

(2) 炒锅置火上，加油烧至七成热，将豆腐切块，放入油锅内炸至金黄色，捞出控油。

(3) 炒锅中留油30克左右，放入干辣椒、花椒粒炸至棕黄色，去掉花椒粒，再放入豆腐、葱段、料酒，倒入味汁，放入花生仁炒匀，起锅装盘即可。

清蒸猪脑

【原料】猪脑花100克，料酒2汤匙，姜汁、葱段、胡椒粉、鲜汤各适量。

【做法】

(1) 先将猪脑花去净血筋，洗净，盛于蒸碗内，掺入鲜汤半碗，和姜汁、葱段、胡椒粉、料酒等适量。

(2) 将蒸碗置于笼内大火蒸熟，即可食用。

黑芝麻鸡蛋奶

【原料】鸡蛋1个，黑芝麻25克，牛奶250毫升，白糖或蜂蜜10毫升。

【做法】

(1) 将黑芝麻磨成粉末状，生鸡蛋搅匀倒入牛奶中，再次搅匀。

(2) 放入黑芝麻粉，小火煮沸，加入白糖或蜂蜜即成。

腰果冰糖奶

【原料】腰果50克，冰糖10克，牛奶250毫升。

【做法】

将腰果仁炒熟后碾碎，与冰糖一同放入牛奶中，加热至熟即可。

西瓜牛奶

【原料】牛奶250毫升，西瓜200克，白糖或蜂蜜20克。

【做法】

（1）将西瓜去皮、去籽后放入容器中搅碎，加入牛奶，边倒边搅匀。

（2）待搅匀后再放入白糖或蜂蜜继续搅匀，待温度适宜时可以饮用。

菠菜蛋片汤

【原料】菠菜3棵，鸡蛋1个，核桃油、盐各适量。

【做法】

（1）蛋黄和蛋清分开打散；菠菜用开水烫一下，捞出后切成小段。

（2）蛋黄和蛋清分别摊成饼，然后切成菱形片。

（3）锅内加水烧开，放入菠菜煮2分钟，再放入蛋片，煮开后放几滴核桃油及少量盐即可。

优酪乳大拌菜

【原料】小番茄10颗，嫩黄瓜1根，胡萝卜半根，原味优酪乳1杯，绿豆芽少许。

【做法】

（1）所有蔬菜清洗干净，小番茄、黄瓜、胡萝卜分别切小片；绿豆芽切小段。

（2）胡萝卜片、绿豆芽段用开水焯熟，捞出沥干水分。

（3）将所有蔬菜放在一个盘子里，倒入原味优酪乳拌匀即可。

油炸核桃仁

【原料】核桃仁250克，砂糖2大勺，盐2汤匙，食用油适量。

【做法】

（1）锅中加清水烧开，放少许盐和核桃仁，略煮2~3分钟，捞出沥干水分。核桃仁变凉前撒入砂糖，使砂糖溶化，并粘在核桃仁表面。

（2）炒锅上火烧热，加食用油烧热（油温在120℃以上），放入粘有砂糖的核桃仁，边搅拌边用油炸。

（3）核桃仁炸至金黄时捞出，分开放凉，防止核桃仁粘在一起。等核桃仁完全放凉后，放入保鲜袋，挤出袋中空气，封好袋口，以防止受潮，需要时随时取用。

鸡蛋蔬菜粥

【原料】大米1杯，鸡蛋2个，韭菜200克，香菇2个，胡萝卜1/5个，菠菜30克，清水4杯，盐和香油各少许。

【做法】

（1）将大米泡好，滤去水分备用。

（2）韭菜切成小段；香菇、胡萝卜切薄片；菠菜用开水略烫，捞出沥干水分，切成小段。

（3）鸡蛋磕入碗中，放少许盐和水，打成蛋液。

（4）炒锅上火烧热，放入香油，油热后，放入泡好的大米炒片刻，再依次倒入胡萝卜、香菇、菠菜、韭菜翻炒。

（5）锅中加清水，煮成稠粥，倒入鸡蛋液，略煮即成。

西式烤番薯

【原料】番薯400克，玉米粒、豌豆各4大勺，小番茄4个，西芹末1大勺，奶酪200克，鸡蛋1个，豆油4大勺，黄油2大勺，砂糖1大勺，盐和胡椒粉各少许。

【做法】

（1）煮熟的番薯去皮碾成泥，放入黄油、砂糖、盐、胡椒粉，打入鸡蛋拌匀。

（2）玉米粒和豌豆入清水煮熟，捞出沥去水分，小番茄切成四瓣，西芹切碎备用。

（3）将上述各种材料留出少量，其余放入豆油中拌匀。

（4）将用豆油拌好的用料盛在烤盘中，撒上奶酪，再加上剩余材料，放入烤箱，烘烤至奶酪变为金黄色即成。

第四节 22~24个月宝宝的喂养

宝宝的身心发育

	男宝宝	女宝宝
身高	平均87.6厘米（81.1~94.1厘米）	平均86.1厘米（80.5~91.9厘米）
体重	平均12.6千克（11.1~14.1千克）	平均11.1千克（8.9~13.3千克）
头围	平均47.8厘米（45.1~50.5厘米）	平均47.3厘米（44.6~49.9厘米）
胸围	平均48.6厘米（44.7~52.5厘米）	平均47.4厘米（43.3~51.4厘米）

（1）**生理特点**

喜欢模仿大人动作；会把玩具收拾好；喜欢在床上蹦个不停；喜欢玩有孔的玩具；喜欢重复做事。

（2）**心理特点**

对自己独立完成的事感到很骄傲；爱表现自己，也很自私；大多数时间情绪稳定愉快，有时也发脾气。

宝宝的营养需求

这一时期，还没有断奶的宝宝应尽快断奶，否则将不利于宝宝建立起适应其生长需求的饮食习惯，更不利于宝宝的身心发育。

鹌鹑蛋的营养价值极高，并含有许多人体生长发育不可缺少的成分，鹌鹑蛋还具有抗过敏和促使宝宝长高的作用，因此妈妈应适当让宝宝吃些鹌鹑蛋，鹌鹑蛋体积小，吃时要注意，不能让宝宝噎着。

山楂片能消食健胃，味道酸甜可口，是宝宝喜欢的小食品。但山楂片只适用于体质壮实、积食不消的宝宝，而不适用于面黄肌瘦、脾胃功能差的宝宝，因此，要根据宝宝体质决定是否为其提供山楂片。

父母在为宝宝准备饮料时，不应考虑可乐型饮料，因为可乐是加了咖啡因的饮料，可导致中枢神经兴奋，使宝宝易患多动症。炸薯片、炸薯条如果经常吃的话，很容易使宝宝成为小胖墩。爸妈可以尝试把薯片蘸牛奶后再吃，这样可以去掉薯片或薯条表面的盐分。如果在家里制作的话，应尽量少放油和盐。

新妈妈喂养圣经

1 喂养的主要特点

2 岁以后的宝宝，应该逐渐增加食物的品种，使其适应更多的食物。应摄入充足的含碘食物，如海带、紫菜等。2 岁的宝宝，乳牙刚出齐或未完全出齐，咀嚼功能仍然很弱。据我国婴幼儿营养专家研究，6 岁时的咀嚼效率才达到成人的 40%，10 岁时达 75%。因此，在制作幼儿膳食及各种肉、菜等时，均要细碎、炖烂才易于幼儿咀嚼。

2 2 岁宝宝每天应吃多少食物

一个 2 岁的幼儿每天应供应的营养为：热能 5000 千焦，蛋白质 40 克，钙、铁、锌的供应量与1岁幼儿基本相同，维生素类稍有增加。将上述营养素供给量折合成具体食物，大约粮食类食物为100～150克，鱼、肉、肝和蛋类总量约100克，豆类制品约25克，蔬菜100～150克，再加上适量的烹调用油和糖。每天还要供给幼儿250毫升左右的牛奶或豆浆。

有的幼儿活动量大或生长发育较快，所以需要的食物也会多些。

3 2岁宝宝的餐次安排

2岁幼儿的胃容量大约是400～500毫升。为了满足生理上的需要，要将上面列举的食物吃下去，至少要给幼儿安排四顿，一般称为三餐一点，即早餐、中餐、午点和晚餐。

根据热能计算，三餐和午点的热能供应比例应为25%：25%：30%：10%，余下10%的热能由各种零食提供。总的原则是“早餐吃好，中餐吃饱，晚餐适量”。

具体的食物供应数量是否符合幼儿个体的身体需要，父母一定要参考幼儿每月的体重增加情况。

4 宝宝食品巧烹调

烹调婴幼儿食品时，不仅营养要合理均衡，还应兼顾宝宝的生理特点，使宝宝喜欢、爱吃。如何做到合理烹调呢？

幼儿食品的烹调方法应注意以下几点：

(1) 形态各异、小巧玲珑

不论是馒头还是包子，或是其他别的食品，一定要小巧。

小就是要将食物切碎做小，以照顾孩子的食量和咀嚼能力；巧就是形态各异，让孩子好奇、喜欢，增加食欲。

（2）色、香、味俱佳

色，即蔬菜、肉、蛋类保持本色或调成红色，前者如清炒蔬菜、炒蛋等，后者如红烧肉丸等；香，是指保持食物本身的维生素或蛋白质不变质，再加上各种调料使鱼、肉、蛋、菜各具其香，由于幼儿口淡，调料不宜太浓，不宜油炸；味，幼儿喜欢鲜美、可口、清淡的菜肴，但偶尔增加几样味道稍浓的菜肴，如糖醋味等，有时更会引起孩子的好奇、兴趣和食欲。

（3）保持营养素

如蔬菜要快炒，少放盐，尽量避免维生素的流失。煮米饭宜用热水，淘洗要简单，使B族维生素得以保存。

对含脂溶性维生素的蔬菜，炒时应适当多放点油，如炒胡萝卜丝，可使维生素A的吸收率增高；炖排骨时汤内稍加点醋，使钙溶解在汤中，更有利于宝宝补钙。

5 宝宝多吃杂粮的益处

杂粮指谷类中的小米、玉米、燕麦、小麦、高梁、荞麦、麦麸等，豆类中的黄豆、绿豆、青豆、赤豆等。杂粮营养丰富，能为宝宝提供更均衡的营养，使宝宝更加聪明、强壮，杂粮对宝宝的好处主要有以下几个方面。

（1）有益于宝宝的成长

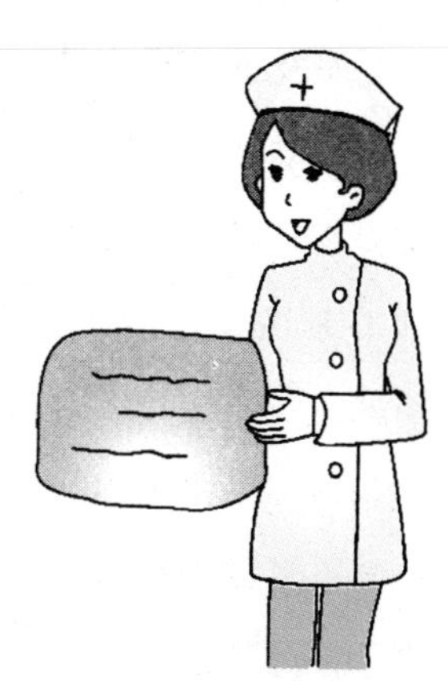

杂粮营养丰富，而且其所含的营养素各有所长，如全麦粉富含钙质，可为宝宝补钙；小米富含铁和维生素B_2，能预防脚气病。其他一些杂粮纤维素、胡萝卜素及多种矿物质等营养成分的含量也要高于细粮。

（2）预防宝宝糖尿病

杂粮富含膳食纤维，可有效减慢糖在肠内的吸收速度，从而避免出现餐后高血糖现象，同时能增强人体的耐糖能力，有利于血糖稳定。另外，膳食纤维还具有抑制胰高血糖素分泌的作用，能有效促进胰岛素发挥作用。

（3）减少宝宝肥胖症

杂粮富含膳食纤维，在肠道内能吸收高于自身重量十倍的水分，宝宝容易产生饱腹感，从而就会减少进食，有利于预防宝宝由于过量进食而患肥胖症。

（4）可以预防便秘

杂粮含有大量的膳食纤维，有促进肠道消化吸收和排泄的功能，起到肠道“清道夫”的作用。此外，膳食纤维能促进肠蠕动、缩短食物在肠道中的停留时间，加速排便，预防宝宝发生便秘。

6 如何科学吃蔬菜

蔬菜在日常生活中的重要性仅次于粮食，它是我们每天必备的食品。蔬菜的品种很多，但它们的一个共同特点是含有极丰富的各类维生素、矿物质、纤维素。除了本身的营养价值外，还能促进机体吸收蛋白质、糖类和脂肪。研究表明，仅吃动物蛋白在肠内吸收率为70%，若加吃蔬菜则可增加到90%左右。

白菜、黄瓜的主要成分是水，含水量达90%~96%，大多数蔬菜的含水量均在90%左右，当咀嚼蔬菜时，其内含的水分就可以稀释口腔里的糖质，使寄生在牙齿里的细菌不易生长繁殖，保护了牙齿。多纤维的蔬菜还能锻炼咀嚼肌及提高牙齿的坚固度。

在幼儿食谱中经常变换选用蔬菜，孩子就能从不同的蔬菜中得到不同的营养素，以利于生长发育。如白萝卜的营养很丰富，除含维生素C外，还含维生素B_2、钙、磷、铁，因为它不含草酸，所以萝卜里含有的钙元素的吸收率就会较高；胡萝卜所含的营养也很丰富，含有糖类、脂肪、蛋白质、钙、磷、铜、维生素D_1、胡萝卜素，胡萝卜素在人体内可转化成维生素A；很多带有红颜色的蔬菜，也含有较多胡萝卜素，有助于婴幼儿的智力发育，并可增加细胞免疫功能，可以提高血红蛋白及血小板的功能而改变贫血和出血倾向。维生素C主要来源于白菜、油菜、菠菜、香菜、番茄等；鲜豌豆、番茄、花菜、白菜和菠菜可提供维生素K；新鲜菜叶中含有维生素P；含钾较多的菜包括番茄、茄子、菠菜、油菜、香菜、大葱、萝卜、黄瓜等；含铁较多的菜包括芹菜、香菜、油菜和菠菜等。总之，蔬菜对人体的健康发育是必不可少的。

蔬菜除了提供大量营养物质外，还含有一种有用的物质——纤维素。纤维素是不能被人体吸收的，但它在肠道中可以促进肠蠕动，有助于排出粪便。但要注意的是，2 岁左右的幼儿消化能力还比较弱，过于粗大的长纤维可能会导致孩子消化不良。因此，此时吃蔬菜还是应当切得细一些，尤其是芹菜、韭菜等含纤维素较多的蔬菜。

蔬菜在烹调时应先洗后切、现吃现做、急火快炒，以减少维生素的损失。有些蔬菜烧熟了，孩子不爱吃，可以洗干净了生吃，如黄瓜、番茄、生菜等。

7 正确对待食欲差的宝宝

孩子出生后的第二年，食欲会有所下降。一方面是由于孩子身体的生长速度缓慢使得他对食物的需要量不那么大了；另一方面是因为一些其他因素干扰了他的食欲。如随着活动范围的扩大，他对食物的兴趣被转移了；随着独立意识的萌芽，使得他不那么听话了；随着味觉功能的进步，他会挑肥拣瘦了。

1 岁以后，伴随走路、说话方面的进步，孩子变得好奇好动，环境中的大小变化都能引起他的兴趣，因而吃饭时候容易分心。他经常会被周围的其他人或事所干扰，影响吃饭的速度，有时甚至只顾看热闹，停下来不吃，使得喂他吃饭的父母十分不满。

如果孩子的运动量不够，他的食欲也会不好。有些父母很少让孩子外出活动和进行锻炼，孩子没有机会消耗体力，自然就少有饥饿感，使孩子看着饭却不想吃，懒洋洋地无精打采。

此外，缺乏微量元素锌，或在治疗疾病的过程中吃了影响肠胃正常功能的药物，或暂时换了环境引起孩子的情绪不稳定等，都会影响孩子的食欲。孩子长牙时嘴里会感到不舒服，饭量往往不及平时的--半。

如果父母忽略了孩子成长过程中的这样一些规律性的东西，就可能与孩子发生冲突。许多孩子面对父母费尽心机准备的各种食物就是没有胃口，如果在喂孩子吃饭的时候，你总是本着“多吃一口是一口”的宗旨强迫孩子进食，你一定要问问自己，这样做会不会使得孩子伤了胃口；如果在喂孩子吃饭的时候，你管不住自己的脾气，时不时地想训斥孩子的时候，你一定要问问自己，这样做会不会使孩子没了胃口。

8 长期大量服用葡萄糖会让宝宝厌食

有的妈妈把口服葡萄糖当做补品，给宝宝喝牛奶或开水时，总喜欢放些葡萄糖。其实，这种做法对宝宝的健康不利。

我们平时更多食用的是白砂糖，宝宝摄入一定量的白砂糖后在胃内也很容易转化成葡萄糖，吸收也很快。如果经常食用葡萄糖，不仅会摄糖过多，还容易引起消化功能减退等不良后果。

比如，平时食用的糖类，会先在胃内经消化酶的分解，再转化为葡萄糖被吸收，而服葡萄糖则免去转化的过程，直接就可由小肠吸收。如果长期以葡萄糖代替白砂糖，就会使肠道正常分泌双糖酶和其他消化酶的机能发生退化，影响宝宝对其他食物的消化和吸收。

另外，经常用葡萄糖水喂宝宝，还会引起宝宝厌食、偏食、龋齿、肥胖等不良后果。

9 宝宝边吃边玩怎么办

有些孩子食欲尚好，却有边吃边玩的坏习惯，不肯坐下吃，而喜欢四处走动。

这是因为孩子爱动，有引起他兴趣的东西，他就会去碰它。所以在宝宝进餐时，要营造一个好的进餐环境，不要把会引起宝宝注意的东西放在旁边。

当宝宝真正肚子饿时，应该不会乱动才对，既然边吃边玩，也许并不是真正饿了，父母可试着把一天三次的进餐时间稍稍延后看看，让孩子在真正饥饿时吃也许会好一些。

10 宝宝餐前大量饮水的危害

餐前孩子多为空腹状态，如果这时让宝宝过量饮水，会导致很多不良后果。

（1）餐前大量饮水会冲淡胃液，致使消化能力降低。在炎热的夏季容易引起腹泻、呕吐等症。

（2）餐前大量饮水会降低胃酸的杀菌能力，使孩子易受病菌、寄生虫卵的侵袭。

（3）短时间内饮水过量可能使宝宝胃部扩张，甚至出现胃下垂。

（4）大量饮水，尤其是喝汽水、冷饮，会使宝宝食欲减退，妨碍进食。

因此，孩子在餐前不宜大量饮水。

11 宝宝不宜过量服用维生素A

维生素A是人体必需的营养素之一，它可以使软骨成熟、褪变，并进行软骨骨化。人体内缺乏维生素A，可减慢骨骺骨细胞的成熟过程，影响幼儿健康发育，但若摄取过量时，会过快地加速这一过程，引起骨骼、皮肤、黏膜及神经系统等多方面的病变。

（1）维生素A摄入过量会影响骨骼的发育

幼儿体内维生素A过量时会影响骨骼的发育，可使软骨细胞造成不可逆转的破坏，使骨骺软骨板变窄乃至消失，医学上称为“骺线早闭”，骨不再向长处生长，所以会影响身高，而膜化骨可以照常生长，使骨向粗处生长，管状骨变为短而粗，导致两下肢缩短畸形，头的外形也可能因此而改变。

（2）引发维生素 A 过剩症

幼儿体内维生素 A 摄入过量时还会引起维生素 A 过剩症。临床上可见恶心、呕吐、头痛、体重减轻、囟门下降等一系列症状。幼儿表现为厌食、过度兴奋、头发稀疏、肌肉僵硬和皮肤瘙痒等。

因此，幼儿维生素 A 的摄入量要适当，一般正常健康幼儿不会缺少维生素 A，若确实缺乏，可适当多吃一些含维生素 A 多的食物，父母不宜随便给幼儿补充维生素 A 制剂。

12 防止宝宝“积食”

幼儿自我控制能力较差，只要是爱吃的食物，如糖果、牛肉干等，就会不停地吃；在亲友聚会的宴席上，孩子吃了过于油腻、生冷或过甜的食物，胃胀得鼓鼓的，从而引起消化不良、食欲减退，中医称为“积食”。

幼儿积食后，腹胀、不思饮食、恶心，有时吐不出来，精神不振、睡眠不安。

由于幼儿消化系统发育还不成熟，胃酸和消化酶的分泌较少，且消化酶的活性低，很难适应食物质与量较大的变化，加上神经系统对胃肠的调节功能较差，免疫功能欠佳，极易在积食这种因素的影响下发生胃肠道疾病。

幼儿积食的治疗，首先应从节制饮食着手，适量控制幼儿的进餐量，饮食应软、稀和易于消化（如米汤、面汤之类），经 6~12 小时后，再给幼儿进食易消化的蛋白质食物。

中医小儿化食丸对乳食内积所致肚子疼、食欲不佳、烦躁多啼、大便干臭的治疗效果比较好，但不可久服，病除即止。鸡内金也是一种良药。同时还要让孩子多到户外活动，这有助于对食物的消化和吸收。

父母要养成幼儿良好的饮食习惯。每餐定时定量，以避免幼儿积食的发生。

如果幼儿积食不是很严重，可以采取以下几种简便易行的方法：

（1）幼儿如果是由于食用肉类或油腻过多的菜肴所引起的积食不消，可用新鲜白萝卜500克切成细丝，榨取汁液，煮熟后给患儿服用。

（2）如果幼儿是因为吃米制糕点太多而引起的积食，可用锅里焦饭服用；如因生冷瓜果吃得太多则可用生姜煎汤服。

（3）消化不良、积食和反胃呕吐，可用洗净的鸡胗皮（或鸭胗皮）3克加水煎煮取汁服用。注意煎煮时间不可太久。

如果患儿症状比较严重，则需去医院诊治。

13 远离泡泡糖的诱惑

泡泡糖是幼儿最喜爱的食品之一，少量咀嚼可以清洁牙齿、活动面肌，但经常吃泡泡糖则对幼儿的健康不利。

泡泡糖含有糖、橡胶、增塑剂和香精等。泡泡糖需要有7%的增塑剂才能吹起泡泡来，每块泡泡糖含有增塑剂约350毫克，此物虽毒性不高，但日积月累，增塑剂在体内积蓄过多，也会影响幼儿健康。另外，一块泡泡糖在口中反复咀嚼，幼儿嚼了吹，吹了又嚼，还有的幼儿用手拉后再嚼，这样就会将细菌和寄生虫带入体内。此外，幼儿由于自制能力差，在咀嚼泡泡糖时很容易咽下去，如果卡住气管或食管，会给幼儿造成痛苦和危险。因此，幼儿不适宜吃泡泡糖。

14 宝宝的食物应少放盐

食盐是人类摄取钠和氯的重要来源。这两种元素是构成机体细胞外液的主要阳离子和阴离子，在调节体液的渗透压、水和酸碱平衡上起重要的作用。而一个人每天对钠和氯的生理需要量是很小的，婴幼儿对钠的需要量估计仅为58毫克。在正常情况下，在不加食盐的天然食物中完全可以满足需要，可不必另加盐。而人类使用食盐更多的原因是把食盐作为调味品。医学研究认为，食盐摄入过多可能与高血压有密切关系，所以提倡淡食，强调从婴幼儿时期养成淡食习惯。一般儿童每天食盐量为0.5~1.0克即可满足需要。

宝宝的推荐食谱

皮蛋瘦肉粥

【原料】大米50克，皮蛋1个，羊肉末30克，姜末、盐各少许。

【做法】

（1）大米淘洗干净后，浸泡1小时左右；皮蛋剥皮、切丁，肉末用姜末、盐搅拌均匀，腌制20分钟左右。

（2）锅里放水烧开，放入大米熬煮至快熟时，放入肉末和皮蛋，转小火煮10多分钟即可食用。

紫菜包饭

【原料】热米饭1碗，鸡蛋1个，菠菜5棵，胡萝卜1段，紫菜、盐、食用油各少许，砂糖3/4汤匙，白醋2汤匙。

【做法】

（1）将鸡蛋在热油锅中煎成蛋饼，切成细丝。

（2）菠菜、胡萝卜用开水烫一下，捞出沥干水分，胡萝卜切丝，备用。

（3）将热米饭盛盆中，倒入白醋和砂糖、盐拌匀。

（4）将紫菜切两半，上面铺一层薄薄的米饭，放上鸡蛋饼丝、菠菜、胡萝卜丝，卷成紫菜饭卷。

（5）将紫菜饭卷切成宝宝一口大小的小段即成。

牛肉饼

【原料】牛肉馅100克，大葱1段，红枣3个，松子仁和核桃仁各少许，面粉3大勺，糯米粉1大勺，盐、胡椒粉、食用油各少许。

【做法】

（1）将牛肉馅用盐和胡椒粉调好味。

（2）红枣煮软，去皮去核，碾成泥。

（3）将大葱切成葱花。

（4）核桃仁用开水烫一下，除去包衣，与松子仁一起捣碎。

（5）盆中放入面粉和糯米粉，加适量清水调成稠面糊。

（6）面糊中放入牛肉馅、红枣泥、碎核桃和松子仁泥拌匀。

（7）煎锅上火烧热，倒入食用油，油热后将调好的面糊放入煎锅中，煎成小饼即成。

猪肝鸡蛋羹

【原料】猪肝 100 克，鸡蛋 1 个，调料少许。

【做法】

（1）将鸡蛋打入碗内，搅匀。

（2）将猪肝洗净，切成薄片。

（3）锅中加水适量，煮沸后，倒入猪肝片，然后加入调料调味，淋入鸡蛋液，煮至猪肝熟透即可。

什锦糙米片

【原料】糙米片 1 杯，胡萝卜半根，肉丝 50 克，香菇丁、扁豆、白豆、盐适量。

【做法】

（1）白豆洗净泡水 3 ~4 小时；胡萝卜切丁；扁豆洗净泡水。

（2）锅内放胡萝卜丁、扁豆、白豆和适量水煮熟。

（3）再放香菇丁和肉丝一起煮开，最后加糙米片煮烂，起锅前加盐调味即可。

三丝炒银芽

【原料】胡萝卜 90 克，绿豆芽 30 克，猪肉 50 克，葱花、姜末各少许，盐、香油各适量。

【做法】

(1) 胡萝卜、猪肉洗净，切细丝。

(2) 锅内加水烧开，下胡萝卜丝、绿豆芽焯烫一下，捞出控水。

(3) 油锅烧热，放葱花、姜末炒出香味，下肉丝炒匀，然后放入胡萝卜丝、豆芽炒匀，最后加盐翻炒至熟，淋香油即可出锅。

炒面条

【原料】胡萝卜、扁豆、葱头、火腿、细面条、番茄酱各适量。

【做法】

将胡萝卜、扁豆、葱头、火腿切碎，放入油锅内炒，待菜炒软后再放入煮过的细面条一块炒，最后加番茄酱调味。

菜卷蛋

【原料】圆白菜、鸡蛋、肉汤、番茄、番茄酱各适量。

【做法】

(1) 把适量圆白菜叶放在开水中煮一下，把1个鸡蛋煮熟后剥皮，蛋黄外面裹上面粉。

(2) 再用圆白菜叶包好放入肉汤中，加切碎的番茄2汤匙及番茄酱少许煮，煮好后放入盘内切成两半。

土豆蛋饼

【原料】土豆1个，面粉100克，鸡蛋2个，糖、盐适量。

【做法】

土豆1个洗净煮熟，剥皮捣碎成泥状。面粉100克，鸡蛋2个加入土豆泥，加适量糖、盐搅匀，上笼蒸或在平底锅上抹油之后烤熟。

番茄鸡饼

【原料】嫩鸡脯肉、猪肉各15克，番茄酱、冬笋、蘑菇、油菜各适量，大油、蛋清、淀粉、白糖、料酒、盐、味精、香油、葱、生姜各少许。

【做法】

（1）鸡肉、猪肉剁成细泥，把蛋清抽成泡沫，加入淀粉，与鸡、猪肉泥混合拌均匀。

（2）冬笋、蘑菇、油菜切片，葱姜切末。

（3）勺内放适量底油，烧热后用羹匙把调好的肉泥掐成丸子放入勺内，使两面都煎炸呈金黄色。

（4）勺内放少许底油，把葱姜和冬笋、蘑菇、油菜放入煸炒几下，放番茄酱，炒出香味放入鸡饼，加白糖、盐、味精、料酒，加汤慢煨一会，勾少许粉芡，滴香油翻勺，装盘即可。

甜酸萝卜片

【原料】小萝卜50克，盐适量，白糖、白醋、味精少许。

【做法】

（1）小萝卜洗净，纵向切成两半，然后横向切成一分厚的薄片，放盘中加盐，用手捏，直至将萝卜片捏软。

（2）萝卜片用清水洗，挤干水分后放入干净的盘中。

（3）萝卜片上撒上白糖，放入白醋和味精，拌匀后，放置10分钟后即可食用。

白斩鸡

【原料】新鸡1只，桂皮15克，茴香3克，花椒、味精各1克，葱节、姜片、盐、黄酒各25克，香油15克。

【做法】

（1）将宰好的鸡放在清水中冲洗干净，再放在开水里浸半分钟，泡去血水。

（2）锅内放水，把桂皮、茴香、花椒装在小布袋里，下锅，加葱、生姜、盐、黄酒，煮半小时，再放味精，烧成白卤后倒入盛器，冷却待用。

（3）锅内放水烧开后，把光鸡放入锅内，煮至刚熟。

（4）将刚熟的鸡捞出后，应即浸入已凉的白卤里使之冷却，以保持鸡肉的水分（如冷透后才入白卤，鸡肉因水分已蒸发，会不嫩）。之后再将鸡捞出，用香油搽遍鸡身。食用时，将鸡斩成条块即成。

第三章

2～3 岁宝宝的喂养

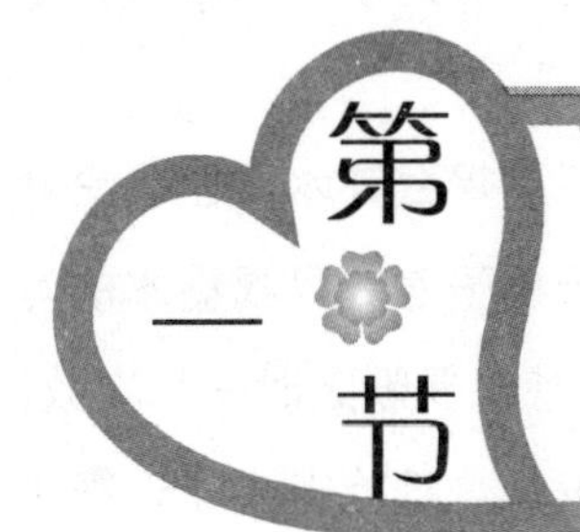

第一节 25~27个月宝宝的喂养

宝宝的身心发育

	男宝宝	女宝宝
身高	平均 89.6 厘米（88.5~90.7 厘米）	平均 87.3 厘米（86.6~87.9 厘米）
体重	平均 12.39 千克（12.1~12.7 千克）	平均 12.0 千克（11.7~12.2 千克）
头围	平均 48.0 厘米（47.4~48.5 厘米）	平均 47.7 厘米（47.2~48.2 厘米）
胸围	平均 49.3 厘米（48.7~49.8 厘米）	平均 48.8 厘米（48.2~49.4 厘米）
牙齿	16~18 颗	

（1）生理特点

乳牙出齐，有一定咀嚼能力；行动技巧提高，能越过小的障碍物，有的已经学会骑三轮童车、踢皮球。

（2）心理特点

说完整的简单句、会背诵简短的唐诗，能看图讲故事，能说出常用品的名称和用途。

宝宝的营养需求

有的孩子快 2 岁了，仍然只爱吃流质食物，不爱吃固体食物。这主要是咀嚼习惯没有养成，2 岁的孩子，牙都快出齐了，咀嚼已经不成问题。所以，对于快 2 岁还没养成咀嚼习惯的孩子只能加强锻炼。

2 岁的孩子不要再用奶瓶喝水了，从 1 岁之后，孩子就开始学用碗、用匙、用杯子了，虽然有时会弄洒，但也必须学着去用。有的家长图省事，让孩子继续用奶瓶，这对宝宝心理发育是十分不利的。

孩子对甜味特别敏感，喝惯了糖水的孩子，就不愿喝白开水。但是甜食吃多了，既会损坏牙齿，又会影响食欲。家长不要给孩子养成只喝糖水的习惯，已经形成习惯的，可以逐渐减低糖水的浓度。吃糖也要限定时间和次数，一般每天不超过两块糖，慢慢纠正这种习惯。你会发现，糖吃得少了，糖水喝得少了，孩子的食欲却增加了。

一般来说，每天应保证主食 100 ~ 150 克，蔬菜 150 ~ 250 克，牛奶 250 毫升，豆类及豆制品 10 ~ 20 克，肉类 25 克左右，鸡蛋 1 个，水果 40 克左右，糖 20 克左右，油 10 克左右。另外，要注意给孩子吃点粗粮，粗粮含有大量的蛋白质、脂肪、铁、磷、钙、维生素、纤维素等，都是宝宝生长发育所必需的营养物质。2 岁的孩子可以吃些玉米面粥、窝头片等。

新妈妈喂养圣经

1 宝宝的饮食教养

这个年龄段的孩子早、午、晚三餐时间应该和大人一样，每餐吃 20 ~ 30分钟，时间不宜过长。此时的孩子应该让他自己吃饭，虽然还不是很熟练，但经过一段时间的训练，2 岁半时他就能双手分别拿着饭碗和汤匙吃饭了。

此时的孩子饮食很不稳定，容易形成挑食或偏食的毛病，高兴了就使劲吃，不想吃时几乎一口也不吃。孩子对食物的接受，往往会模仿父母或家中其他成年人，孩子更愿意接受他所看到的成年人吃的食物，所以父母的饮食习惯对孩子有很大影响。在培养孩子健康饮食行为时，父母要以身作则，为他做出榜样，这一点很重要。如果需要，父母可以吃一些自己不喜欢但确实有营养的食物，这样对孩子接受这种食物会起到重要的作用。另外为孩子营造一个良好的进食环境，对他的饮食也是很重要的。

2 保证营养均衡

在宝宝成长的过程中，每时每刻都要注意营养的均衡与全面。随着宝宝活动量的日益增多，对各类营养的需求量也明显加大。宝宝每天都需要摄入肉、鱼、蛋、牛奶以便从中摄取大量动物蛋白，以满足生长发育的要求。豆腐、豆浆等豆制品也是良好的蛋白质来源。

除补充足够的蛋白质外，宝宝应每天多吃蔬菜、水果和主食（米饭、馒头等面食），以保证生长发育所必需的维生素及矿物质。

注意饮食上粗细粮搭配，咸甜搭配，干及稀搭配，也切记要每天给宝宝喝 1 ~2 杯牛奶。

3 补充维生素和钙

由于我国饮食结构缺乏合理性，日常膳食一般满足不了宝宝生长所需维生素和钙质。而这时期宝宝骨骼、牙齿发育很快，对维生素和钙的需求量极大。特别是我国北方地区，冬季日照时间短，寒冷，室外活动量减少，这样影响了钙的自身合成，钙质不足的问题更为普遍。适量补充维生素和钙可弥补自身合成不足，3 岁以内的婴幼儿冬季服用维生素量保持每日 400 国际单位为宜。每日对钙的摄入量保持在 1 克左右为宜，主要以牛奶为主。如要直接补充钙剂必须在医生指导下进行。

夏季日照充足时，要尽量增多宝宝的户外活动，日照可以促进自身合成维生素 D，同时促进钙的吸收，只要注意日常饮食营养均衡就没必要再额外

补充。爸爸妈妈要有正确的健康观念，在补营养品时，尽量避免药物对宝宝造成的负面影响，这一点应值得重视。

4 丰盛的早餐有助于提高宝宝注意力

不吃早餐，会使孩子无法集中精力，造成学习能力下降。从早晨睁开眼睛开始，大脑细胞就开始活跃起来。脑力活动需要大量能量，如果不吃早餐，能量就不足，大脑就无法正常运转。

吃早餐不仅能补充能量，而且通过咀嚼食物可对大脑产生良性刺激。吃早餐的孩子在注意力和创造力方面比不吃早餐的孩子更出色。

5 多给宝宝吃蒸制食物

一般情况下，食物在加热的过程中或多或少都会导致营养流失，如果烹调方式不合理还可能改变食物的结构，使其产生大量的有毒物质，对宝宝的健康不利。而蒸制食物最大限度地保持了食物本身的营养，并且制作过程中避免了高温造成的成分变化所带来的毒素侵袭。在蒸制食物的过程中，如果食材富含油脂，蒸汽还会加速油脂的释放，降低食物的油腻度。

大米、面粉、玉米面等用蒸的方法来做给宝宝吃，其营养成分可保存95%以上。如果用油炸的方法，其维生素B_2将会损失约50%，维生素B_1则几乎损失殆尽。

鸡蛋是常见的营养食品，妈妈也会经常做给宝宝吃。由于烹调方法不同，鸡蛋营养的保存和消化率也不同。煮鸡蛋的营养和消化率为100%，蒸鸡蛋的营养和消化率为98.5%，而煎鸡蛋的消化率只有81%。所以，给宝宝吃鸡蛋以蒸煮的方式最佳，既有营养又易消化。

花生营养丰富，特别是花生仁外层的红衣，具有抑制纤维蛋白溶解、促进骨髓制造血小板的功能，具有很好的止血作用。但花生只有煮着吃才能保持营养成分及功效，如果是炸着吃，虽然味道香脆，但营养成分几乎会损失一半。所以妈妈给宝宝吃花生时尽量不要油炸，可以放在米里煮成粥，既营养又易消化，十分适合宝宝食用。

6 如何把握宝宝的进餐心理

宝宝偏食挑食，很多时候是因为你没有把握他进餐的心理特点造成的。宝宝进餐时有以下心理特点，你都要了解。

（1）**模仿性强**

易受周围人对食物态度的影响，如父母吃萝卜时皱眉头，幼儿则大多拒绝吃萝卜；和同伴一起吃饭时，看到同伴吃饭津津有味，他也会吃得特别香。

（2）**好奇心强**

宝宝喜欢吃花样多变和色彩鲜艳的食物。

（3）**味觉灵敏**

宝宝对食物的滋味和冷热很敏感。大人认为较热的食物，宝宝会认为是烫的，不愿尝试。

（4）**喜欢吃刀工规则的食物**

对某些不常接触或形状奇特的食物，如木耳、紫菜、海带等常持怀疑态度，不愿轻易尝试。

（5）**喜欢用手拿食物吃**

对营养价值高但宝宝又不爱吃的食物，如猪肝等，可以让宝宝用手拿着吃。

（6）**不喜欢吃装得过满的饭**

喜欢一次次自己去添饭，并自豪地说“我吃了两碗（三碗）。”

家长要把握宝宝进餐的心理特点，才能做出宝宝爱吃的佳肴，促进宝宝的健康成长。

挑食的宝宝吃饭容易情绪紧张。宝宝的心情紧张，会使交感神经过度兴奋，从而抑制胃肠蠕动，减少消化液的分泌，产生饱胀的感觉。所以在进餐时要给宝宝一个宽松、自然的环境。

7 制作宝宝食物的注意事项

幼儿仍然处于生长发育期，由于活动量较婴儿期增多，仍需要供给营养丰富的食物，以满足生理功能的需要。故调配幼儿膳食时应注意以下几方面的问题：

（1）1岁后的幼儿，牙齿逐渐出齐，咀嚼和消化能力增强，可进食烂饭、瓜菜等多种食物，此时要注意供给足够的热能和蛋白质。奶和奶制品可以提供优质蛋白质和有助于骨骼的正常生长发育，有条件最好每天能供给500～600毫升。

（2）烹调的食物须切碎煮烂，不要给孩子吃不新鲜的食物，少吃油炸、煎、炒和刺激性食品；幼儿饭菜宜温热，不能太烫或太冷；饭前饭后不要让孩子做剧烈运动；对孩子的不规则进餐习惯不能放任不管（如边吃边玩），不宜用食物作奖励刺激吃饭。

（3）2岁以后的幼儿，可逐渐增加食物品种，使其适应更多的食物。但制作时仍须切碎煮烂，同时还应适当控制零食的量，特别是在发生了由于吃过量的零食而降低了对正餐食欲的情况下，由于过食过量而太胖时，应注意适当控制饮食。

（4）各餐热能分配要合理，早餐占一日总热能的20%～25%，午餐占30%～35%，晚餐占20%～25%，午点占10%～15%。

（5）食物在加工烹调时要尽量减少营养素的损失。

（6）食物要求适合宝宝的生理特点和心理要求，做到多样化、形美、色协调、味可口、有香气，并且注意饮食卫生。

（7）每天在户外活动至少2小时，会使孩子吃得更好，睡得更香，同时还可以预防佝偻病。

上述各项都会影响宝宝的食欲及食物的消化和吸收。

8 宝宝进食十忌

（1）忌戏玩

宝宝进食时千万不要戏玩，切不可逗引宝宝大笑或小儿之间吵闹喧笑，以免进食不专心，影响食欲。更重要的危害是易发生意外事故。

（2）忌进食过快

进食过快造成食物未充分咀嚼，不易消化吸收，易引起消化不良、胃炎、胃溃疡等。

（3）忌进食过慢

进食时间过长、过慢致进食量不足，营养素摄入不足，会造成营养不良。

（4）忌过饱

婴幼儿胃容量较小，吃过多使胃过度扩张，影响消化。

（5）忌吃得太咸

太咸的食品使氯化钠摄入过多，日后易引起高血压。

（6）忌吃得太甜

吃过甜的食品，会影响食欲。另一方面，小儿经常吃甜食，易引起肥胖症，还可以引起龋齿病。

（7）忌食太烫的食物

太烫的食物易损伤小儿口腔黏膜。经常吃太烫的食物有致癌的可能。

（8）忌骂食

吃饭时不要骂小儿，不然会影响进餐的情绪，降低食欲。

（9）忌边走边吃

进食不专心，影响食欲。

（10）忌蹲着吃饭

下蹲的体位压迫胃肠，使进食量减少，日久引起消瘦。

9 快餐影响宝宝大脑发育

大部分孩子喜欢吃汉堡包、奶油冰淇淋、炸薯条以及涂满奶酪的比萨饼等快餐食品。父母和孩子一起在外进餐时，常常会带孩子去快餐店大吃一顿。这样做是很不明智的，这些快餐食物中所含的饱和脂肪酸会阻碍孩子大脑的发育。

饱和脂肪容易在大脑中沉积。孩子在长期食用动物性高脂肪食品后，脑袋变得越来越迟钝，最终导致学习能力下降。宝宝偶尔吃一次快餐食物不会有什么危险，但长期进食快餐食品，就会影响大脑发育，导致智力下降。

10 宝宝患异食癖怎么办

异食癖指爱吃一些非食物性的异物，如泥土、火柴头、墙皮、烂纸等。这样的孩子并不是淘气，而是一种病态。

过去认为异食癖与肠道寄生虫有关，也就是说因为孩子肚子里有虫子，所以吃乱七八糟的东西。现在认为，异食癖与体内微量元素锌的缺乏有关。缺锌的小孩，容易食欲不好，有异食的表现，同时发育较差。这样的孩子应到医院查一下锌的含量。根据医生的建议，按年龄补充硫酸锌或葡萄糖酸锌等锌制剂，症状就能够缓解。

另外，家长要关心孩子，调制可口的饮食，让孩子吃好，增加营养。如果只是打骂孩子，结果孩子会在你看不见的时候仍然偷偷地吃。

11 宝宝零食的添加

就是否给宝宝吃零食这个问题，爸爸妈妈们的意见各有不同。其实对吃零食，应因人而异，只要适当把握好“度”就可以，不必遵循教条。有的宝宝消化功能比较好，但胃容量有限，适当补充零食可以缓解饥饿，同时增加营养来源，有利于生长发育。

食欲不佳的宝宝，要控制零食的摄入，以免造成负面影响。在正餐前给宝宝吃零食会大大减少正餐量，造成恶性循环，导致消化吸收功能紊乱。

零食的选择要科学合理，且有助于宝宝的生长发育，一般选择比较易消化、易吸收的。如薯类、水果、果汁、牛奶及乳制品等，既增加水分，又增加维生素的摄入。而且要以清淡为主，太甜、多油脂的食品会造成饱食感，使宝宝无法在正餐时进食，久而久之，宝宝会出现一系列营养不良的症状，如体重偏低、身高发育迟缓等。巧克力、奶油不宜多吃，极易引发龋齿和肥胖症。

每天上午10时、下午3时为添加零食的最佳时机。

12 可预防宝宝感冒的食物

为了预防和减少宝宝感冒，下面推荐几类有预防感冒效果的常见食物，家长可在冬春季等易感冒季节给孩子食用。

（1）富含维生素A的食物

冬春季节宝宝体内缺乏维生素A是易患呼吸道感染疾病的一大诱因。

在感冒等呼吸道感染性疾病高发季节，给宝宝增加含有丰富维生素A的食品，可使宝宝死亡率减少3/4。

维生素A是通过增强机体免疫力来取得抗感染效果的。此外，维生素A可降低麻疹的患病率和死亡率。

富含维生素A的食物有胡萝卜、苋菜、菠菜、南瓜、红黄色水果、动物肝、奶类等。必要时可口服维生素A制剂，宝宝每日1500～3000单位。

（2）富含锌的食物

锌元素是不少病毒的克星，在感冒高发季节，多让宝宝吃富含锌的食品，有助于机体抵抗感冒病毒。

锌元素能直接抑制病毒增殖，还可以增强机体细胞免疫功能，特别是吞噬细胞的功能。肉类、海产品和家禽含锌最为丰富。

此外，各种豆类、坚果类以及各种种子也是富含锌的食品，可供选用。

（3）富含维生素C的食物

维生素C能将食物内蛋白质所含的胱氨酸还原成半胱氨酸，半胱氨酸是人体免疫大军的重要成员，是抗体合成的必需物质，故维生素C有间接地促进抗体合成、增强免疫的作用。给宝宝适当多吃一些富含维生素C的食品可起到防病的作用。

各类新鲜绿叶蔬菜和各种水果都是补充维生素C的理想食品。

（4）富含铁质的食物

如果体内缺乏铁质，就可引起T－淋巴细胞和B－淋巴细胞生成受损，表现为数量和质量下降，吞噬细胞功能削弱，天然杀伤细胞数量减少等免疫功能降低的变化。

富含铁质的食物可使上述不利于机体抗病能力的变化得到纠正，恢复正常，达到对抗感冒病毒的目的。

富含铁质的食品有动物血、奶类、蛋类、菠菜、肉类等，但不宜盲目偏食过多，特别是铁强化食品。一是避免破坏微量元素间的平衡，降低锌、铜等的吸收率；二是过多的铁贮于体内，可能会有助细菌生长和增殖。

13 纠正宝宝偏食挑食的习惯

大自然中的食物是没有一样能完全包含人体所必需的各种营养成分的，每一种食物都有各自的特性。这种食物缺少的成分或许在那一种食物中含量丰富，食物间有互补作用。孩子食用多种食物就能摄取到多种营养成分，以满足身体生长发育的需要，因此，孩子是不应该偏食、挑食的。

有些孩子的偏食仅仅是饮食上的个性，表现其口味的不同，这种“偏食”应该是允许的。不能说“偏食”都有害，即使成人对于食物多少也有些好恶，孩子就更不例外。如果孩子不吃煮鸡蛋而吃蒸蛋，不吃菠菜而吃青菜、豆芽、芹菜等，不吃猪肉，而吃牛肉、鸡肉等，就没必要非得去纠正。由于特殊情况造成的偏食，也不必过于紧张，只要能从其他食物中获得同样的营养成分，这样偏食现象便可得到解决，何况强迫一个人吃不喜欢吃的食物会破坏食欲，造成的后果比偏食之害还要严重。因此，对于幼儿的偏食要具体分析具体对待，如果偏食有可能造成多种营养成分的缺乏，这种偏食应该纠正。

孩子的偏食、挑食往往受着父母的影响。因此，为了纠正孩子偏食、挑食，父母首先要以身作则，在孩子面前不能表现出过分的偏食、挑食，也不要对于食物妄加评论，免得孩子先入为主，没进食就厌恶了。

还要注意饮食的调配，经常变换花样，即一种食物可以用几种烹调方法。同时，注意食物的色、香、味、形。不爱吃煮鸡蛋的可以做成炒鸡蛋、荷包蛋、蛋饼等，不爱吃肥肉或蔬菜的可以把肉和菜剁碎，包成馄饨或饺子。让孩子吃得有兴趣、不厌烦，就要求父母得花些心思去烹调。花色品种多，孩子就没有机会去偏食、挑食。

另外，在父母自身做出努力的同时，还要注意教育孩子的方式方法。切忌采用强硬压制的方法，也不能心急发怒，习惯已经形成，改变不在一朝一夕，不然，不但不能纠正偏食、挑食的习惯，反而还把孩子的食欲搞坏了。父母应该循循诱导，利用孩子好学、好胜、好表扬的心理特点，激发孩子对多种食物的兴趣，慢慢改变偏食的习惯。

不管偏食是否有害，偏食都会造成许多不便，特别是孩子长大后要过集体生活或外出，食物安排是由不得自己的，如果常常碰到不喜欢吃的食物，就会遭受饥饿之苦。因此，从长远出发，偏食还是要尽量纠正。

宝宝的推荐食谱

蘑菇盒

【原料】蘑菇（选一样大小的蘑菇头），鸡蛋、淀粉各适量，猪瘦肉、鸡汤、葱、盐、酱油、香油各少许。

【做法】

（1）将蘑菇洗净去蒂，放水中泡开。捞出后挤去水分，摊开压平。

（2）猪肉剁成馅、葱切成末、鸡蛋打入碗内，加上淀粉、酱油、盐一起拌匀。

（3）将拌好的馅按蘑菇的大小摊在蘑菇片上，用另一片蘑菇盖起来，成为一个蘑菇盒。制好后，一个一个按顺序摆入盘中，上蒸笼蒸15分钟左右取出。

（4）另起锅将鸡汤、酱油、盐、香油适量放入锅中调成芡汁，浇在蘑菇盒上即可食用。

番茄炒蛋

【原料】番茄500克，鸡蛋5个，植物油、盐、白糖各适量。

【做法】

（1）将番茄洗净、去蒂，切成1.5厘米见方的小丁；鸡蛋打入碗中，加入少许盐，搅打均匀。

（2）将植物油放入锅内，热后先炒鸡蛋，炒后起出。锅中再加入底油，热后投入番茄煸炒，加入白糖、盐，炒匀，然后放入鸡蛋同炒几下即可。

肉丝炒蛋

【原料】猪瘦肉丝100克，鸡蛋2个，植物油、酱油、盐、料酒、高汤各适量。

【做法】

（1）将鸡蛋打入碗内，加入盐，搅匀备用。

（2）将植物油放入锅内，热后投入肉丝炒透，即倒入蛋汁翻炒，待鸡蛋结成块，翻身，加入料酒、酱油、高汤，再烧2~3分钟出锅即可。

花生核桃粥

【原料】大米、花生仁、核桃仁各50克。

【做法】

（1）大米淘洗干净；花生仁洗净，切小粒；核桃仁切碎。

（2）将大米和花生仁一起放水煮粥，煮至八成熟时放入切碎的核桃仁，用小火煮至软烂即可。

清蒸鳕鱼

【原料】新鲜鳕鱼400克，火腿末50克，葱、生姜、料酒、盐、酱油、淀粉各适量。

【做法】

（1）将鳕鱼洗净，加料酒、葱、生姜、盐腌20分钟。

（2）取出鳕鱼放入盘内，拣去腌过的葱、生姜不用，放入葱丝、姜丝、火腿末，入蒸笼，大火蒸7分钟，取出鳕鱼。

（3）淀粉和少许酱油煮成浓稠状，淋在鳕鱼上即可。

牛奶鱼丸汤

【原料】鲜鱼肉400克，牛奶40毫升，鸡蛋清1/2个，盐、料酒、姜汁、味精各少许。

【做法】

（1）把鲜鱼肉洗净，用刀背剁成泥，放入大碗里，加入鸡蛋清、料酒、牛奶，用筷子朝一个方向搅打，再加少许清水和盐、姜汁，搅打至黏稠上劲时为止。

（2）用手把鱼肉挤成小丸子，放入凉水锅中，用小火煮开，随后加入几次冷水，待鱼丸煮熟时，捞出放入大碗内。

（3）锅里的煮鱼汤内再加入少许盐、味精烧开，放入鱼丸即成牛奶鱼丸汤。

番茄肉圆汤

【原料】肉末、番茄酱、青菜、葱末、淀粉、盐、姜末各适量。

【做法】

将肉末、番茄酱、葱末、姜末、盐、淀粉和在一起朝一个方向搅拌，然后挤成桂圆大小的丸子，氽入锅内煮沸，加入青菜少许，即可食用。

红糟鸡丁

【原料】生鸡脯250克，冬笋肉100克，红糟、黄酒、干淀粉各25克，盐5克，味精少许，白糖适量，香油5克，猪油125克。

【做法】

(1) 将鸡脯用刀拍松，剞花刀，切成蚕豆大小的丁，冬笋肉切成比鸡丁稍小的丁；鸡丁肉加入黄酒、盐、红糟，再加淀粉拌匀。

(2) 炒锅置火上烧热，下入油待六成热时投入鸡丁划散，至鸡丁半熟时放入笋丁，见鸡丁已熟即倒入漏勺中控净油。

(3) 锅中加清汤少许及黄酒、白糖和猪油，将鸡丁、笋丁一齐倒入，颠翻几下，炒干汤汁，加味精和香油即可出锅。

蒸饼

【原料】面粉500克，老肥150克，香油15克，碱适量。

【做法】

(1) 取面粉30克放入碗内，加香油拌匀，擦成油酥待用，把剩余的面粉加老肥，用温水250克和成发酵面团，待面团发起，加入适量碱，揉匀，稍醒。

(2) 将面团搓成3.3厘米粗细长条，揪成10个面剂，将剂按成中间稍厚，边缘稍薄的锅底状圆皮；皮中放干油酥一小块，包成馒头状，擀成椭圆形，即成生胚。

(3) 待蒸锅上气时，将生坯摆入屉内，用旺火蒸约10分钟即熟，取下，由中间切开，即成月牙形蒸饼。

牛肉蒸饺

【原料】面粉1000克、牛肉馅500克，姜末、葱花、酱油、豆油、香油味精、花椒水、盐各适量。

【做法】

（1）将面粉放入盆中，加开水400克，边浇边拌，和成稍硬的烫面团，摊开晾凉，再揉成面团，盖上湿布待用。

（2）将牛肉馅放在盆中，加入酱油、姜末、盐、花椒水和味精拌匀；再加水500克，边倒边搅，呈稀糊状时，放入葱花和香油，拌成馅。

（3）将醒好的面团搓成六分粗细的长条，揪成5～10个的面剂（可大可小），撒上补面，按扁，擀成中间稍厚，边缘稍薄的圆皮。

（4）将蒸屉铺上屉布，用左手托皮，右手打馅，拢起包好，放入屉内，用旺火蒸15分钟即熟。

清蒸肝泥

【原料】猪肝或鸡肝125克，鸡蛋半个，香油、盐、葱花各适量。

【做法】

（1）将肝去筋膜，切成小片，和葱花一起下锅炒熟。

（2）将熟猪肝片剁成细末。

（3）将肝末放入碗内，加入鸡蛋液、清水、盐、香油搅匀。

（4）将调好的肝末鸡蛋碗上屉，旺火蒸熟即成。

冰糖薏仁粥

【原料】薏仁、冰糖各25克，山楂糕15克，桂花少许。

【做法】

（1）将薏仁用温水洗净，放入碗内，加入清水（以没过薏仁为度），上笼蒸熟，取出。

（2）山楂糕切成小丁。

（3）锅置火上，加入清水250克，放入冰糖、桂花，见冰糖糖化、汁浓时，倒入薏仁、山楂丁，待两者漂在汤上即成。

牛肉炒粉条

【原料】粉条150克，青色甜椒1个，红色甜椒1/2个，洋葱、胡萝卜各1/4个，小葱、香菇各3个，牛肉（里脊肉）100克，蒜末、料酒、胡椒粉、芝麻盐各1汤匙，酱油、砂糖、食用油、香油各少许。

【做法】

（1）将粉条煮熟后捞出，沥干水分放凉。

（2）甜椒、胡萝卜、洋葱、香菇、牛肉、小葱切成细丝。

（3）炒锅上火，倒入食用油烧热，放入洋葱和蒜末、胡萝卜略炒。

（4）依次放入牛肉丝、香菇丝和青红甜椒丝翻炒。

（5）放入煮好放凉的粉条炒热，倒入酱油、砂糖、料酒、香油、芝麻盐、胡椒粉，拌匀即成。

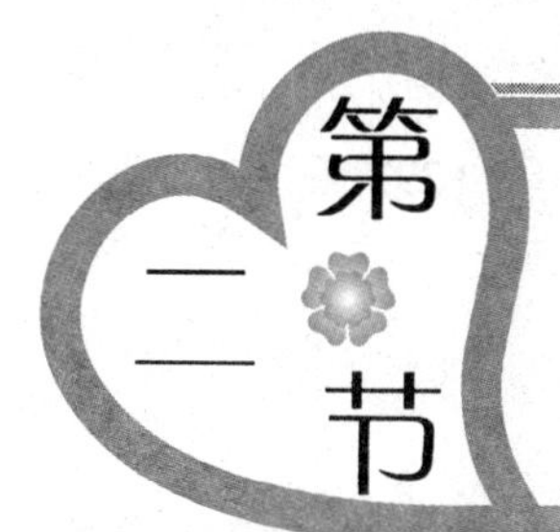

28~30个月宝宝的喂养

宝宝的身心发育

	男宝宝	女宝宝
身高	平均91.0厘米（约90.3~91.7厘米）	平均89.6厘米（约88.5~90.7厘米）
体重	平均12.9千克（约12.6~13.1千克）	平均12.4千克（约12.1~12.7千克）
头围	平均48.3厘米（约47.7~48.8厘米）	平均48.0厘米（约47.4~48.5厘米）
胸围	平均49.7厘米（约49.1~50.2厘米）	平均49.3厘米（约48.7~49.8厘米）
牙齿	18~20颗	

（1）生理特点

20颗乳牙已出齐；胃容量增大；玩球能接会反跳。

（2）心理特点

能认识几种不同颜色的物品。开始出现想象力，心理现象更为活跃丰富。出现高级情感的萌芽；认识简单行为准则。

宝宝的营养需求

2岁半的幼儿，生长速度仍处于迅速增长阶段，各种营养素的需要量较高。肌肉明显发育，尤其以下腹、臂、背部较突出。骨骼中钙磷沉积增加，乳牙已出齐，咀嚼和消化能力有了很大的进步。但胃肠功能仍未发育完全。每日按体重计算热能需要量与婴儿期相比没有增加，但仍高于成人需要量。由于生长发育的原因，蛋白质需要量高。在饮食营养素供给不足时，常易引起贫血、维生素A缺乏症、缺钙、缺少维生素引起的佝偻病。

2岁6个月的幼儿每天所需的总热量约为1226千焦（293千卡），蛋白质约每天40克，钙含量每天约530毫克。

新妈妈喂养圣经

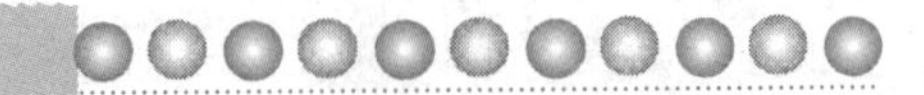

1 锌对宝宝发育的作用

2~3岁宝宝身体的各个器官快速长大，各生理系统及功能也不断发育成熟。而锌元素是宝宝成长所必需的一个重要微量营养元素，我们可以从5个方面具体了解它对宝宝生长发育所起的作用：

（1）如果宝宝的锌供给充足，可维持其中枢神经系统代谢、骨骼代谢，保障、促进宝宝体格生长、大脑发育、性征发育及性成熟的正常进行。

（2）锌能帮助宝宝维持正常味觉、嗅觉功能，促进宝宝食欲。

这是因为维持味觉的味觉素是一种含锌蛋白，它对味蕾的分化及有味物质与味蕾的结合有促进作用。一旦缺锌时，宝宝就会出现味觉异常，影响食欲，造成消化功能不良。

（3）提高宝宝免疫功能，增强宝宝对疾病的抵抗力。锌是对免疫力影响最明显的微量元素，具有直接抗击某些细菌、病毒的能力，从而减少宝宝患病的机会。

（4）锌参与宝宝体内维生素A的代谢，对维持正常的暗适应能力及改善视力低下有良好的作用。

（5）锌还保护皮肤黏膜的正常发育，能促进伤口及黏膜溃疡的愈合。

2 什么情况下要给宝宝补锌

锌与其他微量元素一样，在人体内不能自然生成，由于各种生理代谢的需要，每天都有一定量的锌排出体外。因此，需要每天摄入一定量的锌以满足身体需要。如果宝宝常出现以下不同程度的表现，可能就存在缺锌或者锌缺乏症：

（1）短期内反复患感冒、支气管炎或肺炎等。

（2）经常性食欲不振，挑食、厌食、过分素食、异食（吃墙皮、土块、煤渣等），幼儿常表现喂养困难、明显消瘦。

（3）生长发育迟缓，个头矮小（不长个），第二性征发育不全或不发育。

（4）易激动、脾气大、多动、注意力不能集中、记忆力差、学习往往落后，甚至影响智力发育。

3 膳食品种多样化对宝宝的好处

孩子在成长过程中需要各种营养素以满足生长发育的需要，除了脂肪、蛋白质、糖类等提供能量的营养素以外，还需要矿物质、维生素等微量营养素，同时水、纤维素对于宝宝也是必不可少的。世界上没有任何一种单纯的食物能提供人体所需要的全部营养素，只有摄入丰富的各种食物，才能满足全面营养的需求。

膳食品种多样化对孩子的好处不仅是为孩子的生长发育提供全面均衡的营养，而且可以让孩子从小接触各种口味，养成不偏食挑食的良好饮食习惯。家长在给孩子准备饭菜时，最好做到每天的菜谱有牛奶、鸡蛋、荤菜、素菜、水果、米面、杂粮，并且要经常吃些豆制品。菜肴要避免品种单一，每周要安排1～2次富含特殊营养成分的食品，如动物肝脏、海带等，也可以安排摄入一些硬果类如核桃、瓜子等食品。膳食品种丰富，孩子才能得到均衡的营养而健康成长。

4 多吃苹果可预防龋齿

苹果是能够预防龋齿的健康食品。由于苹果果肉中含有大量果胶的植物纤维，如果不细细咀嚼，就很难吞咽下去，因此，吃苹果的过程中自然就加固了牙齿和下颚。

要预防龋齿，就应多吃富含植物纤维的水果和蔬菜。植物纤维能促使口腔分泌出大量唾液，可以清除粘在嘴里和牙齿上的食物残渣。

5 鼓励宝宝多吃蔬菜

大部分妈妈给宝宝提供的食物都倾向于高蛋白、高热量食物，而蔬菜的营养价值并没有引起大家足够重视，因而屡屡造成宝宝只爱吃肉不爱吃菜的偏食现象。为了宝宝的营养均衡，妈妈必须采取积极的方法，鼓励宝宝多食用蔬菜。

（1）炒菜时注意色、香、味的搭配

此外，在正餐前应加点拼盘，有助于宝宝食欲的增加。

（2）生熟搭配

可以生吃的蔬菜有时可不必加工，以避免维生素的破坏和流失。而像胡萝卜必须用油脂炒才能使胡萝卜素和维生素被人体所利用，因为胡萝卜中的维生素大多是脂溶性维生素。

（3）荤素搭配

可增加宝宝的营养，使营养物充分地被吸收、合理利用，使宝宝避免挑食、厌食。

6 宝宝不宜过多服用维生素

（1）维生素A中毒症

如果幼儿大量进食猪肝、鱼肝、浓缩鱼肝油，就可引起急性或慢性维生素A中毒。中毒症状是骨痛、皮肤黏膜改变、颅内压升高等。

（2）维生素D中毒症

一些父母怕孩子得佝偻病，常给孩子过多服用鱼肝油等含维生素D的药剂，这样容易引起中毒。维生素 D 中毒的症状是食欲不振、消瘦、尿频（但尿量不多）、低热、恶心、呕吐等，严重者可表现为精神抑制、运动失调。

（3）其他维生素中毒症

过量服用维生素 C、维生素 E、维生素 K 也可出现不良反应。如大量长期服用维生素 C，可出现草酸结晶尿，有尿频、血尿，甚至尿闭等严重反应。

总之，服用维生素不可过量，必须在医生指导下正确使用，否则会适得其反。

7 不宜盲目限制脂肪摄入量

目前，人们一谈起脂肪，就会谈脂色变，唯恐摄入脂肪多了，会影响身体健康。但对于处在生长发育阶段的幼儿，机体新陈代谢旺盛，所需各种营养素相对较成人多，故脂肪也不可缺。否则，易造成以下不良影响：

（1）热能不足

每克脂肪在体内氧化后，可产生热量 37.6 千焦（9.0 千卡），约为同量糖类和蛋白质产热量的 2 倍，若饮食中含脂肪太少，就会使蛋白质转而供给热能，势必影响体内组织的建造和修补。

（2）影响脑髓发育

脂肪中的不饱和脂肪酸，是合成磷脂的必需物质，而磷脂又是神经发育的重要原料。因此，脂肪摄入不足，就会影响幼儿大脑的发育。

（3）可使体内组织受损

脂肪在体内广泛分布于各组织间，幼儿各组织器官娇嫩，发育未臻完善，更需脂肪庇护。若体脂不足，体重下降，抵御能力低下，会使机体各器官受伤害机会增多。

（4）减弱溶剂作用

脂肪是脂溶性维生素的溶剂，幼儿生长发育所必需的脂溶性维生素 A、维生素 D、维生素 E、维生素 K，必须经脂肪溶解后才能为人体吸收利用。因此，饮食中缺乏脂肪即可导致脂溶性维生素缺乏。

由上可知，对于幼儿来说，饮食中有适量脂肪是必需的，尤其是含不饱和脂肪酸的油脂更具特殊意义。

8 糕点少吃为妙

糕点是用食糖、油脂、面粉为主要原料配以鸡蛋、牛奶、果仁、豆沙、枣泥等辅料，经过烘烤、油炸或蒸制等方法制成的美味食品。不但具有香、甜、酥、脆以及花样繁多等特点，而且营养也比较丰富，所以深受人们喜爱，甚至有的家庭把糕点当作幼儿的主食和零食食用。这对宝宝健康不利。

这是因为，我国传统的糕点制作，是以油、糖、面为主料，糖在糕点中所占的比例远远高于一般正常食品，而且含油脂也很多，维生素和一些矿物质较少。因此，经常吃糕点是不符合营养要求的，特别是正处于生长发育期的幼儿，其营养不合理，就会对健康不利，比如吃糖和油脂过多，就会发胖，长成小胖墩。

幼儿常把糕点当作零食，还会影响食欲，不仅正餐食量减少，还易养成偏食的习惯，结果使生长期的幼儿得不到全面营养素，而造成营养不良，甚至引发疾病。同时，糖留在口中，还会使牙齿缺钙，造成龋齿。

9 宝宝不宜过多食用蛋类食物

鸡蛋、鸭蛋营养丰富，均含有丰富的蛋白质、钙、磷、铁和多种维生素，是很好的滋补食品，对宝宝的生长发育也有一定的益处，可适量食用。但宝宝过多食用蛋类则不利，甚至会带来不良的后果。

有些家长为了让宝宝长得壮，就千方百计地给宝宝多吃鸡蛋。这种心情是可以理解的，但不能吃得过多。因为宝宝胃肠道消化机能发育尚不成熟，分泌各种消化酶较少。如果1岁左右的宝宝每天吃3个或更多的鸡蛋，就会引起消化不良，并发生腹泻。有的宝宝由于吃蛋类过多，使体内含氮物质堆积，引起氮的负平衡，加重肾脏负担，导致疾病。

营养专家认为，婴儿最好只吃蛋黄，而且每天不能超过1个；1岁半到2岁的幼儿，可以隔日吃1个鸡蛋（包括蛋黄和蛋白）；年龄稍大一些后，才可以每天吃1个鸡蛋。另外，如果宝宝正在发热、出疹，暂时不要吃蛋类，以免加重肠胃负担。

10 如何纠正宝宝吃独食

现在宝宝都是“独生子”，所以爸爸妈妈、爷爷奶奶都十分宠爱宝宝。为了让宝宝吃好，常常单独买些或做些宝宝爱吃的食物。这样做让宝宝感到在家中的特殊地位，形成了自私的心理。部分宝宝吃惯了独食，别人吃他一点东西他就不依不饶。为了避免宝宝养成吃独食的习惯，并改正宝宝独霸抢先的坏习惯，爸爸妈妈应从吃喝等小事上注意对宝宝进行品德教育。宝宝在日常生活小事上目无他人，将来在别的事情上也只会想到自己，不关心别人。

纠正宝宝独食的毛病，要先从分食开始。吃东西时，保证每个家庭成员都有份，即使为了保证宝宝的健康给他多一些，也要让他知道，这不是他的特权，别人需要时，也要有同样的权利。吃饭时，要全家人到齐后再一起吃，不能让宝宝先上桌挑拣爱吃的东西。平时应让宝宝养成谦让的习惯。宝宝礼让时，被让人应说“谢谢”，让宝宝意识到他的行为是受到肯定的。即使被让人不吃，也要说明情况原因。如爸爸有龋齿，不能吃过甜的东西；奶奶牙不好，不能吃硬的东西等。以免让宝宝产生“反正他们不会真吃，只需假装让”的心理。

11 怎样防止铅中毒

铅中毒主要表现为造血功能受抑制，循环血量不足。铅对肾脏和神经系统危害最大，肾是体内排泄废物的地方，体内大量的铅需通过肾脏排出，而过多铅的积累，对肾脏造成损害，引发肾功能下降。慢性铅中毒的宝宝常出现贫血、软弱无力、恶心、腹痛、昏睡等现象。预防宝宝铅中毒，应首先从生活环境入手，在室内装潢时尽量选用绿色环保材料；不使用含铅较多的炊具；不吃土法制作的爆米花；室内不吸烟；室外空气不好的时候，尽量减少户外活动，避免吸入过多的废气。

12 宝宝节日饮食有讲究

(1) 要让宝宝多吃素菜

每逢节假日，家庭餐桌上最常见的就是大鱼大肉，这些都是以动物蛋白和脂肪为主的荤菜，过多食用会增加宝宝的胃肠及肾脏负担，对宝宝的健康不利。因此，妈妈在节日里应多给宝宝准备蔬菜，如油菜、菠菜、甘蓝、芹菜、花菜、番茄、南瓜、黄瓜等，这些食物富含维生素、纤维素及矿物质，对宝宝的生长发育大有益处。

(2) 合理安排宝宝的主食和副食

节日里菜品比平时丰富，宝宝很可能吃一些菜就饱了，从而不吃主食。有些妈妈索性就让宝宝以副食代替主食，她们还以为这样更有营养。殊不知如果妈妈不注意合理安排宝宝主食和副食的进食量，会导致宝宝肠胃消化吸收功能减弱，造成宝宝营养摄取不均衡，影响正常的生长发育。因此，妈妈要合理安排宝宝的主食与副食，注意荤素搭配，保证宝宝合理摄取营养素。

(3) 注意宝宝饮食安全

节日里大人们沉浸在跟亲戚朋友小聚的欢乐氛围中，很容易忽略对宝宝的照顾，而宝宝生性好动，一疏忽宝宝就可能发生危险，如在玩闹时候吃豆状零食呛入气管等。因此，妈妈不要给宝宝吃果冻。宝宝吃花生等豆状食物时，妈妈要在旁边注意观察，以防呛入气管威胁宝宝的安全。另外，给宝宝吃带刺或骨头的食物时，一定要小心将刺或小骨头择干净，以免扎伤嗓子。

宝宝的推荐食谱

鸡蛋面片汤

【原料】面粉400克，鸡蛋4个，油菜心50克，香油、酱油、盐、味精各适量。

【做法】

（1）将面粉放入盆内，加入鸡蛋液，和成面团，揉好，擀成薄片。

（2）将面片切成小块。

（3）油菜心择洗干净，切末。锅内倒入适量水，上火烧开，然后把面片下入，煮好后，加入油菜末、酱油、盐、味精，淋入香油即成。

肝糕鸡泥

【原料】生猪肝、生鸡胸脯肉各25克，鸡蛋2个，鸡汤（或肉汤）、盐、香油、味精各适量。

【做法】

（1）将生猪肝洗净，剁成泥。

（2）将生鸡胸脯肉洗净，用刀背砸成肉泥。

（3）将肝泥与鸡泥放入大碗中，兑入温鸡汤。鸡蛋打入另一个碗中，充分打匀后，倒入肝泥碗中，加适量盐、味精，充分搅匀，然后放入蒸笼中，中火蒸10分钟左右，取出，淋上香油即成。

红枣葡萄干土豆泥

【原料】土豆100克，葡萄干、红枣各25克，蜂蜜少许。

【做法】

（1）将葡萄干用温水泡软，切碎。

（2）土豆洗净，蒸熟去皮，趁热做成土豆泥。

（3）红枣煮熟去皮、去核，剁成泥。将炒锅置火上，加水少许，放入土豆泥、红枣泥及葡萄干，用微火煮，熟后加入蜂蜜调匀即可。

土豆肉末粥

【原料】大米、土豆各50克，猪瘦肉25克，植物油、盐、葱末、五香粉、味精各适量。

【做法】

（1）将土豆削皮洗净，切成碎丁。

（2）猪肉洗净，切成碎末。大米淘洗干净。

（3）起油锅烧热，放入葱末、五香粉爆锅，速将肉末入锅猛炒，待肉变色时，即加水及大米煮粥，米粒伸长后再加入土豆丁、盐，用小火煮烂为止，停火后加味精调味。

三色炒蛋

【原料】鸡蛋3个，松花蛋1个，熟咸鱼15克。植物油少许，盐、味精、胡椒粉少许，及葱花少许。

【做法】

（1）将松花蛋和熟咸鱼分别切成0.5厘米见方的小丁。

（2）将鸡蛋打入碗内，加入葱花、盐、味精、胡椒粉打匀，再加入松花蛋和咸鱼丁。

（3）将油放入锅内，烧热，把蛋汁倒入，炒熟即可。

太阳肉

【原料】猪肉馅、鸡蛋各适量，植物油、香油、酱油、盐、葱姜末、水淀粉、清水各少许。

【做法】

（1）将肉馅放入盆内，加入葱姜末、酱油、盐、水淀粉及水，搅拌均匀成馅。

（2）将小盘抹一层植物油，把肉馅均匀地放入盘内，摊开呈中间低四边高形状，然后将鸡蛋分别磕入盘内的肉馅上面，上笼用旺火蒸15分钟即可。

翡翠蛋饼

【原料】菠菜、鸡蛋、熟鸡胸脯肉（熟猪瘦肉）各适量，盐、植物油、葱花各少许。

【做法】

（1）将菠菜洗净，切成碎末。

（2）鸡胸脯肉或熟猪瘦肉切成碎末。

（3）鸡蛋打入碗中，加盐、葱花，充分搅打直到蛋液起泡。然后将肉末、菠菜末放入蛋液中搅拌均匀。

（4）锅中倒入植物油，待油烧至六成热时即将蛋液倒入锅中。轻轻转动炒锅，使鸡蛋凝成圆饼。煎到两面焦黄就可出锅。

鸡血豆腐汤

【原料】豆腐4块，鸡血150克，木耳40克，菠菜100克，熟豆油50克，盐4克，味精3克，鲜汤1000毫升。

【做法】

（1）将鸡血、豆腐均切成3.3厘米长、1.3厘米宽、0.7厘米厚的片。菠菜择洗干净，切成3.3厘米长的段，用沸水焯一下捞出。

（2）汤锅置旺火上，放油烧热，加入鲜汤烧开，放入豆腐、鸡血，待汤再开时，放入菠菜、木耳、盐、味精，起锅盛入汤碗内即成。

蛋黄山药粥

【原料】山药100克，鸡蛋黄1个，大米、小米各50克，白糖少许。

【做法】

（1）将山药去皮，切碎，加水煮沸2～3次，弃水。

（2）鸡蛋煮熟后去壳，去蛋清，蛋黄碾碎。

（3）大米、小米淘洗干净，入锅，放适量水，煮至八分熟时，放入山药、蛋黄，搅匀继续煮熟，再放入少许白糖，搅匀即成。

菜肉粥

【原料】粳米50克，青菜30克，瘦猪肉20克，盐、油、味精各少许。

【做法】

粳米洗净，猪肉剁成肉末，同水加入锅内大火烧开后小火熬40分钟，放进青菜末煮开3～5分钟，加入少许盐、油、味精即成。

凉拌香椿芽

【原料】咸香椿芽150克，青蒜、熟香肠各50克，酱油、糖、香油、味精各适量。

【做法】

（1）咸香椿用冷开水过一下，切成3.3厘米长的段；青蒜洗净、烫过，切成3.3厘米长的段；香肠切成丝。

（2）把三样都放在一个盘里，放进酱油、糖、香油、味精拌匀即可。

酒酿肉

【原料】五花猪肉500克，雪菜150克，素油250克（耗50克），酒酿、花椒、红酱油适量。

【做法】

（1）把肉洗净入锅，加水煮至六成熟，出锅沥干水入盆，将酒酿汁抹在肉皮上。

（2）开油锅油热放进肉炸呈金黄色，切成4.95厘米长、3.3厘米宽的块，逐块摆入碗，淋上红酱油，加上花椒。

（3）雪菜洗净切碎，撒在肉上，入笼蒸15分钟即可。

炒人参里脊肉

【原料】里脊肉250克，生晒参15克，素油75克，淀粉、黄酒、盐、葱、姜丝各少许。

【做法】

（1）将肉洗净切片，加酒、盐、淀粉上浆。

（2）人参切片加少许水放入有盖的容器中隔水蒸0.5小时，参汤沥出调淀粉芡。

（3）油锅烧开后将肉片入锅炒熟，下进葱、姜丝炒匀，水淀粉勾芡，装盘时将参片放在上面即可。

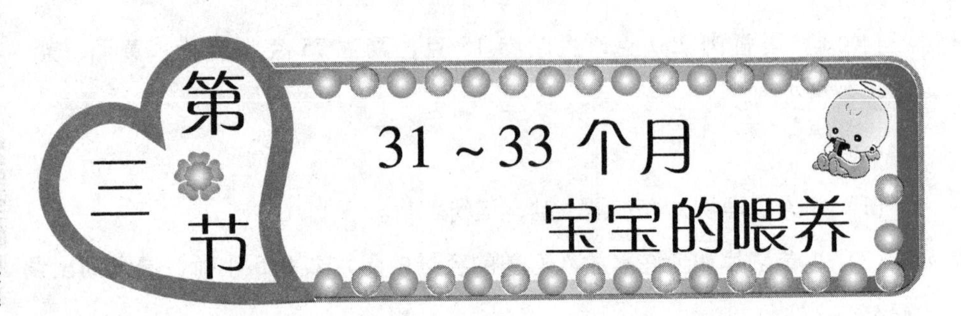

宝宝的身心发育

	男宝宝	女宝宝
身高	平均92.4厘米（91.4～93.4厘米）	平均91.0厘米（90.3～91.7厘米）
体重	平均13.3千克（13.0～13.5千克）	平均12.9千克（12.6～13.1千克）
头围	平均48.5厘米（47.9～49.0厘米）	平均48.3厘米（47.7～48.8厘米）
胸围	平均50.0厘米（49.5～50.5厘米）	平均49.7厘米（49.1～50.2厘米）
牙齿	20颗乳牙	

（1）生理特点

脑的重量达1000克，神经纤维迅速发展；能自如的调节自己的动作，会独脚站立。双手动作协调地穿串珠。

（2）心理特点

会用简单句与人交往，还会用连词。体会“完成任务”的喜悦。

宝宝的营养需求

2岁半后，幼儿乳齿刚刚出齐，咀嚼能力不强，消化功能较弱，而需要的营养量相对高，所以要为他们选择营养丰富而易消化的食物。饭菜的制作要细、碎、软，不宜吃难消化的油炸食物。要有充足的优质蛋白。幼儿旺盛的物质代谢及迅速的生长发育都需要充足的、必需氨基酸较齐全的优质蛋白。幼儿膳食中蛋白质的来源，一半以上应来自动物蛋白及豆类蛋白。热量适当，比例合适。热量是幼儿活动的动力，但供给过多会使孩子发胖，长期不足会影响生长发育。膳食中的热能来源于三类产热营养素，即蛋白质、脂肪和碳水化合物（糖类）。三者比例有一定要求，幼儿的要求是：蛋白质供热占总热量的12% ~15%，脂肪供热占25% ~30%，糖类供热占50%左右。各类营养素要齐全，在一天的膳食中要有以谷类食品为主，有供给优质蛋白的肉、蛋类食品，还要有供维生素和矿物质的各种蔬菜。

新妈妈喂养圣经

1 根据宝宝的体质选择食物

家长既要根据不同的季节，又要根据宝宝的体质偏热或偏凉的情况，合理地挑选不同性质的食品来组织一日三餐的食谱，这样才有利于孩子的健康。

孩子之间存在着个体差异，有的孩子体质偏热，有的孩子体质偏凉。对于不同体质的孩子，家长在为孩子选择食物时应有所考虑，否则很可能因进食不当对孩子健康造成损害。

体质偏凉的孩子表现为胃肠道功能不良，大便不成形，不爱喝水，怕冷，尿多，性格偏静，舌苔白等，这类孩子稍受点凉或饮食不当就容易拉肚子，夏天吃冷饮容易肚子疼，多吃一点西瓜、梨等凉性的食物就会发生胃肠道不适，或者发生腹泻。对于这类孩子，家长在给孩子选择食物时应该注意避免让孩子吃过多的寒凉性食品，如凉奶、生黄瓜、梨、西瓜等。由于这类孩子不爱喝水，家长应提醒孩子注意补充水分。

体质偏热的孩子表现为喜欢喝水，大便偏干，小便偏黄，舌苔黄，有时嘴里有异味，怕热，性格多动等，这类孩子在稍多吃点橘子、荔枝、巧克力、油炸食物时容易出现嘴唇疱疹、口腔溃疡、大便干燥、牙龈肿胀、眼屎多、鼻子发炎等。对于这类体质偏热的孩子，家长在为孩子选择食物时应适当限制温热性食品的摄入，如少吃火锅、油炸食品，不要大量吃荔枝、橘子等水果，平时应让孩子多吃凉性的蔬菜水果。

无论是体质偏热或偏凉的孩子，在饮食方面都不要经常挑选与体质不相适应的食品。体质偏热的孩子可以多吃些平性或寒凉性食品，体质偏凉的孩子可以多吃些平性或温热食品。即便是体质上正常的孩子，如果吃太多的热性食品，或吃太多的凉性食品，超过了孩子的身体适应能力，也会损害孩子的健康。

2 根据宝宝的体重调节饮食

单纯性肥胖的主要原因是营养过剩，宝宝每日吃得过多，又缺乏适宜的体育锻炼，摄入的热量超过消耗量，体内剩余的热量转化为脂肪堆积在体内引起肥胖。

对宝宝来说，究竟体重是多少才算是肥胖？宝宝的体重超过标准体重10%为超重，超过20%为肥胖，超过40%为过度肥胖。下面的公式提供给爸爸妈妈，可以以此测量自己宝宝的体重是否正常：

(2~3岁)标准体重(千克)=(月龄×2)÷8

防治单纯性肥胖的主要方法是控制饮食和增加运动。控制饮食可以使吸收和消耗均衡，肥胖可以不再发展；而运动可增加皮下脂肪消耗，使肥胖逐渐减轻，增强体质。肥胖儿体重增加后，心肺负担加重，体力较差，所以即使增加运动量，也要切记不能急于求成。爸爸妈妈可以帮助宝宝循序渐进地控制饮食，加强锻炼。

3 冬季寒冷时应让宝宝多吃哪些食物

冬季气温较低，为使宝宝适应低温环境，除增加衣服外，合理地选择营养食品，保持机体的耐寒力也十分重要。

天气寒冷时，宝宝在室外活动会增加热能消耗。饮食上宜选择面粉、大米、芝麻、核桃仁、牛奶等热量高的食品，以满足其身体耐寒的需要。

气温降低时，有些宝宝不能很快适应外界环境，这与体内蛋白质分解代谢增加有关。宜多食奶类、蛋类、内脏、瘦肉、虾、豆制品等蛋白质含量较高的食物，增加体内蛋白质的储备量。

人体脂肪具有隔热保温作用，平时吃些花生、大豆、奶制品、蛋制品、肉类、鱼类等含脂肪较高的食物，可增加肌肤保温的作用。

还可选择山楂、枣、柑橘、栗子、动物肝脏等，以补充宝宝体内维生素的不足。

在冬季，宝宝宜吃热的饭菜，可多喝些菜汤、米粥，不宜多吃油腻及寒凉的食物。如果宝宝身体虚弱，可选用红枣炖兔肉、核桃粥、羊肉羹等药膳食品。用饮食疗法补身体之虚，以增强宝宝体质，提高其抗寒能力。

4 多吃组氨酸食物

临床研究证明，组氨酸是人体必需的氨基酸之一，对幼儿生长发育极为重要。原因是组氨酸能促进幼儿的免疫系统功能尽早完善，强化生理性代谢机能，稳定体内蛋白质的利用节奏，促进幼儿机体发育。

然而，由于幼儿机体可塑性较大，代谢速度快，这就势必大量消耗组氨酸。为此，幼儿每日所需组氨酸摄取量要高出成人几倍。但因人体缺乏自身合成组氨酸的整套酶系统，所以，组氨酸必须严格依赖食物蛋白质或氨基酸食品来供给。若其来源不足，将导致幼儿抗病能力低下，产生贫血、乏力、头晕、畏寒等不良征兆。经科学测定，黄豆及豆制品、鸭蛋、带皮鸡肉、牛肉、皮蛋、玉米、标准面粉、土豆、粉丝等食物富含组氨酸，幼儿可多食。

5 宝宝胃口不好是怎么回事

有些宝宝总不好好吃饭，一碗饭吃两口就不吃了，为什么宝宝胃口不好呢？

（1）宝宝进食的环境和情绪不太好

不少家庭没有宝宝吃饭的固定位置；有些家庭没让宝宝专心进餐；还有些家长依自己主观的想法，强迫宝宝吃饭，宝宝觉得吃饭是件痛苦的事情。

（2）宝宝肚子不饿

现在许多父母过于疼爱宝宝，家里各类糖果、点心、水果敞开让宝宝吃，宝宝到吃饭的时候就没有食欲，尤其是饭前1小时内吃甜食对食欲的影响最大。

（3）饭菜不符合宝宝的饮食要求

饭菜形式单调，色香味不足，或者是没有为宝宝专门烹调，只把大人吃的饭菜分一点给宝宝吃，饭太硬，菜嚼不动，使宝宝提不起吃饭的兴趣。

（4）一些疾病的影响

如缺铁性贫血、锌缺乏症、胃肠功能紊乱、肝炎、结核病等，都有食欲下降的表现，这些病要请医院的医生帮助诊断并进行相应的治疗。

对于胃口不好的宝宝，家长应在教养方法、饮食卫生及饮食烹调等方面试着进行些调整，观察一下效果。在调整进食方式上不要操之过急，但也不能心太软，一定要逐步做到进餐的定时、定点、专心与温馨的气氛。

6 宝宝营养不良有什么表现

幼儿发生营养不良，会有以下相应表现：

（1）行为反常

孩子不爱交往，行为孤僻，动作笨拙，可能缺乏维生素C；夜间磨牙、手脚抽动、易惊醒，常是缺乏钙质的一种信号。

（2）消瘦、体重下降或过度肥胖

部分肥胖孩子是因为挑食、偏食等不良饮食习惯，造成某些微量营养素，主要包括维生素B_6、维生素B_{12}、尼克酸等以及锌、铁等元素摄入不足所致。

（3）情绪变化

宝宝变得郁郁寡欢、反应迟钝、表现麻木可能是缺乏蛋白质与铁；体内

B族维生素不足的宝宝忧心忡忡、惊恐不安、失眠健忘、情绪多变、爱发脾气等，与甜食摄入过多有关；宝宝固执任性，胆小怕事可能是因为维生素A、B族维生素、维生素C与钙质摄取不足。

（4）面部“虫斑”

民间认为，孩子脸上出现“虫斑”是肚子里有蛔虫寄生的标志，事实并非如此，这种以表浅性干燥鳞屑性浅色斑为特征的变化，实际上是一种皮肤病，谓之“单纯糠疹”，源于B族维生素缺乏，同样是营养不良的早期表现。

（5）其他

早期营养不良症状还有恶心、呕吐、厌食、便秘、腹泻、睡眠减少、口唇干裂、口腔炎、皮炎、手脚抽搐、共济失调、舞蹈样动作、肌无力等。

当然，孩子是否真正营养素缺乏，还必须通过咨询营养医生或者有经验的儿科大夫，家长不要盲目武断下结论，或者自行补充某种营养素，以免破坏营养均衡，造成更严重的后果。

7 怎样预防宝宝营养不良

（1）预防幼儿营养素缺乏首先要注意的是，宝宝在妈妈肚子里的时候，准妈妈就要注意营养，孕妇在怀孕6个月后应做好定期产前检查，并注意摄取丰富的营养和足够的热量，预防生出低体重儿。

（2）出生后尽可能用母乳喂养。妈妈要培养良好的饮食习惯，不偏食，不挑食，饮食定量。母乳不足的要及时添加配方奶粉等代乳品，按时添加辅食，保证其质量。

（3）因为幼儿的消化系统还没有发育完全，消化吸收能力还较弱，幼儿膳食不能和成人膳食完全一样，在烹调过程中要特别注意食物柔软易消化，并保证食物有好的色、香、味、形，以促进孩子食欲，同时，加工过程要尽量减少营养素的损失。

（4）平时，宝宝应有充足的睡眠，适当的体育锻炼，愉快的心情。要注意预防疾病，定期去宝宝保健部门，接受专业儿保医生的指导。

8 科学喂养防止宝宝长龅牙

颌骨的异常发育会使宝宝出现龅牙，除此之外，不正确的喂养方法也是导致宝宝长出龅牙的罪魁祸首。例如，很多2岁以上的宝宝还在用奶瓶喝水，使宝宝产生奶瓶依赖，慢慢养成咬手指、咬筷子等不良习惯，这些习惯最终都会导致宝宝出现龅牙等牙齿畸形。

另外，宝宝的食物过于精细也是导致宝宝出现龅牙的原因之一。食物过于精细使宝宝牙齿和口腔内外的肌肉得不到有效的锻炼，其颌骨就不能良好地发育，从而影响宝宝的牙齿发育。

要想预防宝宝长龅牙，应该在宝宝很小的时候就教会他使用勺和杯并逐渐脱离奶瓶，学会用杯子喝奶和喝水。妈妈也要注意多给宝宝吃玉米、甘蔗、番薯干、牛肉干、苹果等富含纤维的食物，以达到锻炼宝宝咀嚼能力的目的，能有效刺激颌骨的生长发育，避免宝宝牙齿畸形。

9 怎样避免摄入致敏物质

宝宝吃了某种食物后表现出了湿疹，血管神经性水肿，甚至出现腹痛、腹泻或哮喘等症状，这说明宝宝对此种食物过敏。

这就要求爸爸妈妈在给宝宝调节食谱时避免摄入致敏食物，尤其应留心过敏体质的宝宝，如果宝宝误食了致敏食物会使病情加重或复发。

要判断哪种食物使宝宝过敏，爸爸妈妈就应仔细观察或去医院做皮肤过敏实验、食物负荷试验等，以此来协助诊断。平时，如宝宝食用某一食物后出现过敏症状，之后渐渐消失，再次食用又出现相同症状，如此反复几次即可初步判断宝宝对此食物过敏。

最常见的引起过敏的食物是异性蛋白食物，如大虾、鱼类、动物内脏、鸡蛋（尤其是蛋清等）。个别宝宝对某种蔬菜也过敏，如黄豆、毛豆等豆类，蘑菇、木耳等菌类。个别宝宝对香菜、韭菜、芹菜也会过敏。

尽量避免宝宝食用使其过敏的食物，等宝宝再长大一些，消化能力增强，免疫功能日趋完善时，有可能逐渐脱敏。

10 宝宝不宜使用油漆筷子

年轻的父母一定不要给孩子使用油漆筷子。油漆属于大分子有机化学涂料，按其种类不同，分别含有氨基、硝基、苯、铅等有害成分，尤其是硝基在人体内与氮质产物结合形成亚硝胺类物质，具有强烈的致癌作用。

如果筷子上的油漆在使用过程中脱落，随食物进入人体，会损害健康。而宝宝对这些化学物质特别敏感，对苯、铅等有毒物质的承受力很低。

因此，不宜给宝宝使用油漆筷子，最好选用本色的木筷和竹筷。

11 宝宝不宜使用塑料餐具

有许多家长喜欢给宝宝用塑料杯、塑料碗盛食物或水，因为这些五颜六色的塑料餐具可以吸引宝宝，又不易损坏。但是，宝宝不宜用塑料食具。

制作这些塑料餐具的主要原料是脲醛和三聚氰胺甲醛塑料，后者简称密胺塑料。在制造这些塑料时，如压制时间短，则有大量游离甲醛存在，这些甲醛可溶解于酸性或高温的食品中，使人的肝脏受损害。

在制造塑料制品的过程中，常加入增塑剂、稳定剂、着色剂、抗静电剂等物质，有的含有铅等重金属。当塑料制品老化时，会释放出这些添加剂。这些有毒物质对宝宝健康是非常不利的。所以宝宝吃饭、喝水最好不要用塑料餐具。

宝宝的推荐食谱

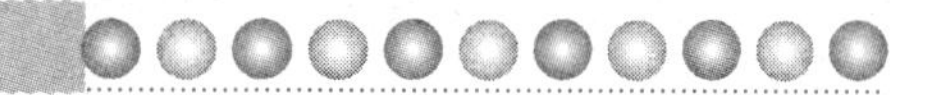

卷心菜小肉卷

【原料】嫩卷心菜叶 1 张，高汤 1 杯，牛肉末和猪肉末各 1 大勺，鸡蛋液 1 大勺，面包屑 2 大勺，洋葱末 1 汤匙，胡椒粉少许，番茄酱 1 汤匙。

【做法】

(1) 将卷心菜嫩叶煮熟捞出，沥干水分，切两片。

（2）将肉末、鸡蛋汁、面包屑、洋葱末搅打成馅心。

（3）在肉馅中撒少许胡椒粉拌匀。将一分为二的卷心菜叶铺平，放入肉馅，卷成小包。

（4）锅中倒入高汤，加少许番茄酱烧开，放入包好的卷心菜肉卷，煮至肉卷熟透即可。

蘑菇炒豆腐

【原料】嫩豆腐1块，洋葱1/3个，虾5只，蘑菇2个，小葱30克，红尖椒1个，豆瓣酱1大勺，酱油1汤匙，香油少许，食用油适量。

【做法】

（1）将嫩豆腐切成合适大小，洋葱切丝，虾洗净去皮，挑去沙线。

（2）蘑菇洗净，沥干水分，尖椒和葱切成细丝。

（3）炒锅上火，加油烧热，用蒜末爆锅，依次放入洋葱、虾、蘑菇和豆腐炒热，放入豆瓣酱略炒。

（4）出锅前滴入香油和酱油即成。

木樨肉

【原料】猪肉100克，鸡蛋2个，黑木耳10克，料酒1大匙，酱油1大匙，食用油、盐、水、淀粉各适量。

【做法】

（1）猪肉洗净切丝，放入碗内加入料酒，适量蛋清、盐和淀粉拌匀备用；木耳洗净切丝。

（2）锅烧热，多放些油烧热，把肉丝放入煸炒至熟，倒入鸡蛋炒熟，再放入木耳丝，最后放入酱油和适量水，调好口味，翻炒匀透，装盘即可。

猪血豆腐青菜汤

【原料】猪血、豆腐各100克，青菜50克，虾皮10克，盐少许。

【做法】

（1）将猪血、豆腐分别切成小块；青菜洗净切碎。

（2）锅置火上，放入适量清水，水开后，加入少量的虾皮、盐，再加入豆腐、青菜、猪血，煮3分钟即可。

生菜肉汁麦片羹

【原料】生菜30克，猪骨100克，姜片50克，赤豆、淀粉各适量，小葱、黄酒、盐、味精各少许。

【做法】

（1）将生菜洗净切成小片；汤骨洗净劈断备用。

（2）锅中放入猪骨，烧开后撇去浮沫，放赤豆、黄酒、葱末，用中火煮30分钟，捞出猪骨和赤豆。

（3）在猪骨汤中放入葱、姜，然后加入生菜，淋入湿淀粉勾芡，再加入盐和味精即成。

三色炒蛋

【原料】鸡蛋3个，松花蛋1个，熟咸鱼75克，花生油65克，盐3克，味精1克，胡椒粉1克，葱花少许。

【做法】

（1）将松花蛋和熟咸鱼分别切成0.5厘米见方的小丁。

（2）将鸡蛋磕入碗内，加入葱花、盐、味精、胡椒粉打匀，再加入松花蛋和咸鱼丁。

（3）将花生油放入锅内，烧热，把蛋汁倒入，炒熟即成。

煸烧肘子

【原料】猪肘1个，素油25克，酱油150克，黄酒50克，花椒粉、糖、姜块、葱段、茴香各适量。

【做法】

（1）将肘子洗净、去毛，切成5厘米见方的块，用热水洗过。

（2）锅放油烧热，油温七成，下进肘子煸透，加水250克，黄酒、生姜（拍扁）、葱、花椒粉、茴香，旺火烧开，文火烧烂，加糖，收汤即可。

茶叶烧鲤鱼

【原料】鲤鱼500克，绿茶25克，素油、酱油、盐、黄酒、糖、醋、生姜、葱末、味精、淀粉各适量。

【做法】

（1）鲤鱼去鳞、鳃、内脏洗净，两边肉厚处划3直刀，用盐、酒腌10分钟；茶叶用开水泡3次，每次泡5分钟，用开水150克左右，共泡茶水500克左右备用。

（2）油锅烧开后将鱼拍上淀粉入锅炸透滗去油。

（3）加酒、酱油、糖、醋、葱、生姜、茶叶水旺火烧开，文火烧至汁剩100克时下味精，水淀粉勾芡即可。

水晶黑鱼

【原料】黑鱼500克，蛋清1只，熟火腿丝25克，黄酒、葱、生姜、食用油、香油、胡椒粉、盐、白糖、味精、水淀粉各适量，花生油、油少许。

【做法】

（1）黑鱼去鳞、内脏，连皮切成片，加酒、蛋清、水淀粉、少许花生油拌匀腌15分钟。

（2）油烧热，略降温爆葱、姜丝，加少许水煮开，下鱼片氽熟捞起。猪油少许烧热加鱼汤、酒、盐、白糖、胡椒粉、味精，煮沸勾薄芡，淋上鱼片再浇香油，撒上火腿丝、葱丝即可。

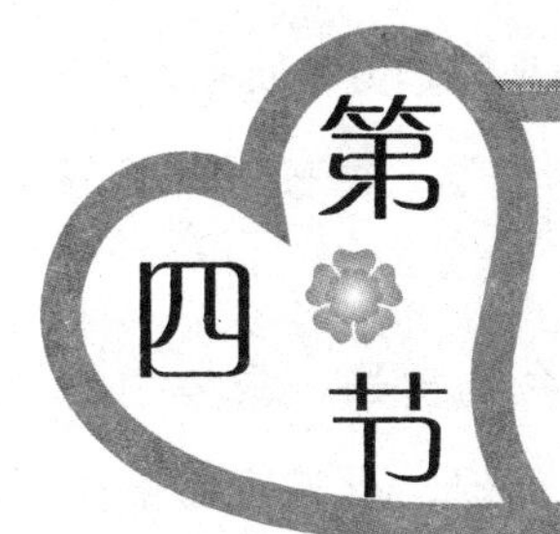

34~36个月宝宝的喂养

宝宝的身心发育

	男宝宝	女宝宝
身高	平均93.6厘米（93.4~93.8厘米）	平均92.6厘米（91.6~93.5厘米）
体重	平均13.8千克（13.5~14.0千克）	平均12.9千克（12.5~13.2千克）
头围	平均49.0厘米（48.9~49.1厘米）	平均48.5厘米（48.2~48.8厘米）
胸围	平均50.5厘米（50.4~50.6厘米）	平均50.1厘米（49.8~50.4厘米）
牙齿	20颗乳牙	

（1）生理特点

自主性很强，能随意控制身体的平衡与跳跃动作；能有目的地用笔、剪刀、筷子等手的精细技巧；会单腿蹦、走S线。

（2）心理特点

求知欲旺盛，记忆力、思考能力及想象力发展很快。

宝宝的营养需求

儿童与成人每天饮食都应当平衡搭配适当，这样才有利于身体的营养吸收和利用。每顿应以主要供热量的粮食作为主食，也应有蛋白质食物供给，作为幼儿生长发育所需的物质，奶、蛋、肉类、鱼和豆制品等都富有蛋白质。人体需要的20种氨基酸主要从蛋白质食物中来，各类蛋白质所含氨基酸种类不同，必须相互搭配，摄入氨基酸才能全面。如豆腐拌麻酱，氨基酸可以互相补充，其营养相当于动物瘦肉所提供的营养，这种互相补充叫做蛋白质互补。

蔬菜和水果是提供维生素和矿物质等微量元素的来源，每顿饭都应有一定数量的蔬菜才符合身体需要。

有些家庭早饭只是牛奶、鸡蛋，不提供碳水化合物食品，身体为了维持上午所需热量，只好将宝贵的蛋白质当做热能消耗掉，影响宝宝的生长发育；有些家庭早上只有粥、馒头、咸菜之类，只能供热能用，无蛋白质食品也不符合幼儿生长发育的需要。幼儿食物烹调要符合消化功能，即细、软、烂、嫩，还要适合幼儿口味，避免用调味品，如味精、花椒、辣椒、蒜等。

新妈妈喂养圣经

1 建立良好的膳食制度

2.5~3岁幼儿的饮食，要定时定量。一般每天三餐一点，每餐间隔4小时，每餐进食量为50克主食外加等量的辅食。

2.5~3岁幼儿的胃容量较小，约为680毫升。过度的或不足的进食都会改变幼儿胃的运动状况，不利于消化食物，所以要定量进餐。在一般混合膳食时，胃把摄入的食物排入肠道的时间大约是4小时，也就是说在每次进餐后4小时，由于没有了食物就会产生饥饿感。因此，为幼儿安排进餐时间间隔都是4小时左右。

由此可见，幼儿的饮食需要定时定量，要为幼儿建立起良好的膳食制度。

2 宝宝每天的需水量

人体含有大量的液体统称为体液。幼儿的体液约占其体重的65%。

婴幼儿处在生长迅速、组织细胞增长快的阶段，身体需大量积蓄水分。而婴幼儿肾小管的吸收功能未发育完善，浓缩尿的能力差，但身体新陈代谢旺盛，排出代谢废物较多，所以排尿量也相对较多。因此，需要科学地给婴幼儿补充水分，使他们的体液达到平衡。

婴幼儿每天的需水量是成人的2～3倍。2～3岁的幼儿每天每千克体重需水100～140毫升，每天总需水量为1300～1540毫升，为4～5杯水。

3 纯净水不是最适合宝宝的

随着生活条件的改善，有些家庭为了避免污染，专门选购纯净水、桶装水给宝宝喝，殊不知，这样做会事与愿违，对宝宝的健康不利。

纯净水经过一定的工艺进行了过滤净化，虽然清除了水中的杂质，但同时也滤过和清除了水中的矿物质，长期服用对宝宝的生长发育不利。另外，目前市场上的桶装纯净水质量难以保证，如果不能很快地用完，放置时间长了还有滋生细菌的可能，如果再不注意定期对饮水机进行清洗消毒，饮用后更容易生病。

那么给宝宝喝什么水好呢？其实就是符合卫生标准的普通白开水。白开水不甜不腻，口感清爽，最解渴，也不影响宝宝的食欲，还能提供人体所需要的一些矿物质。因此，家长应从小培养宝宝喝白开水的习惯，不要长期给宝宝饮用纯净水。

4 不要强迫宝宝进食

父母总想让宝宝多吃些，有的父母看到宝宝不肯吃饭，就十分着急，软硬兼施，强迫宝宝进食，殊不知这会严重影响宝宝的发育。

为了避免父母的责骂，宝宝要在极不愉快的情绪下进食，没有仔细咀嚼硬咽下去，宝宝根本感觉不到饭菜应有的可口香味，对食物毫无反应，久而久之，就会厌烦吃饭。

宝宝在惊恐、烦恼的心境下进食，即便把饭菜吃进肚子里，也不会将食物充分消化和吸收，长期下去，消化能力减弱，造成营养吸收障碍，更加重拒食，影响宝宝正常的生长发育。

强迫宝宝进食，往往会引起宝宝反感，甚至把吃饭当做一种负担，害怕吃饭，不利于宝宝养成良好的进餐习惯。

一般来说，宝宝吃多吃少，要由他们正常的生理和心理状况决定，绝不能以爸爸妈妈的主观愿望为准强迫宝宝吃饭。此外，让宝宝保持愉快的情绪进餐尤为重要，只有愉快地进餐，才有利于唾液和胃液的分泌，容易消化，比较有利于宝宝的脾胃。

5 别让宝宝吃太饱

宝宝全身的各个器官都处于一个幼稚、娇嫩的阶段，它们的活动能力有限，如消化系统器官所分泌的消化酶的活力比较低，量也比较少，如果吃得太饱，会加重消化器官的工作负担，引起消化吸收不良。所以，一定要有计划地供给食品，使宝宝始终保持一个正常的食欲。

6 不宜让宝宝进食时含饭

有的宝宝吃饭时爱把饭菜含在口中，不嚼也不吞咽，俗称“含饭”。这种现象往往发生在婴幼儿期，多见于女孩，以家长喂饭者为多见。

宝宝“含饭”大多是由于家长没有从小让其养成良好的饮食习惯，不按时添加辅食，宝宝没有机会训练咀嚼功能。

这样的宝宝常因吃饭过慢过少，得不到足够的营养素，营养状况差，甚至出现某种营养素缺乏的症状，导致生长发育迟缓。

对于“含饭”的宝宝，家长只能耐心地教，慢慢训练，可让孩子与其他宝宝同时进餐，模仿其他小朋友的咀嚼动作，随着年龄的增长慢慢进行矫正。

7 过量食用生冷瓜果的危害

婴幼儿的消化功能不完善。夏天天气炎热，食欲又欠佳，消化道中的消化酶分泌较少，酶的活力也较低。如果吃了过多的生冷瓜果，因糖分较多，再加上冷的刺激，因而影响食物的消化吸收，而造成消化紊乱。如不能积极治疗而拖延下来，变成慢性，会造成宝宝营养不良症。所以吃过多的生冷瓜果对宝宝是不利的，少量适当吃一点则不至于影响健康。

8 宝宝喝豆浆的注意事项

豆浆是公认的营养饮品，长期饮用可促进身体的健康发育。但给宝宝喝豆浆也不是百无禁忌的，要注意以下几点：

（1）豆浆性寒，消化不良的宝宝要少喝。

（2）忌不彻底煮开。因为生豆浆里含有皂素、胰蛋白酶抑制物等有害物质，所以要彻底煮开后再给宝宝喝，否则会使宝宝出现恶心、呕吐、腹泻等症状。

（3）给宝宝喝豆浆时不要在里面加鸡蛋。蛋清中的黏性蛋白会与豆浆里的胰蛋白酶结合，产生不易被人体吸收的物质，使豆浆失去原有的营养价值，也不利于宝宝的消化吸收。

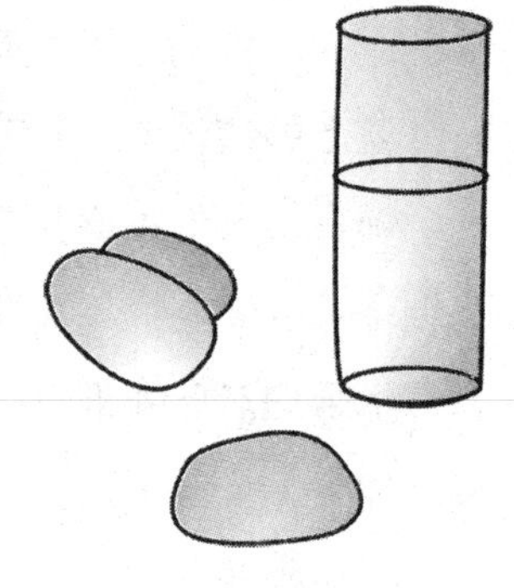

（4）给宝宝喝豆浆时不要加红糖。红糖里含有有机酸，它们能与豆浆里的蛋白质和钙质结合，产生醋酸钙、乳酸钙等块状物，这不仅使豆浆失去原有的营养价值，也会影响宝宝的吸收。

（5）不要用保温瓶储存豆浆。豆浆如果装在保温瓶内保存，很容易使细菌大量繁殖，3～4 小时后豆浆就会变质，如果宝宝饮用了变质豆浆，会出现呕吐、腹泻等不适症状。

（6）不要用豆浆服药。有些抗生素类药物如红霉素会破坏豆浆里的营养成分，宝宝如果用豆浆来服用这类药物甚至还会产生副作用，危害宝宝的身体健康。

9 注意不要滥用营养品

(1) 营养品不可滥用

宝宝的生长发育是各种营养素共同作用下的平衡发展。蛋白质、糖类、脂肪、维生素、矿物质、空气、日光和水这八大营养素缺一不可。宝宝若平日不挑食、偏食，能达到饮食的平衡，就不会缺少某种营养物质，更不会造成对某种营养素的缺乏症。若饮食结构、喂养和育儿的方法不当则会导致某些营养缺乏症。这样的情况应在医生的指导下调整饮食结构，改变不当的喂养育儿方法，如粗细粮的合理搭配、冬天多晒太阳等。

真正需要添加营养品时，应在医生指导下对症下药，要明确缺什么，补什么，补多少等，应当明确营养品是不能等同于主食的，也不像广告的夸张宣传。而且市场上许多营养品是不合格产品，有的甚至含有激素，所以家长在选购时要认真挑选，以防影响宝宝的正常发育。

(2) 强化食品要少用

强化食品是指在某一种普通的食品如面包、饼干、糖果等中添加一定数量的个人所需的元素或营养素，为的是补充某种营养素的不足。但是由于家长方法上的错误使用，有时强化食品的效果恰恰适得其反。

哺育宝宝的关键并不在于给他们吃这样那样的强化食品，而在于适当地为他增添食物、调节品种，刺激他们的食欲，在日常饮食中达到饮食的平衡、营养的合理。此外进行必要的锻炼和训练，给他们充足的阳光、新鲜的空气，增强体格，及时预防接种，使宝宝自然地保持身体健康。

一般那些食欲缺乏、挑食厌食、营养不良，以及久病初愈、身体衰弱，或正在病中的宝宝需要有针对地补充某种营养素，即所谓的对症下药。家长在准备给宝宝使用强化食品时应在医生的指导下，明白宝宝到底缺什么，需要什么，而不能随便乱用。

10 味精对宝宝的伤害

有些家长认为，在宝宝的饭菜中加一些味精，能增加食物的美味，激发宝宝的食欲。这是真的吗?

其实，味精对婴幼儿的生长发育有着严重的影响。它能使婴幼儿血中的锌转变为谷氨酸锌随尿排出，造成体内缺锌，影响宝宝的生长发育，并产生智力减退和厌食等不良后果。

锌具有改善食欲和消化功能的作用，在人体的唾液中存在的一种味觉素，是一种含锌的化学物质，它对味蕾及口腔黏膜起着重要的营养作用，缺锌可使味蕾的功能减退，甚至导致味蕾被脱落的上皮细胞堵塞，使食物难以接触味蕾而影响味觉，品尝不出食物的美味而不想吃饭。锌是人体必需的微量元素，小儿缺锌会引起生长发育不良、弱智、性晚熟等病症。同时，还会出现味觉紊乱、食欲不振。因此，宝宝食用菜肴不宜多放味精，尤其是偏食、厌食、胃口不佳的孩子更应注意。在平时的膳食中，应让孩子多吃富含锌的食品，如鱼、瘦肉、猪肝、猪心及豆制品等。

11 果汁适量最好

果汁自然是一种好的饮料，因为其富含多种维生素和矿物质，但并非多多益善，喝多了同样会危害健康。

果汁中含有较多的枸缘酸和人工色素。枸缘酸进入人体后，与体内钙离子结合成枸橼酸钙，不易释出，使血钙浓度降低，可引起多汗、情绪不稳等缺钙的症状。人工色素则容易沉积在宝宝不成熟的消化道黏膜上，引起食欲下降和消化不良。过量的色素在体内蓄积，还会干扰宝宝体内多种酶的功能运作，对宝宝的新陈代谢和体格发育造成不良的影响。有报道证实，过量的色素在体内蓄积是导致小儿多动症的原因之一。

果汁中含有大量的果糖，宝宝摄入后会影响机体对铜的吸收。铜是人体必需的微量元素之一，宝宝缺铜会为日后患冠心病埋下隐患，同时，还会造成难治性贫血。

宝宝长期饮用含钠过低的果汁，还可造成宝宝出现低钠血症和脑水肿，导致无热性惊厥。所以，给宝宝喝果汁一定要适量，一般每天的量不宜超过300 毫升。

12 让宝宝参与准备食物

和孩子一起计划一餐饭菜，可以调动宝宝对进餐的兴趣，甚至有利于培养宝宝的自信心和在家庭中营造平等、和谐的气氛。

家长可以尝试带着宝宝去买菜。在买菜的过程中，家长如果能以平等的身份和孩子一起讨论吃什么，而不是一切都由家长来决定，相信买菜会渐渐变成宝宝最喜欢做的事情之一。在此过程中，可以教给宝宝各种蔬菜的名称、颜色，还可以给宝宝讲每种菜是如何种出来的，吃各种蔬菜的好处等等。这样一来，实际上是对孩子进行了一次浅显易懂的营养教育。

让宝宝了解食物制作过程也是进行营养教育、培养宝宝良好饮食习惯的好时机。当宝宝很小的时候，可以将他放在安全的地方，让他看着大人做菜，并经常和他说话，告诉他你在做什么。当宝宝大一些，家长把菜买回来后，可以让他和家长一起择菜。宝宝会对此非常感兴趣的。你也可以分配给他做一些力所能及的活，比如将芹菜洗干净后让他择掉叶子，或故意将包好的豌豆和皮放在一起，让他把豌豆皮挑出来等等，但这时最好不要让宝宝接触尚未清洗的蔬菜，因为上面可能沾有农药，可能引起孩子过敏。由于孩子亲自参与了饭菜的制作过程，吃饭的时候就有一种好奇和新鲜的感觉，急于知道经过刚才加工的饭菜是什么味道，对吃饭也就更有兴趣了。当一家人围坐桌边吃饭的时候，他会自豪地说："今天的饭是我和妈妈一起做的！"

宝宝的推荐食谱

樱桃小丸子

【原料】肉馅200克，番茄酱50克，蛋清2个，姜末、淀粉、食用油、酱油、糖、料酒、香油、香菜丝各适量。

【做法】

(1) 肉馅加料酒、蛋清、姜末和少许香油，搅匀，再加淀粉，搅匀，做成小丸子。

（2）锅内放油，油温热后（不要太热，容易炸煳）放小丸子进去炸成金黄色，取出沥油。

（3）锅内留少许油，倒入番茄酱，翻炒，再加少许酱油和糖，酱开后，加一点水淀粉勾芡，使酱黏稠，倒入炸好的小丸子翻炒，使酱汁均匀包裹在丸子外面。

（4）熄火，装盘，最后可在表面撒些香菜丝（增香又添色）即可。

鲜奶玉米糊

【原料】速溶玉米片100克，猕猴桃1个，葡萄50克，鲜奶1杯。

【做法】

（1）将所有水果洗干净、去皮、去子后切成小丁。

（2）将玉米片放在碗中，加入准备好的水果丁。

（3）加入热奶即可。

海米炒油菜平菇

【原料】油菜150克，鲜平菇、海米各适量，花生油、香油、盐、料酒、白糖、姜末各少许。

【做法】

（1）将油菜择洗干净，切成1厘米见方的丁；鲜平菇切丁用开水氽一下；海米用开水泡发后，切成碎末。

（2）将花生油烧热，下入姜末稍煸后，放入海米略炸一下，再放入油菜丁、平菇丁炒透，加入料酒、盐、白糖，翻炒几下，淋入香油，盛入盘内即可。

肉末炒西兰花

【原料】猪瘦肉25克，西兰花100克，植物油、香油、盐、姜末、葱末、酱油各适量。

【做法】

（1）将猪肉洗净，剁成碎末。

（2）西兰花洗净，取花，分成小朵。

（3）将油放入锅内，热后先煸葱姜，然后将肉末放入，煸至变色，放入少许酱油、盐翻炒均匀，投入西兰花。用旺火快炒几下，再点少许水，小火炒几分钟后见西兰花变成深绿色即可。

肉末烧茄子

【原料】猪肉、茄子、干香菇、植物油、盐、酱油、葱、生姜、蒜各适量。

【做法】

（1）将猪肉洗净，剁成碎末；香菇用开水泡开，洗净泥沙，切成小碎块（第一次泡香菇的水留下备用）；将茄子洗净削去皮，切成1.5厘米大小的菱形块。

（2）将植物油放入锅内，热后投入茄子煸炸，至呈黄色，将茄子拨在锅边，加入葱姜煸炒肉末，然后拨下茄子炒拌均匀，再放入香菇块、酱油、盐、泡香菇的水等，烧至茄子入味即可。

烤椰菜土豆

【原料】土豆100克，西兰花10克，洋葱半个，切碎（可不加），乳酪丝2杯，牛奶1杯，白胡椒粉、肉桂粉各少许，乳酪粉2大勺，面包粉2大勺，奶油2大勺，蛋4个，打散。

【做法】

（1）西兰花洗净，切成小朵状，放入沸水中汆烫一下。

（2）土豆洗净后蒸熟，趁热去皮，切片，整齐排放在烤盘底部，撒上乳酪丝。

（3）烤箱预热至180℃，备用。

（4）锅中入1大勺奶油以中火炒洋葱末至透明，熄火，拌入西兰花，然后盛入烤盘上，再将鸡蛋液、牛奶、白胡椒粉、肉桂粉混合倒入。

（5）乳酪粉加面包粉、奶油拌匀至颗粒状，撒在烤盘上，入烤箱烤半小时即可。

米糕

【原料】优质大米250克，白糖、酵母各适量。

【做法】

（1）大米洗净浸泡一宿后放入食品加工机中，加少量水打磨成米浆。

（2）取少量米浆分别放入一个大碗和一个小碗中，大碗的放入微波炉中加热1分钟，然后将大碗中的熟米浆倒入生米浆中搅拌均匀。小碗的米浆里加白糖和酵母拌匀，放在温暖处发酵1小时（夏天室温下就可以）。

（3）将发酵好的米浆再倒入其他米浆里，搅拌均匀，再次发酵。

（4）最后把发酵好的米浆盛入模具里，上锅大火蒸15分钟即可。

鱼片蒸蛋

【原料】鸡蛋、鲜鱼片各200克，葱末、盐、味精、浅色酱油、胡椒粉、熟植物油、熟花生油各适量。

【做法】

（1）在鲜鱼片中加入盐和熟植物油拌匀。

（2）将鸡蛋打入碗中打匀。

（3）鸡蛋液中放盐、味精搅匀，倒入盘中，用慢火蒸约7分钟，取出，摆入鱼片，将葱末撒在上面，继续蒸3分钟，取出，淋上酱油和熟花生油，撒上胡椒粉即成。

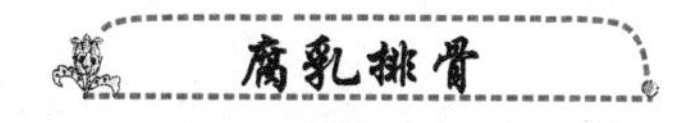

腐乳排骨

【原料】猪排骨750克，酱油、盐、白糖、腐乳汤、料酒、葱、生姜、水淀粉、花生油各适量。

【做法】

（1）排骨剁成4厘米长的段，洗净，控干水分，放入盆内，加入少许酱油、水淀粉拌匀。葱切段，生姜切片。

（2）用热油将排骨炸成金红色，捞出控油。

（3）将排骨放入锅内，加入水（以没过排骨为度）、酱油、盐、白糖、料酒、葱段、姜片、腐乳汤，用大火烧开后，转微火焖至排骨酥烂即成。

番茄酱虾

【原料】虾肉300克，食用油适量，大葱头1个，蒜末、白砂糖、豆瓣酱各1大勺，姜末1汤匙，番茄酱3大勺，高汤1/2杯，香油和淀粉各少许，腌汁（清酒1大勺，生姜汁1汤匙，淀粉2大勺），裹衣（鸡蛋1/2个，淀粉水150克，淀粉4大勺）。

【做法】

（1）将虾肉用备好的腌汁腌制，滚上备好的裹衣，入热油锅炸出。

（2）锅中留底油烧热，用葱花、蒜末、姜末爆锅，放入白砂糖、豆瓣酱、番茄酱、高汤煮开。

（3）等汤水煮开后，转小火，边倒入淀粉水边搅拌，待汤汁收至合适浓度时，放入炸好的虾肉，拌匀即成。

第四章
宝宝日常营养与疾病调理

第一节 宝宝成长所需的营养素

蛋白质：强健身体

1 蛋白质对人体的作用

蛋白质是一切生命活动的重要物质基础，是组成一切细胞和组织结构的基本材料。婴幼儿处于生长发育阶段，蛋白质不仅用于补充日常代谢的丢失，而且用以供给生长发育中不断增加新组织的需要，因此，婴幼儿对蛋白质的需要量相对高于成年人。蛋白质在人体内的作用主要体现在以下几方面：

（1）维持组织的生长、更新和修补

蛋白质是人体器官和组织细胞不断更新的原料。胎儿在母体中，所需要的全部营养素由母体供给。出生以后，身体继续增长，直至发育成熟，在整个生长发育阶段中，蛋白质都发挥着极其重要的作用。

（2）调节生理功能

蛋白质在人体各种生理过程中起着非常重要的作用。如食物的消化过程和细胞内不断进行的物质代谢过程，都需要各种酶的参与，而酶就是具有催化功能的蛋白质。

（3）增强人体对疾病的抵抗能力

蛋白质可以使人体对外界某些有害因素保持高度的抵抗力。例如，人体防御流行性感冒、麻疹、传染性肝炎、伤寒、白喉和百日咳等疾病的抗体，都是一些蛋白质和蛋白质衍生物。抗体能与入侵的各种细菌、病毒和细菌毒素结合起来，使它们的致病能力减弱，使病原体无法生存、繁殖。因而可以避免感染，减少疾病的发生。

（4）提供热能

蛋白质是为人体提供热能的三种物质之一。在糖类供给热能不足时，人体会动用蛋白质的分解来释放热能。另外，人体内衰老的或已破损的组织细胞中的蛋白质在分解的过程中也会释放部分热能。

（5）提供人体必需的氨基酸

蛋白质对婴幼儿生长发育的重要性，实际上就是氨基酸的重要性。食物蛋白质在消化道中，经胃和胰液中蛋白酶的作用，分解成氨基酸后被机体吸收，在体内再合成蛋白质。人体蛋白质的合成，除了机体自身可以合成的多种氨基酸外，还有九种必需由食物蛋白质供给，称之为“必需氨基酸”，它们是：赖氨酸、色氨酸、蛋氨酸、苯丙氨酸、亮氨酸、异亮氨酸、苏氨酸、缬氨酸和组氨酸。

2 不同阶段宝宝对蛋白质的需求

（1）新生足月宝宝

每天每千克体重大约需要 2 克蛋白质，如果宝宝出生时体重为 3 千克，那么宝宝每天的蛋白质需要量就是 6 克。一般情况下，每 100 毫升的母乳约含 1 克蛋白质，所以母乳喂养的宝宝，每天保证摄入 600 毫升的母乳就能满足宝宝对蛋白质的需要。如果母乳不足就需要通过配方奶粉来给宝宝补充蛋白质，现在的婴儿配方奶粉的蛋白质含量大约是母乳的 2 倍，妈妈据此调整宝宝的奶粉摄入量即可。

（2）早产儿

早产儿相对于足月儿来说蛋白质的需要量要更多一些，通常每千克体重需要 3 ~ 4 克蛋白质。当宝宝的体重增加至 3 千克以上时，蛋白质的需求就和其他宝宝一样了。

(3) 1岁以内的宝宝

这个阶段是宝宝生长速度最快的时期，宝宝对蛋白质的需求量大概是成人的3倍。这个阶段获得蛋白质的主要途径就是母乳或配方奶粉。一般来说，1岁以内的宝宝，每天吃700～800毫升母乳或配方奶粉，就能获得身体发育所需的足够蛋白质。

(4) 1～3岁的宝宝

每日蛋白质的需要量约为35～40克，这个阶段宝宝已经开始添加辅食，获得蛋白质的途径就不仅仅是母乳和配方奶粉了，妈妈可以通过给宝宝添加富含蛋白质的食物来满足宝宝每日所需。

3 宝宝缺乏蛋白质的症状

宝宝往往表现为生长发育迟缓、体重减轻、身材矮小、偏食、厌食。同时，对疾病抵抗力下降，容易感冒，伤口不易愈合等。

4 蛋白质的主要食物来源

(1) 动物蛋白质如肉、鱼、蛋等；羊肉、猪肉、鸭肉、鸡蛋、鸭蛋、鹌鹑蛋、鱼、虾。

(2) 植物蛋白质主要是豆制品：黄豆、青豆、黑豆等。

(3) 其他含蛋白质较多的食物：芝麻、瓜子、核桃、杏仁、松子等。

5 蛋白质摄入过多的危害

蛋白质确实对宝宝的成长十分重要，宝宝的肌肉、骨骼、大脑、神经、指甲、血液、激素以及五脏六腑的组织几乎都是蛋白质构成的。但是，蛋白质的摄入不是越多越好，摄入过多反而对宝宝的生长发育不利。

(1) 引起肠胃功能紊乱

人体的胃肠道中有益生菌，益生菌对能量的种类有所要求，由蛋白质分解产生的能量不是益生菌所需要的，长期的高蛋白饮食会导致益生菌食物缺乏，无法存活，最终引起胃肠道紊乱，消化、吸收能力减弱，引起腹胀、腹泻等肠胃疾病。

如果宝宝由于摄入过多蛋白质而出现腹泻症状，母乳喂养的宝宝应适当减少喂奶量，缩短喂奶时间或者延长喂奶间隔，使宝宝的胃肠得到足够的休息。已经添加辅食的宝宝要停止添加一切辅食，随着病情的好转，先逐渐恢复一天应喂的奶量，宝宝胃肠道恢复后，再逐一将已经食用过的辅食小心恢复。如是母乳喂养，妈妈哺乳前应饮一大杯水，以稀释母乳，减轻宝宝的腹泻症状。

(2) 加重肾脏负担

宝宝的胃肠道尚未发育完全，消化器官也没有完全发育成熟，消化能力有限。而蛋白质在体内代谢会生成尿酸、氨、酮体等物质，这些都是要经过肾脏排泄的，如果宝宝体内摄入过多的蛋白质就会加重肾脏负担，对宝宝的健康不利。蛋白质过量，同时也可使钙等微量元素的排出增加，长此下去会引起肾脏损害或引起骨质疏松症等副作用。

(3) 增加宝宝患病的可能

宝宝长大以后，如果摄取过多的肉类，就会导致体内蛋白质过量，不仅使宝宝有患肥胖的可能，而且还会使宝宝罹患其他疾病。肉类食物饱和脂肪酸和胆固醇的含量都很高，不利于动脉的健康，会使宝宝成年后易患高血压、动脉硬化等“富贵病”。

(4) 导致宝宝精神状态不好

人体细胞在弱碱性环境下最活跃，如果宝宝肉类食品吃得太多，粮食、蔬菜吃得太少，就会导致宝宝摄入过多的动物性蛋白质，容易使宝宝形成酸性体质，从而出现易疲乏、精神状态欠佳的情况。

6 补充蛋白质的营养食谱

鸡肝肉饼

【原料】豆腐20克，猪肉75克，鸡肝1副，鸡蛋1个，盐、香油各少许。

【做法】

（1）豆腐放入滚水中煮2分钟，捞起滴干水，片去外衣不要，豆腐搓成蓉。

（2）鸡肝洗净，抹干水剁细；猪肉洗净，抹干水剁细。

（3）猪肉、鸡肝、豆腐同盛大碗内，加入滤出的鸡蛋清拌匀，加入调味品（盐、香油）拌匀，放在碟上，做成圆饼形，蒸7分钟至熟。

毛豆西式粥

【原料】毛豆4粒，水煮蛋黄半个，粥半碗。

【做法】

（1）毛豆去膜，放入粥中煮软。

（2）将步骤1中的食物放入打碎机中打成糊状。

（3）蛋黄入滤网中磨成泥，放在毛豆粥上。

鸡蛋粳米粥

【原料】大米100克，鸡蛋1个，盐适量。

【做法】

（1）大米洗净，浸泡30分钟后沥去水分；鸡蛋在小碗内打散，备用。

（2）锅内加适量清水，将大米放入锅中，大火煮沸后改小火。

（3）待煮至浓稠状后，倒入鸡蛋，再放入少量盐调味，煮沸调匀即可。

清蒸鱼丸

【原料】新鲜鱼肉100克，新鲜鸡蛋1个，香菇2朵（干、鲜均可），胡萝卜1/8根（25克左右），干淀粉1大勺（30克左右），海味汤适量，料酒适量，盐少许。

【做法】

（1）香菇在35℃左右的温水中泡1小时左右，淘洗干净泥沙，再除去菌柄，切成碎末（新鲜香菇直接洗干净除去菌柄即可）。

（2）胡萝卜洗净，剖开去掉硬芯，切小丁，煮熟后压成胡萝卜泥。

（3）鸡蛋打到碗里，去掉蛋黄，只留下蛋清备用。

（4）鲜鱼洗干净，去皮，去骨刺，研成泥，加入料酒、盐、蛋清，用手抓匀，再加入干淀粉，搅拌均匀，用手搓成黄豆大小的丸子，放到蒸锅里，用中火蒸20分钟左右。

（5）丸子入海味汤，加入香菇末和胡萝卜泥煮开，把用水调好的淀粉倒入汤里勾芡，然后把汤汁浇在蒸熟的丸子上即可。

糖类：热量来源

1 糖类对人体的作用

糖类也称为碳水化合物。糖类是人体生理活动最直接的热量来源，是三大营养素中唯一既能有氧氧化和无氧氧化的能量物质，也就是说糖类在有氧运动和无氧运动中是唯一可直接供能的物质。糖类分解释放的能量可以维持一切生理活动，如心跳、呼吸、神经的兴奋、大脑的活动等。宝宝发育与活动都必须得到糖类的支持。

食物中的糖类大多是淀粉，食用后在体内分解成葡萄糖后，才能迅速被氧化，进而供给机体能量。每克葡萄糖在体内经氧化成水和二氧化碳后可释放16.7千焦（4千卡）的热量。糖类除了供给热量之外，还是人体内一些重要物质的组成成分，并参与机体的许多生理活动。它与脂类形成脂糖，构成细胞膜和神经组织的结构成分。无碳糖又参与人类遗传物质的生成等。

总之，糖类能促进宝宝生长发育，如果供应不足会出现低血糖，容易发生昏迷、休克，严重者甚至死亡。糖类的缺乏还会增加蛋白质的消耗而导致蛋白质营养素的不良利用。但是饮食中糖类的摄取量过量又会影响蛋白质的摄取，而使宝宝的体重猛增，肌肉松弛无力，常表现为虚胖无力，抵抗力下降，从而易患各类疾病。

正常情况下，一日三餐中摄取的糖，包括单糖和双糖，已能满足孩子生长发育的需要，基本不需要额外补充。

2 不同阶段宝宝对糖类的需求

现代的饮食环境使得许多孩子都有额外糖的摄入。那么，该如何控制这个额外摄入度呢?

以下是宝宝不同时期，对于糖的不同需求量，据此可以合理地控制宝宝对于糖的摄入量：

（1）小于4～6个月的宝宝

4～6个月以内的婴儿只能代谢乳糖、蔗糖等简单糖类，所以只喂母乳或配方奶粉就可以了，不必再添加糖。

（2）半岁以上的宝宝

半岁以上的婴儿开始分泌淀粉酶，初步具备消化多糖淀粉的能力，此时可以开始添加过渡食品，但仍应少让婴儿吃成品食物，如果要吃市售过渡食品，应尽量选择低糖或无糖食品。

（3）1～3岁的宝宝

1～3岁的宝宝，每天摄入甜食中的糖在10克左右为最佳，不要超过20克。像糖果、甜点、冰淇淋、甜饮料等高糖食品，可以用作对儿童口味的调剂偶尔食用，但不宜天天吃。

3 糖类的主要食物来源

糖类的食物来源主要有：谷类，如米、面、玉米；淀粉类，如番薯、土豆、芋头、绿豆、豌豆；糖类，如葡萄糖、果糖、蔗糖、麦芽糖；水果类；蔬菜类。

脂肪：营养宝库

1 脂肪对人体的作用

脂肪是脂类的一种，脂肪是由一分子甘油和三分子脂肪酸结合而成的甘油三酯，组成天然脂肪的脂肪酸种类很多，由不同脂肪酸组成的脂肪对人体的作用各异。脂肪的另一种为类脂，类脂包括磷脂和胆固醇。脂肪中含不饱和脂肪酸较多，在高温下呈液态的称为油，含不饱和脂肪酸较少的在室温下呈固态的称为脂。

脂肪在人体内的作用主要有以下几点：

（1）构成人体细胞的重要成分

脂肪是组成人体组织细胞的一个重要组成部分。细胞膜是由磷脂、糖脂、胆固醇和蛋白质共同组成的。细胞膜具有特殊的通透性，并且与细胞的正常生理和代谢活动有密切关系。胆固醇是体内合成类固醇激素的重要物质，胆固醇在体内可转化为胆汁酸、维生素 D 等。

（2）储存和供给能量

脂肪是产热能最高的一种营养素，对婴幼儿的一个很重要的作用是储存和供给能量。氧化 1 克脂肪所释放的能量约为 37.62 千焦（9 千卡），比氧化 1 克糖类或蛋白质所提供的能量大 1 倍多。脂肪是一种含热能高、容积小的储能和供能物质。

（3）保护作用及维持体温

人体的脂肪分布于皮下、内脏的周围，故能起到保护和固定内脏的作用。因脂肪不易导热，还能避免热量的散失，保持体温的相对恒定。

（4）供给人体必需的脂肪酸

必需脂肪酸是人体内无法合成、必须从食物中摄取的，包括亚油酸、花生四烯酸。必需脂肪酸对小儿健康非常重要，如果缺乏可致鳞屑性皮炎、生长迟缓、脂肪肝、血小板功能异常、伤口愈合缓慢，易患感染性疾病等。

(5) 促进脂溶性物质的吸收和转运

促进食物中的维生素 A、维生素 D、维生素 E、维生素 K 及胡萝卜素的吸收和转运。

(6) 改善食物的色、香、味

脂肪能改善食物的感官性状，增加食物的美味，提高食物的口感，增进食欲。同时，脂肪可使胃酸分泌减慢，延长食物的消化时间，给人以饱腹感。

2 宝宝缺乏脂肪的症状

出现湿疹等皮肤病。

严重的会导致发育迟滞。

3 宝宝每天需要的脂肪量

一般婴儿每天每千克体重脂肪的需要量为 4～6 克，其中母乳喂养儿应为每天每千克体重 5 克。幼儿的每日脂肪需要量为 35～40 克，每日脂肪摄入量应占总能量的 25%～30%。

4 脂肪的主要食物来源

脂肪从哪里来？该如何补充？这些问题是父母们最关心的话题。下面就来看看，为孩子补充脂肪应从哪些方面入手。

首先，要了解脂肪的来源。一般来源于动物脂肪和植物脂肪，也就是说，脂肪可以从植物和动物中提取，在选择营养价值高的脂肪时，应从以下几方面考虑：

(1) 脂溶性维生素的含量

动物脂肪（荤油）中维生素 A、维生素 D、维生素 E、维生素 K 的含量相对较高。

（2）不饱和脂肪酸的含量

一般来说，植物脂肪（素油）中不饱和脂肪酸的含量较高。

（3）消化率

植物脂肪含人体必需的脂肪酸较多，容易消化吸收。

（4）储存性

植物脂肪中多含不饱和脂肪酸，所以耐储存。

由以上分析我们可以看出，植物脂肪的营养价值比动物脂肪相对较高。在常用植物脂肪中，花生油、香油、豆油、玉米油、葵花子油都有丰富的人体必需脂肪酸，对于处在生长发育中的幼儿来说，应为脂肪的主要摄取对象。但动物脂肪中脂溶性维生素含量比植物脂肪高，所以也要适当吃些动物脂肪，以补充维生素的摄入。这也是为什么要提倡均衡饮食的原因之一。

除此之外，父母平时多给孩子吃一些核桃仁、鱼、虾、动物内脏等，多食用一些豆油、菜油、花生油、香油等植物油或少许羊油、牛油等动物油。

维生素 A：保持视力健康

1 维生素 A 对宝宝的作用

（1）促进生长发育

维生素 A 含有视黄醇，对宝宝的作用相当于类固醇激素，可促进糖蛋白的合成，从而促进宝宝生长发育，强壮骨骼，维护头发、牙齿的健康。

（2）提高免疫力

维生素 A 具有维持免疫系统功能正常的作用，能增强宝宝对传染病特别是呼吸道感染及寄生虫感染的抵抗力。

（3）维持正常的视觉反应

维生素 A 可促进视觉细胞内感光色素的形成，刺激视神经的发育。维生素 A 还具有调节眼睛适应外界光线强弱的能力，有效降低夜盲症的发生和视力的减退，能维持正常的视觉反应，有助于预防眼疾的发生。

（4）维持上皮结构的完整与健全

维生素A含有的视黄醇和视黄酸具有减弱上皮细胞鳞片状分化的功能，能增加上皮生长因子的数量，因此起到调节上皮组织细胞生长、维持上皮组织正常形态与功能的作用，能防止皮肤黏膜干燥角质化，保持皮肤湿润并保护皮肤不受细菌伤害，使皮肤组织或器官表层更健康。

2 宝宝缺乏维生素A的症状

（1）皮肤干涩、粗糙、浑身起小疙瘩。

（2）头发稀疏、干枯、缺乏光泽。

（3）指甲变脆，形状改变。

（4）眼睛干涩，易患影响视力的眼部疾病。

（5）食欲下降，疲倦，腹泻，生长迟缓等。

（6）维生素A缺乏者一般免疫功能较差，易患感冒等呼吸道疾病。

3 维生素A的膳食补充

为了预防宝宝缺乏维生素A，妈妈应该及早做好这方面的准备。除了在孕期补充维生素A之外，宝宝后天的进补也非常重要。

（1）多吃富含维生素A的食物

妈妈可以在食谱里多安排富含维生素A的食物，如动物肝脏、母乳、全脂奶酪、鱼肝油、蛋黄等。

（2）多吃富含胡萝卜素的食物

胡萝卜素可在人体内转化成维生素A。多给宝宝吃富含胡萝卜素的绿色蔬菜，也能间接为宝宝补充维生素A。富含胡萝卜素的食材大多是深绿色有叶蔬菜、黄色蔬菜、黄色水果，如胡萝卜、番茄、南瓜、番薯、柿子、玉米和橘子等。妈妈可以用这些食材给宝宝做汤粥或者果汁，以保证宝宝对维生素A的需求。

（3）适量补充脂肪类食物

脂肪类食物有助于胡萝卜素的吸收，所以在食用含胡萝卜素较多的食物时，适量搭配肉类食物更有利于胡萝卜素的摄取。

4 维生素A的主要食物来源

维生素A主要源于动物性食品，其中以动物肝脏的含量最为丰富，其次是鱼子、鳝鱼、黄油、奶油、鱼肝油、牛奶、奶粉和蛋黄等。而作为维生素A前体的β－胡萝卜素则大量存在于植物性食品中，以橙色、红色以及深绿色的果蔬中含量最高，如胡萝卜等。

5 补充维生素A的营养食谱

南瓜饭

【原料】南瓜、大米各适量。

【做法】

（1）大米淘洗干净。

（2）南瓜去皮，切块。

（3）将大米与南瓜块一起放入电饭锅中，加入适量水蒸熟即可。

胡萝卜炒肉丝

【原料】胡萝卜100克，猪肉50克，葱花、姜末各适量，食用油、酱油、盐、水淀粉、料酒各适量。

【做法】

（1）猪肉洗净切丝，用葱花、姜末、水淀粉、酱油和料酒调味，腌10分钟。

（2）胡萝卜洗净去皮，切丝。

（3）油锅烧热，将腌好的猪肉丝放入锅内迅速翻炒，熟后将猪肉丝集中在炒锅的一角，沥出油来炒胡萝卜丝，然后和猪肉丝一起翻炒均匀。

（4）胡萝卜丝熟后调入盐即可。

蓝莓奶汁

【原料】蓝莓40克，原味酸奶150毫升，养乐多100毫升。

【做法】

蓝莓表皮洗净后擦干水分，去蒂后放入果汁机内，加入其他材料一起搅打均匀即可。

番茄肝泥

【原料】土豆、番茄、猪肝、高汤各适量。

【做法】

（1）土豆去皮，煮熟，捣碎；番茄洗净，去皮，压成泥；猪肝煮熟，压成泥，备用。

（2）将捣碎的土豆、番茄、猪肝泥与高汤一同加入锅里，用小火煮5分钟，即可盛出。

清甜南瓜粥

【原料】南瓜1小块（30克左右），大米50克，清水适量。

【做法】

（1）大米淘洗干净，放在干粉机中打碎。

（2）南瓜捣成蓉；与大米一起加适量的水煮成稀粥。边煮边搅拌即可。

蔬果酸奶糊

【原料】番茄1/8个，香蕉1/4个，酸奶1大勺。

【做法】

（1）番茄用水汆烫，然后去皮去子，捣碎并过滤，取汁；将香蕉去皮后捣碎。

（2）烫过的番茄与香蕉和在一起，拌匀。

（3）将酸奶倒在捣碎的番茄和香蕉上搅匀，即可。

B族维生素：促进宝宝代谢

1 B族维生素对宝宝的作用

B族维生素包括维生素B_1、维生素B_2、维生素B_3（烟酸）、维生素B_5（泛酸）、维生素B_6、维生素B_{11}（叶酸）、维生素B_{12}（钴胺素）等，这些B族维生素是促进机体代谢和将糖类、脂肪、蛋白质等转化成热能时不可缺少的物质，对增强宝宝脑神经细胞功能，帮助脑内蛋白质代谢，增强宝宝的记忆力有重要作用。

B族维生素对人体的神经功能具有重要的作用，而其中对幼儿，最特别的是维生素B_2。维生素B_2被称为是"成长的维生素"，身体内如果维生素B_2不足，可能造成幼儿成长发育受挫，而导致发育不良。

2 宝宝对B族维生素的需要量

（1）维生素B_1

0~6个月婴儿对维生素B_1的摄取量为每天0.2毫克；7~12个月的婴儿为每天0.3毫克；1~3岁的幼儿每日适宜的摄入量为0.4~0.5毫克。

（2）维生素B_2

0~6个月婴儿每天应摄入0.4毫克维生素B_2；7~12个月的婴儿每天最佳摄入量为0.5毫克；1~3岁的幼儿每天最适宜的摄入量为0.5毫克。

（3）维生素B_6

0~6个月婴儿每天摄入维生素B_6的量为0.1毫克；7~12个月婴儿每天的适宜摄入量为0.3毫克；1~3岁的幼儿每日的适宜摄入量为0.5毫克。对食物细加工或烹调时，会损失较多的维生素B_6，供给婴幼儿的米面食物，不要过于精细，以减少损失。

(4) 维生素 B_{12}

0~6 个月婴儿对维生素 B_{12} 的最佳摄入量为每天 0.4 微克；7~12 个月婴儿为每天 0.5 微克。

3 B 族维生素的主要食物来源

(1) 维生素 B_1

维生素 B_1 在食物中分布甚广，谷粮外层含量很高，但在碾磨过程中大部分丢失。麦麸中维生素 B_1 的含量为富强粉的 3 倍多，肝、瘦肉、肾等维生素 B_1 的含量也很丰富，粗粮、燕麦片、黄豆、绿豆、赤豆、豌豆、花生等都含较多的维生素 B_1。

(2) 维生素 B_2

维生素 B_2 广泛存在于各种动物和植物中，如蛋类、乳类、肉类、谷类、根茎类及各种蔬菜、水果中。但在加工和烹饪中，有一定程度的流失。在一般烹调中，维生素 B_2 的损失为：肉类 15%~20%，蔬菜 20%，烤面包 10%。维生素 B_2 在碱性环境中加热时极易损失，因此，烹调中应避免用碱性物质。此外，在炒菜时，某些蔬菜可直接入锅烹调，没有必要所有蔬菜都汆后再炒，这样可以减少维生素 B_2 的损失。

(3) 维生素 B_6

维生素 B_6 的食物来源主要有：鱼、家禽、肉、动物肝脏和肾脏、糙米、大豆、蛋类、燕麦、花生、土豆、梨、香蕉、核桃、啤酒等。

(4) 维生素 B_{12}

动物性食物是维生素 B_{12} 的首要来源，这些食物包括动物内脏、瘦肉、鱼、虾等，另外还有乳品、干酪、鸡蛋、紫菜、南瓜等。

4 宝宝缺乏 B 族维生素的症状

(1) 维生素 B_1 缺乏

平衡感较差，身体反应较慢，眼手不协调；容易疲劳，食欲不振；有时会腹痛及便秘。

（2）维生素 B_2 缺乏

嘴角破裂且疼痛，舌头发红疼痛；缺乏活力，神情呆滞，爱昏睡，易水肿，排尿困难；易患消化道疾病。

（3）叶酸缺乏

营养不良，头发变灰，脸色苍白，身体无力、贫血；舌头疼痛、发炎，出现消化道障碍，如胃肠不适，神经炎、腹泻等问题。

5 补充B族维生素的营养食谱

五谷杂粮粥

【原料】糙米、小米、燕麦、黑糯米、荞麦各50克，枸杞子、白糖各适量。

【做法】

（1）将杂粮分别洗净，糙米、小米、燕麦浸泡30分钟，糯米浸泡2小时，荞麦浸泡4小时。

（2）锅内放入准备好的米，加适量水大火煮开，改小火煮至米松软，加入枸杞子煮至粥熟。

（3）食用时加入适量白糖调味即可。

黑豆糙米汁

【原料】糙米50克，黑豆、细砂糖各10克。

【做法】

（1）将黑豆和糙米洗净，浸泡于足量的清水中约4小时，充分洗净后沥干水分备用。

（2）将黑豆及糙米放入果汁机内，加入凉开水搅打均匀，透过细滤网滤出纯净的黑豆糙米浆，再倒入锅中，以小火加热并不断搅拌至沸腾，加入细砂糖搅拌至糖溶解后熄火，待冷却后即可食用。

芦笋奶味蛋

【原料】水煮蛋蛋黄半个，婴儿配方奶1大勺，小芦笋20克。

【做法】

（1）将煮熟的蛋黄压泥，加入婴儿配方奶拌匀，盛碗。

（2）芦笋洗净，切小丁，煮软后取出捣成泥状，放在奶味蛋黄上即可。

栗子粥

【原料】鲜板栗3个，大米50克，盐少许，清水适量。

【做法】

（1）将大米淘洗干净，用冷水泡2小时左右。

（2）剥去鲜板栗外皮和内皮，切成极细的碎丁。

（3）锅内放水将栗子煮熟，加入大米，煮至米熟。

（4）用盐调味，使粥有淡淡的咸味，即可。

南瓜牛奶鸡肉粥

【原料】南瓜80克，大米3大勺，洋葱30克，鸡肉40克，牛奶2杯，盐、奶油各少许。

【做法】

（1）南瓜去皮，洗净，切丁；洋葱、鸡肉洗净，切丁；大米淘洗干净。

（2）锅中放奶油，将洋葱丁、鸡肉丁略炒，放入大米加适量水，用小火煮20分钟。

（3）加入南瓜丁、牛奶再煮10钟，最后用盐调味即可。

姜味牛肉汤

【原料】牛肉300克，姜适量，酱油、番茄酱各1汤匙，盐、白糖各少许。

【做法】

（1）姜去皮洗净，剁成蓉后用适量水泡取姜汁。

（2）牛肉洗净，切成片，用白糖、酱油、盐、姜汁腌10分钟。

（3）将腌好的牛肉片加水、番茄酱炖熟即可。

维生素C：增强抵抗力

1 维生素C对宝宝的作用

（1）促进宝宝身体发育

人体是由细胞组成的，细胞靠细胞间质把它们联系起来，而细胞间质的重要成分就是胶原蛋白。维生素C能促进体内胶原蛋白的合成，胶原蛋白是血管和肌肉的重要组成成分，还能强化皮肤和骨骼发育，从而具有使皮肤更有弹性、促进宝宝大脑及身体发育的功效。

（2）提高宝宝智力

维生素C虽不直接构成脑组织，但它是脑功能极为重要的营养素，有健脑强身的功效。实验证明，脑细胞（神经元）中有细胞管状结构，能为大脑输送营养物质，但脑细胞的管状结构很容易堵塞或者变细，而充足的维生素C有防止它变形的作用，从而保证大脑顺利地得到所需的营养，使大脑活动更为敏捷灵活，提高宝宝的智力。

（3）防止宝宝患坏血病

维生素C能影响血管壁的强度。微血管是所有血管中最细小的，其管壁可能只有一个细胞那么厚，而胶原蛋白是决定其强度和弹性的重要因素。为宝宝补充足够的维生素C，能避免微血管出现破裂，有效预防宝宝患坏血病。

（4）提高宝宝免疫力

维生素C参与免疫球蛋白的合成，提高酶的活性，从而具有抑制病毒增生的效果。人体白细胞内含有丰富的维生素C，它可增强中性粒细胞的趋化性和变形能力，从而提高机体抗病杀菌的能力。另外，维生素C还具有促进重要免疫因子——干扰素的释放，在抵抗病毒入侵的过程中发挥着重要的作用，从而增强身体的免疫力。

（5）保持宝宝牙龈健康

维生素C能保持宝宝的牙龈健康，预防宝宝出现牙龈萎缩、出血等症状，还能有效控制口腔感染。

（6）强健宝宝的身体

维生素C是一种水溶性抗氧化剂，有保护维生素A、维生素E、不饱和脂肪酸等抗氧化的作用，能有效防止自由基对人体的伤害，起到保护肝脏解毒能力和细胞正常代谢的作用。

2 宝宝对维生素C的需要量

我国营养学会提出的每日维生素C供给量如下：1岁、2岁、3岁分别为30毫克、35毫克和40毫克，5~7岁为45毫克。

3 宝宝缺乏维生素C的症状

（1）机体抵抗力减弱，免疫力下降，易患疾病，如感冒等。

（2）骨骼变弱，容易出现骨折。

（3）内脏变弱。

（4）肌肤变弱，出现萎缩。

（5）有出血倾向，如皮下出血、牙龈肿胀出血、鼻出血等，同时伤口不易愈合。

4 维生素C的主要食物来源

水果有猕猴桃、枣类、草莓、柚、橙、柠檬、柑橘类、草莓、柿子、山楂、荔枝、芒果、菠萝、苹果、葡萄等。

蔬菜有圆白菜、大白菜、土豆、甜椒、荠菜、芥蓝、雪里红、苋菜、青蒜、西兰花、番茄、绿叶蔬菜等。

5 补充维生素C的营养食谱

番茄面包糊

【原料】番茄1个，面包1片。

【做法】

（1）番茄洗净，表皮划十字，放入开水中烫一下，将皮剥掉，取1/4捣成泥。

（2）面包去硬边，切小块。

（3）将面包块与番茄泥放入煮番茄的水里煮成糊状即可。

蔬菜水果沙拉

【原料】黄瓜、胡萝卜、橘子、苹果、草莓、菠萝、沙拉酱各少许。

【做法】

（1）把以上材料洗净，切成小块。

（2）将沙拉酱拌入切好的蔬菜水果中调匀即可。

卷心菜番茄汤

【原料】嫩卷心菜叶1片（50克左右），清水适量。

【做法】

（1）卷心菜叶洗干净，放到水中浸泡半小时，然后切成极细的丝。

（2）锅内装大半锅水，烧沸，将卷心菜丝放进去烫一下，捞出来沥干水。

（3）锅内新加水，烧沸，将切好的卷心菜丝放到水中煮1分钟左右。

（4）捞出菜丝，将菜汁晾凉，倒入瓶中，就可以给宝宝喝了。

菠菜蛋片汤

【原料】菠菜3棵，鸡蛋1个，核桃油、盐各适量。

【做法】

（1）蛋黄和蛋清分开打散；菠菜用开水烫一下，捞出后切成小段。

（2）蛋黄和蛋清分别摊成饼，然后切成菱形片。

（3）锅内加水烧开，放入菠菜煮2分钟，再放入蛋片，煮开后放几滴核桃油及少量盐即可。

优酪乳大拌菜

【原料】小番茄10颗，嫩黄瓜1根，胡萝卜半根，原味优酪乳1杯，绿豆芽少许。

【做法】

（1）所有蔬菜清洗干净；小番茄、黄瓜、胡萝卜分别切小片，绿豆芽切小段。

（2）胡萝卜片、绿豆芽段用开水焯熟，捞出沥干水分。

（3）将所有蔬菜放在一个盘子里，倒入原味优酪乳拌匀即可。

维生素D：促进钙的吸收

1 维生素D对人体的作用

维生素D是帮助钙、磷被人体吸收及利用的重要物质，因此对幼儿骨骼的成长特别重要。

维生素D是宝宝生长发育的必需维生素。它具有帮助钙、磷吸收的功能，其前体在体内合成，而且是类似于激素的维生素，它先聚集在肝脏，然后转移到肾脏，在此过程中慢慢被活化，转变为维生素D，帮助小肠吸收从食物中获取的钙、磷，并将血液中的钙、磷运到骨骼中，从而沉积在骨骼中。人体组织中的胆固醇经日光中紫外线的直接照射后，可以转变为维生素D。

2 宝宝对维生素D的需要量

婴儿每天维生素D的参考摄入量为400国际单位或10微克。

婴儿每天可耐受的维生素D的最高摄入量为800国际单位或20微克

(1 微克 =40 国际单位)。

幼儿每天维生素 D 的参考摄入量为 500 ~600 微克视黄醇单位。

3 宝宝缺乏维生素 D 的症状

缺乏维生素 D 会导致小儿佝偻病的发生，其体征按月龄和活动情况而不同。6 个月龄内的宝宝会出现乒乓头；5 ~6 个月龄的宝宝可出现肋骨外翻、肋骨串珠、鸡胸、漏斗胸等；1 岁左右的宝宝学走路时，会出现 O 形腿、X 形腿等体征。

4 维生素 D 的主要食物来源

食物中维生素 D 的含量比其他任何一种维生素的含量都少。食物中维生素 D 的来源主要是动物的肝脏、乳制品、禽蛋类和鱼肝油，以鱼肝油的含量最为丰富。脂肪含量多的鱼类，如鲑鱼、沙丁鱼、鲱鱼、鲍鱼、金枪鱼、鲳鱼及其鱼卵中，维生素 D 的含量也较多。通常情况下，普通膳食中维生素 D 的摄入量是不能够满足机体需要的，必须依赖于皮肤合成足够的维生素 D，或者通过维生素 D 强化牛奶、面包及强化的谷物食品作补充。

维生素 E：提高免疫力

1 维生素 E 对人体的作用

维生素 E 是一种具有抗氧化功能的维生素，它能促进蛋白质的更新合成，调节血小板的黏附力和聚集作用，对宝宝来说，维生素 E 对维持机体的免疫功能、预防疾病起着重要的作用。

2 宝宝对维生素 E 的需要量

婴幼儿每日需要量为 5 ~7 毫克。市上所售的维生素 E 剂型，口服后经过消化分解释出维生素 E 才能利用。

3 宝宝缺乏维生素 E 的症状

皮肤粗糙干燥、缺少光泽，容易脱屑，生长发育迟缓等。

4 维生素 E 的主要食物来源

维生素 E 的食物来源广泛，几乎所有的绿色植物都含维生素 E。麦胚油、棉子油、玉米油、花生油、芝麻油等维生素 E 含量极为丰富。其中最佳的食物还有番薯、莴苣、动物肝脏和黄油等。

钙：强健宝宝筋骨

1 钙对宝宝的作用

宝宝的骨骼与牙齿发育必须依赖钙的帮助。但是，钙也必须配合镁、磷、维生素 A、维生素 C、维生素 D 和维生素 E，才能发挥其正常的功能。钙除了能帮助建造骨骼及牙齿外，还对身体每个细胞发挥正常功能扮演着极重要的角色。比如，钙能帮助肌肉收缩、血液凝集并维护细胞膜以及帮助宝宝维持心脏和肌肉之间的正常功能，调节心跳节律；降低毛细血管的通透性，防止渗出；控制炎症，维持酸碱平衡等。一般 6 个月内的宝宝每天需要 300 毫克钙；7～12个月的宝宝每天需要400～600毫克钙。

钙的需要量主要是测定骨骼对钙的需要而决定的。由于在骨骼中的钙不是恒定的，它是不断地由食物中的钙输送到血液，再从血液输送到骨骼，骨骼中的钙也不断从骨骼中输出，再经过肾脏由尿中排出体外。从婴幼儿到青少年、一直到成人，钙在骨骼中输入比输出多，因此形成骨骼生长。成人则输入输出平衡，而中老年人骨骼中输出比输入多，所以骨密度降低，容易导致骨质疏松症。要测定钙代谢是否正常，主要应该观察钙的外平衡以及骨密度。

2 不同阶段宝宝对钙的需求

0～6 个月婴儿每天的最佳摄入量为 300 毫克；7～11 个月婴儿每天的摄入量应为 400 毫克；1～3 岁的幼儿最佳摄入量每天应为 600 毫克。

3 含钙丰富的食物

（1）牛奶

对于宝宝来说，乳类无疑是其所需钙质的最佳来源，1 岁以上不再吃母乳的宝宝只要每天坚持喝奶，就能为宝宝提供充足的钙质。

牛奶是人类最好的钙源之一，富含活性钙，而且还含有维生素 D，非常适合宝宝食用。需要注意的是，太小的宝宝不能喝牛奶，小宝宝体内乳糖酶不足，喝了牛奶很容易产生乳糖不耐受状况，出现腹胀、腹泻等现象，妈妈要等宝宝长大一点再给他喝牛奶。

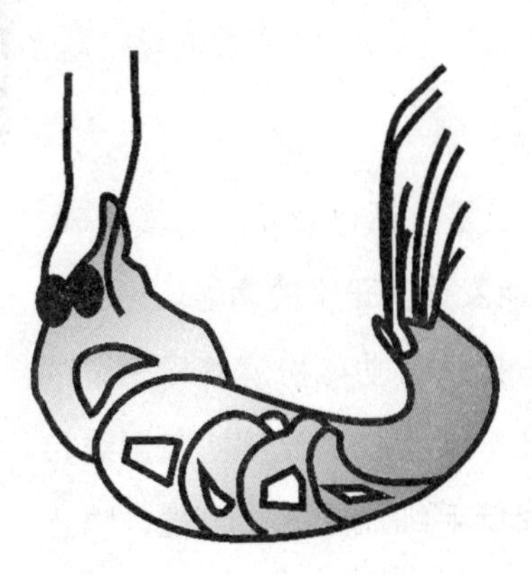

（2）虾

宝宝正处在生长发育最迅速的时候，尤其是骨骼，此时的发育速度很快，这时就需要给宝宝补充足够的钙质以促进骨骼生长。

虾富含钙，而且肉质细嫩，容易被消化，同时虾也富含维生素 D，能促进钙质的有效吸收。另外，虾的镁、磷含量也很高，而且钙磷比例和钙镁比例适宜，这都能促进虾中钙质的吸收，宝宝经常吃虾肉有利于骨骼增长。需要提醒妈妈的是，小宝宝吃海鲜很容易出现过敏反应，所以应在宝宝较大时候再给他吃虾。

（3）豆腐

科学证明，豆腐的营养可以和牛奶媲美，豆腐的主要优势就是能为人体提供大量的钙。如果宝宝不喜欢喝牛奶，那么豆腐就是最佳补钙食品。而且，豆腐中镁、钙的含量高且酸性较低，非常有利于宝宝的骨骼生长。豆腐口感绵软，非常适合小宝宝食用。

（4）其他含钙较多的食物

奶酪、芝麻、黄花菜、蕨菜、黑木耳、南瓜子、虾皮、海带、紫菜、白菜、油菜、花菜、牛肉、鸡肉、坚果、禽类的蛋等。

4 宝宝缺钙的症状

多汗（与温度无关），尤其是入睡后头部出汗，使宝宝头颅不断摩擦枕头，久之颅后可见枕秃圈；精神烦躁，对周围环境不感兴趣；夜间常突然惊醒，啼哭不止；出牙晚，前囟门闭合延迟；前额高突，形成方颅；缺乏维生素 D 和钙常有串珠肋，即肋软骨增生，各个肋骨的软骨增生连起似串珠样，常压迫肺脏，使宝宝通气不畅，容易患气管炎、肺炎；缺钙严重时，肌肉、肌腱均松弛，表现为腹部膨大、驼背，1 岁以内的宝宝站立时有 X 形腿、O 形腿现象。

5 补充钙的营养食谱

什锦豆腐

【原料】豆腐 50 克，猪瘦肉 30 克，黑木耳（干）3 朵，植物油适量，海味汤适量，白糖、盐各少许。

【做法】

（1）黑木耳用冷水泡发，洗干净，剁成碎末。

（2）将黑木耳洗净，放入沸水锅中煮 1 分钟左右，捞出来沥干水分，压成泥。

（3）将猪瘦肉洗净，剁成碎末，加少量盐腌 5 ~ 10 分钟。

（4）锅内加入植物油，烧热，下入肉末炒熟。

（5）锅内加入海味汤，下入准备好的肉末和木耳末，用中火煮 10 分钟。

（6）加入豆腐和盐，再煮 3 分钟，边煮边搅拌，加入白糖调味即可。

牛奶香蕉泥

【原料】牛奶 1 大勺（50 毫升左右），新鲜香蕉半根。

【做法】

（1）香蕉剥去皮，切成小块，用汤匙研成细泥。

（2）锅内倒入牛奶，把研好的香蕉泥倒进去一起煮，边煮边搅拌。

（3）熄火后，晾凉，即可喂给宝宝。

鲜虾豆腐羹

【原料】嫩豆腐1小块，胡萝卜、黄瓜各1小段，番茄半个，虾仁、葱、生姜各少许，食用油、盐、鸡精、鸡汤、水淀粉各适量。

【做法】

（1）嫩豆腐切小块；胡萝卜、黄瓜、番茄分别切丁；葱、生姜切末。

（2）油锅烧热，放入姜末、葱末爆香，然后放胡萝卜翻炒片刻，再加黄瓜、番茄一起翻炒。

（3）加盐、鸡精、清水，烧开后放入嫩豆腐，再烧开时放入虾仁。

（4）等虾变色后淋入水淀粉勾芡即可。

排骨花生汤

【原料】猪排骨100克，花生150克，葱、生姜各少许，盐、花椒水、醋各少许。

【做法】

（1）排骨洗净，斩成段，倒入沸水中氽烫一下，捞出。

（2）花生用清水泡20分钟，葱、生姜洗净，切成末。

（3）将锅置于火上，倒入清水、醋后，放入排骨、花生，大火煮沸后改小火，炖烂。

（4）加入葱末、姜末、花椒水、盐，煮沸即成。

水果藕粉

【原料】藕粉5克，苹果（桃、杨梅、香蕉均可）75克。

【做法】

（1）将藕粉中加入适量清水调匀；苹果去皮，刮成极细的苹果泥。

（2）将小锅置于火上，加大半碗清水烧至沸腾，倒入调匀的藕粉，用小火慢慢熬煮，边熬边搅动，熬至透明为止；最后加入苹果泥，稍煮即可。

铁：天然造血剂

1 铁对宝宝的作用

铁元素对宝宝来说是很重要的元素。铁是血红蛋白里很重要的成分，它参与血红蛋白的构成，参与氧的构成，为整个身体供氧。因此要给宝宝补充足够的铁质，保证身体发育的需要。

正常的宝宝出生后，体内会存储一定量的铁，足够宝宝三四个月的生长发育所需；然而，随着宝宝的成长，到五六个月的时候，其体内储存的铁已耗尽，而此时宝宝的发育非常迅速，需要大量的营养素，这个时候需要及时给宝宝添加辅食，以确保宝宝对铁的需求。如果没有及时为宝宝添加含铁的辅食或添加太少，就会使宝宝因为缺铁而患上缺铁性贫血。

2 不同阶段宝宝对铁的需求

0～6个月婴儿每天的适宜摄入量为0.3毫克；7～11个月婴儿每天的适宜摄入量为10毫克；1～3岁幼儿每天的适宜摄入量为12毫克。

3 宝宝缺铁的症状

宝宝缺铁会引发贫血，轻度贫血一般没有明显症状，不容易被发现，有时仅是去做体检才偶然发现血色素低。然而，我国婴幼儿缺铁的发生率很高，1岁以下的婴儿患病率可达22%～31%。

最初，宝宝可能只是脸色略显苍白，大一点的宝宝在活动时会表现出易疲劳的现象。随着病情发展，宝宝会出现不活泼的现象，还有爱哭闹、注意力不集中、记忆力减退、反应慢、消化不良、食欲不好、腹泻等症状。当宝宝严重缺铁时，脸色会更加苍白，嘴唇、指甲、手掌等也会缺少血色，并因免疫力下降而导致呼吸道、消化道感染。如果宝宝长时间缺铁，将会导致身体发育缓慢，智力发育也会受影响。更严重的是宝宝还会出现“异食癖”现象。

4 铁的主要食物来源

动物的肝、心、肾，蛋黄，瘦肉，黑鲤鱼，虾，海带，紫菜，黑木耳，南瓜子，芝麻，黄豆，绿叶蔬菜等都含有丰富的铁。

5 补充铁的营养食谱

鱼泥豆腐羹

【原料】鲜鱼1条，豆腐1块，淀粉、香油、葱花、生姜、盐各适量。

【做法】

（1）将鱼洗净，加少许盐、生姜，上蒸锅蒸熟后去骨刺，捣成鱼泥。

（2）在锅中加水，再加少许盐，放入切成小块的嫩豆腐，煮沸后加入鱼泥。

（3）加入少量淀粉、香油、葱花，勾芡成糊状即可。

猪肝蛋黄粥

【原料】猪肝30克，新鲜鸡蛋1个，大米50克，料酒、盐各少许，清水适量。

【做法】

（1）将大米淘洗干净，先用冷水泡2小时左右。

（2）将猪肝洗净，去掉筋、膜，用刀或边缘锋利的汤匙刮成细蓉，放入碗里，加入料酒、盐腌10分钟。

（3）将鸡蛋洗净，煮熟，取出蛋黄，压成泥备用。

（4）锅内加适量清水，将大米放进去煮成稀粥。

（5）准备好的肝泥、蛋黄泥加入粥中搅拌均匀，再煮10分钟左右，熄火晾凉即可。

菠菜猪肝汤

【原料】猪肝、盐各适量，菠菜、姜丝、冰块、香油各少许。

【做法】

（1）猪肝洗净、切片，放入冰块拌腌；菠菜洗净，切段、备用。

（2）把水、姜丝放锅中煮到沸腾，加入盐调味，再把猪肝沥去血水与菠菜段一起放入锅中，以大火，煮滚后滴入香油即可。

菠菜拌鱼肉

【原料】鱼肉、菠菜各适量。

【做法】

（1）鱼肉去皮、骨，放入沸水中汆烫熟，捣碎。

（2）将菠菜叶洗净、煮熟、捣烂。

（3）将鱼肉与菠菜混合均匀即可。

锌：提高智力

1 锌对宝宝的作用

人体内脂肪、蛋白质和糖类这三大基础营养的代谢都离不开一种特殊的蛋白质——酶的参与，而人体内近300种酶的活性都与锌有关，可见锌对人体的重要作用。锌对宝宝的好处主要有以下几方面：

（1）加速宝宝生长发育

锌广泛参与核糖核酸和蛋白质的代谢，因此也影响到各种细胞的正常生长与再生，锌还具有加快细胞分裂的作用，使细胞的新陈代谢水平较高，所以锌对于处在生长发育期的宝宝来说十分重要。

（2）促进宝宝智力发育

锌能促进脑细胞的分裂和发育，对宝宝智力发育十分有益。锌还对维持海马功能有着十分重要的作用，海马是大脑中控制记忆的重要核团，而海马内锌的含量最高。此外，锌还参与神经分泌活动，具有增强记忆力和反应能力的功能。

(3) 提高宝宝免疫力

锌是对免疫功能产生影响最为明显的微量元素。锌有促进免疫细胞增殖的功效，同时还能提高胸腺嘧啶的活性，加速 DNA 的合成，对增强身体免疫机制、提高身体抵抗力、防止细菌感染有很好的功效。

(4) 增进宝宝食欲

锌能参与唾液蛋白的合成，唾液中味觉素的分子中含有两个锌离子，为味蕾及口腔黏膜提供营养。同时，锌对维持口腔黏膜细胞的功能也起着重要作用。锌能促进口腔黏膜细胞的发育，使味蕾细胞能充分接受来自食物的刺激，使味觉敏感度提高，增强食欲。另外，锌还能增强消化系统中羧基肽酶的活性，具有促进消化、增强食欲的功效。

2 不同阶段宝宝对锌的需求

锌在婴幼儿的生长发育中是不可缺少的。缺乏锌不但使生长停滞、创伤愈合不良，还会出现性发育不良。7～12 月婴儿锌的推荐摄入量为 8 毫克，1～3岁的幼儿为 9 毫克，学龄前儿童为 12 毫克。

3 宝宝缺锌的症状

(1) 经常口腔溃疡，或者舌苔上出现类似地图状的舌黏膜脱落物。

(2) “异食癖”。宝宝经常咬指甲、衣物、玩具等硬物，可能还会吃头发、纸屑、泥土等奇怪的东西。

(3) 指甲出现白斑，手指长倒刺。

(4) 视力下降。

(5) 多动且爱出虚汗、反应慢、注意力不集中、学习能力差。

(6) 出现外伤时伤口愈合慢，易患皮炎、顽固性湿疹等皮肤病。

（7）消化功能减退，宝宝食欲不振，甚至厌食。

（8）生长发育较慢，身高、体重都低于同龄宝宝。

（9）免疫功能降低，经常感冒发烧，易患扁桃体炎、支气管炎、肺炎等感染性疾病。

4 锌的主要食物来源

锌元素主要存在于海产品、动物内脏中，其他食物中含锌的很少。水、主食类食物以及孩子们爱吃的蛋类里几乎都没有锌，而且含锌的蔬菜和水果也不是很多。

动物性食品含锌量普遍较高，每100克动物性食品中含锌3～5毫克，并且动物性蛋白质分解后所产生的氨基酸还能促进锌的吸收，其中含锌量以牡蛎最高。植物性食品中含锌量较少。每100克植物性食品中含锌1毫克左右。其中以豆类、花生、萝卜、小米、大白菜等含量较高。

牡蛎、蛏子、扇贝、海螺、动物肝、禽肉、瘦肉、蛋黄及蘑菇、豆类、小麦芽，海带、坚果等锌的含量较高。一般来说，动物性食物含锌量比植物性食物更多。

5 补充锌的营养食谱

核桃仁鸡汤糊

【原料】核桃仁、嫩菠菜叶各20克，面粉30克，新鲜鸡蛋1个，植物油10毫升，奶油15克，鸡汤、鲜牛奶各适量，盐少许。

【做法】

（1）核桃仁剥去外皮，放到料理机中打成粉。

（2）牛奶倒到一个干净的容器里，加入核桃粉，静置20分钟。

（3）菠菜叶放到沸水锅里焯2～3分钟，捞出来沥干水，切成碎末备用。鸡蛋洗干净，打到碗里，加入奶油，用筷子搅匀。

（4）锅内倒入植物油，待烧到八成热时加入面粉炒2分钟。

（5）加入鸡汤、调好的核桃牛奶，用文火煮10分钟，加入打好的鸡蛋和菠菜末，用文火煮2~3分钟，加入盐调味即可。

牡蛎鲫鱼汤

【原料】牡蛎粉、鲫鱼、豆腐、鸡汤、酱油、盐、料酒各适量，葱、姜、青菜各少许。

【做法】

（1）鲫鱼去鳞、鳃、内脏，洗净。

（2）豆腐切4厘米长、3厘米宽的块。

（3）生姜切片，葱切花，青菜叶洗净。

（4）把酱油、盐、料酒抹在鱼身上，将鲫鱼放入炖锅内，加入鸡汤，放入生姜、葱和牡蛎粉，烧沸。

（5）加入豆腐，用温火煮30分钟后，下入青菜叶即成。

碘：预防甲状腺疾病

1 碘对人体的作用

碘是人体必需的营养素，它参与甲状腺素的合成，甲状腺可刺激细胞中的氧化过程，对身体代谢产生影响，宝宝的智力、说话能力、头发、指甲、皮肤和牙齿等情况的好坏都与甲状腺的健康状况有关。碘还有调节体内热量产生的功能，可促进宝宝的生长和发育、刺激代谢速率，并协助人体消耗多余的脂肪。

碘是人体甲状腺素的重要组成成分，因此，它对于人体生理功能的调节有着不可忽视的重要作用。尤其是对于新生宝宝来说，至关重要，这是因为甲状腺素能促进幼小动物的生长发育，缺碘可以引起侏儒症。除此之外，碘还能促进神经系统的发育，维持正常的生殖功能，当碘严重不足时婴幼儿会出现身体发育迟缓或智力低下等症状。

2 宝宝缺碘的原因

宝宝缺碘分先天和后天。先天缺碘是指胎儿时期母体缺碘导致宝宝出生后缺碘；后天缺碘是指宝宝出生后碘摄入量不足，包括母乳含碘不足和辅食含碘不足。但是无论是先天缺碘还是后天缺碘，除去地方性缺碘的情况外，主要是由于饮食搭配不合理、烹饪不科学造成的。例如：做菜时习惯将盐直接放入油锅爆炒，很容易造成碘挥发，使饮食中含碘量低。

3 宝宝缺碘的症状

（1）出现甲状腺肿肿大和甲状腺功能减退。

（2）头发干燥，肥胖，代谢迟缓。

（3）出现身体和心智的发育障碍。

4 碘的主要食物来源

（1）海带

海带的含碘量高达5%～8%，海带中还含有大量的甘露醇，甘露醇与钾等协同作用，对防治肾功能衰竭、水肿、慢性气管炎、贫血、水肿等疾病有较好的效果。

另外，海带中含有大量的不饱和脂肪酸和食物纤维，能清除附着在血管壁上的胆固醇，调理肠胃，对宝宝的身体非常有益。

需要注意的是，由于海水污染的问题，海带中砷的含量也很高。砷与砷的化合物都有毒，所以为了保证宝宝的安全，在给宝宝做海带之前一定要用足够的水浸泡24小时以上，并在浸泡的过程中不停地换水，以防宝宝砷中毒。

（2）其他含碘较多的食物

紫菜、海蜇、海虾、鲜带鱼、干贝、海参等。

5 补充碘的营养食谱

橘味海带丝

【原料】泡好的海带、新鲜大白菜各150克，干橘皮15克，香菜段少许，白糖、鸡精、香醋、酱油、香油各适量。

【做法】

（1）海带和大白菜均冲洗干净，切成细丝放在盘里。

（2）干橘皮用水泡软，捞出后剁成碎末，放入碗里加醋搅拌。

（3）将酱油、白糖、味精、香油倒入海带丝里调匀，撒上香菜段，再把橘皮液倒入盘中拌匀即可。

五色紫菜汤

【原料】紫菜30克，熟猪肉、玉兰片、水发冬菇、胡萝卜各15克，豌豆10粒。盐、鸡油各少许，清汤3碗。

【做法】

（1）胡萝卜去皮，切成薄片，用开水氽烫一下，捞出沥水，备用；熟猪肉切成片；玉兰片切成小薄片。

（2）紫菜用凉水发开，洗净，沥干，放在汤碗中；冬菇洗净、去蒂，切成片。

（3）锅置火上，加清汤，煮沸后，放入除紫菜以外所有食材，一起煮5分钟左右，撇去浮沫，加盐、鸡油搅匀，倒入紫菜汤碗中即成。

海带鸭血汤

【原料】水发海带50克，鸭血500毫升，原汁鸡汤1000毫升，盐、料酒、葱花、姜末、青蒜末、香油各适量。

【做法】

（1）水发海带洗净，切成2厘米的长条，再切成菱形片，放入碗中以备用。

（2）鸭血加盐少许，调匀后放入碗中，隔水蒸熟，用刀划成1.5厘米见方的鸭血块，待用。

（3）锅置火上，倒入鸡汤，武火煮沸，再倒入海带片及鸭血，烹入料酒，改用文火煮10分钟，加适量葱花、姜末、盐，煮沸时调入青蒜碎末，拌和均匀。停火，淋入香油即成。

乳酸菌：保持肠道健康

1 乳酸菌对宝宝的作用

（1）为宝宝提供营养

乳酸菌在体内发生代谢，能产生必需氨基酸和各种维生素（B族维生素和维生素K等），同时还能提高矿物质的活性，有利于营养素的消化吸收，进而起到为宝宝提供营养物质、增强代谢功能、促进生长发育的作用。

（2）维护宝宝肠道健康

乳酸菌能使肠道菌群的构成发生有益变化，使肠道处于健康的酸性环境中，抑制痢疾杆菌、伤寒杆菌、葡萄球菌等病原菌的繁殖，使肠道细菌生态正常并形成抗菌生物屏障，维护宝宝身体健康。

（3）提高宝宝免疫力

乳酸菌具有阻止细菌繁殖、激活巨噬细胞吞噬作用、产生抗体及促进细胞免疫的功能，能有效抵御细菌和病毒侵入人体，提高宝宝的抗病能力。

2 富含乳酸菌的食物

（1）酸奶

通过在牛奶里添加益生菌发酵而成，营养价值比普通牛奶高。一方面具有与普通牛奶同等的营养成分，另一方面酸奶因为添加了益生菌所以具有保健功能，而且能够促进人体对牛奶中营养成分的消化吸收。可以说，酸奶是具备营养与保健功能的优秀食品，对宝宝的健康十分有益。

（2）乳酸菌饮料

乳酸菌饮料也是有益细菌发酵的食品，具有和酸奶相似的保健功能，如预防腹泻、增强免疫力、缓解乳糖不耐受症状及防治便秘等。而且，乳酸菌饮料的味道酸酸甜甜，更使它受到宝宝们的百般宠爱。

3 补充乳酸菌的营养食谱

酸奶香蕉

【原料】香蕉1根，柠檬10克，酸奶120克，鲜奶60克，胡萝卜1根。

【做法】

（1）香蕉剥皮，切段；柠檬洗净，去皮、子；胡萝卜洗净。

（2）所有材料放在榨汁机内榨汁饮用即可。

酸奶水果盅

【原料】橙子1个，酸奶1杯，猕猴桃1个，草莓5颗。

【做法】

（1）橙子对切，用小刀沿橙皮划开，小心挖出果肉。

（2）猕猴桃去皮，切小粒；草莓洗净，去蒂，切小粒；橙肉切小粒。

（3）将所有果粒装碗内，倒入酸奶拌匀，放冰箱里冷藏10分钟。

（4）取出后装入橙盅内即可。

牛磺酸：促进宝宝发育

1 牛磺酸对人体的作用

牛磺酸广泛存在于人脑中，能促进神经系统的发育和细胞的增殖，在宝宝脑神经细胞发育的过程中起重要作用。另外，牛磺酸还具有促进垂体激素分泌、活化胰腺功能的作用，可以结合白细胞中的次氯酸并生成无毒性物质，从而能调节机体内分泌系统的代谢，提高人体免疫力。另外，牛磺酸对人体还有以下几点好处：

（1）**提高宝宝记忆力**

牛磺酸可以提高记忆能力，对于较大的宝宝还能有效提高其记忆的准确性。另外，牛磺酸对于抵抗神经系统衰老也有一定的积极作用。

（2）**提高宝宝的视觉功能**

牛磺酸能促进宝宝的视网膜发育，如果长期缺乏牛磺酸，就可能导致宝宝出现视网膜功能紊乱症状。

（3）**保护宝宝的心血管**

牛磺酸具有抑制血小板凝集、降低血脂、保持血压正常和防止动脉硬化的功效，对心肌细胞也有保护作用，能有效维护宝宝血液循环系统的正常功能。

（4）**促进脂类的吸收**

牛磺酸能与胆汁酸结合形成牛磺胆酸，牛磺胆酸是消化道中脂类吸收的必需物质。牛磺胆酸具有增加脂质溶解性、降低胆汁酸毒性、抑制胆固醇结石的功效，对促进宝宝对脂类的吸收有很好的作用。

2 牛磺酸的主要食物来源

牛磺酸是一种含硫的氨基酸，在体内以游离状态存在，不参与体内蛋白质的生物合成。它能促进胆汁的合成与分泌，对受损的肝细胞有促进恢复的作用，并可改善宝宝的肝功能；可促进宝宝的大脑发育，增强宝宝的视力；还能帮助钾、钠、钙、铁和锌在细胞内外转运，可以促进宝宝对这些营养素的吸收。

二十二碳六烯酸（DHA）不但是脑神经传导细胞中的主要成分，也是促进大脑细胞发育的重要角色，而且有助于视觉发展。因为人体自身无法生成DHA，所以需要从饮食中额外补充，才能确保大脑获得足够营养素，以帮助大脑细胞发育。

3 宝宝缺乏牛磺酸的症状

（1）生长发育缓慢。

（2）智力发育迟缓。

（3）视网膜功能紊乱。

（4）免疫力低下。

（5）记忆力差，学习能力低。

（6）有的宝宝会出现贫血。

4 补充牛磺酸的营养食谱

芝麻小鱼

【原料】沙丁鱼 2 个，面粉少许，芝麻半汤匙，酱油少许，醋 1 汤匙。

【做法】

（1）将芝麻研磨成粉。

（2）沙丁鱼处理干净后撒上面粉，放入油锅中煎熟。

（3）将芝麻粉、酱油、醋混合均匀，淋在煎好的鱼上即可。

鲑鱼粥

【原料】大米 50 克，鲑鱼肉 20 克，清水适量，盐少许。

【做法】

（1）将大米淘洗干净，用冷水泡 2 小时左右。

（2）将鲑鱼肉洗干净，去皮，放到锅里蒸熟，挑出鱼刺，用汤匙捣成鱼肉泥。

（3）大米连水加入锅中，先用武火烧沸，再用文火煮成稀粥。

（4）加入鱼肉泥，再煮 1 ~ 2 分钟，边煮边搅拌，加入少量盐调味即可。

卵磷脂：高级神经营养素

1 卵磷脂对宝宝的作用

（1）健脑益智

卵磷脂是重要的磷脂之一，而大脑是含磷脂最多的器官，所以卵磷脂是大脑细胞和神经系统发育不可缺少的营养物质。卵磷脂能维持脑细胞正常功能，为神经细胞的生长提供充足的原料，促进脑容积的增长，对于处在大脑发育关键期的宝宝来说，卵磷脂十分重要。

（2）净化血液

卵磷脂具有分解油脂的作用，能将附着在血管壁上的胆固醇、脂肪乳化成微粒子而溶于血液中并通过肝脏排泄掉。另外，卵磷脂还可以降低血液黏稠度，进而起到促进血液循环、为大脑提供含氧充足的血液的作用。

（3）保护肝脏

卵磷脂中所含的胆碱对脂肪代谢有着重要作用。卵磷脂能促进肝细胞的活化和再生，使脂肪降解排出，减少脂肪在肝细胞内的沉积量，从而有效预防肝脏疾病。另外，卵磷脂还能增强人体的解毒功能，消除有害物质对人体的危害。

（4）降低血糖水平

卵磷脂能修复损伤细胞膜及内膜系统，从而增强胰脏细胞的功能，提高人体内的胰岛素水平，进而起到降血糖的作用。

2 缺乏卵磷脂的危害及症状

宝宝缺乏卵磷脂，会影响大脑及神经系统的发育，造成智力发育迟缓、学习能力下降、反应迟钝等。

3 卵磷脂的主要食物来源

磷广泛存在于动植物体中，在它们的细胞中都含有丰富的磷，包括动物的乳汁中也含有磷。磷是与蛋白质并存的，当膳食中热量与蛋白质供给充足时不会引起磷的缺乏。紫菜、海带、坚果、油料种子、豆类等中也含有非常多的磷；禽、鱼、蛋、奶、瘦肉、动物内脏中也都含有很高量的磷，但谷类食物中的磷主要以植酸磷的形式存在，如果不经过加工处理，不容易被人体吸收。

4 补充卵磷脂的营养食谱

三色粥

【原料】粥 3/4 碗，鲑鱼肉 15 克，蛋黄半个，菠菜 1 棵，味精少许。

【做法】

（1）菠菜叶洗净汆烫后剁成泥状；鲑鱼肉洗净，煮熟，压碎；蛋黄压碎。

（2）粥煮滚后加入鲑鱼肉泥、蛋黄泥、菠菜泥拌匀，加入少许味精调味，即可食用。

丝瓜坚果汁

【原料】坚果 5 克，丝瓜 1/4 根，薯片 2 片。

【做法】

（1）坚果泡水 30 分钟，放入榨汁机内，加半杯凉开水打烂，滤渣取汁备用。

（2）丝瓜洗净刮皮，切成薄片。

（3）锅里放 4 杯水，将薯片、丝瓜片放入煮开后，转小火续煮 8 分钟，再放入坚果水，续煮 2 分钟，关火待温，取其汁装入奶瓶当水来喂食，亦可用来煮粥、面条或当汤喝。

水果麦片粥

【原料】速溶麦片 2 大勺（60 克左右），牛奶或配方奶 60 毫升，香蕉 1/4 根（20 克左右），清水适量。

【做法】

（1）香蕉剥去皮，切成碎末备用。

（2）麦片放到锅里，加入牛奶（或配方奶）和适量的清水，用文火煮5分钟左右。

（3）加入香蕉末，再煮1～2分钟，边煮边搅拌，熄火即可。

【原料】大米50克，牛奶半杯，水1大杯。

【做法】

（1）大米淘洗干净，用水泡1～2个小时。

（2）锅内加水烧沸，下入大米用文火煮30分钟，煮成糊状，加入牛奶再煮片刻即可。

第二节 宝宝常见不适与疾病的饮食调理

营养不良

1 营养不良的原因

婴幼儿营养不良常见的原因主要有以下几方面：

（1）饮食不当，热量长期摄入不足

可因长期喂养不当，热量不足，如无母乳用奶粉替代，而奶粉配制又过稀；虽有母乳，但母乳不足而又未及时添加其他乳品；突然停奶而未及时添加辅食或辅食添加不合理，蛋白质、脂肪、糖类比例不当；断奶太晚或断奶后未给孩子足够的蛋白类食物，而是长期以米粥等淀粉类食物为主。这些都是小儿营养不良的原因。喂养不恰当，如喂了过多的高蛋白、高脂肪及高糖类食物，也可使小儿出现消化不良，如反复不愈就使小儿肠胃消化吸收功能减弱。此外，父母没有从小培养孩子良好的饮食习惯，孩子吃东西挑挑拣拣，使其摄入的营养素比例不当。

（2）某些疾病导致的消化吸收障碍

如小儿的先天性消化道畸形，如唇裂、腭裂、幽门肥大或贲门松弛等；小儿腹泻特别是迁延性腹泻、过敏性肠炎、肠吸收不良综合征等；各种传染病如麻疹、肝炎、结核；肠道寄生虫病如蛔虫、钩虫等。

(3) 慢性消耗性疾病

反复发作的肺炎、结核病、恶性肿瘤等。这类疾病由于长期发热，食欲不振，摄食减少，而消耗增加，从而导致营养不良。

(4) 需要量增多

小儿的先天不足如早产儿、双胎儿、足月低体重儿等在生后的生长发育过程中可因营养物质的需要量增多而造成相对缺乏。

2 营养不良的饮食原则

(1) 调整宝宝的三餐结构

宝宝的饮食应以清淡、富含维生素与矿物质、易消化的食物为主，减少过于油腻食物的食用量。特别推荐富含β-胡萝卜素的食物，能增强宝宝对病原微生物的抵抗力，防止患呼吸道及消化道感染。

(2) 合理的烹调方法

宝宝的食物制作应以用水为传热介质的烹饪方法，如煮、炖、煲、蒸等，少用煎、烤等以油为介质的烹调方法，合理的烹调方法能促进宝宝脾胃的消化吸收，有效预防营养不良。

(3) 饮食有节制

防止宝宝吃过饱伤及脾胃，使他保持旺盛的食欲。

3 营养不良的食谱推荐

牛奶蛋黄粥

【原料】大米 1 汤匙，牛奶 1 大勺，鸡蛋黄 1/3 个，蜂蜜少许，水 100 毫升。

【做法】

(1) 将大米用水淘洗干净，将鸡蛋煮熟，取 1/3 个蛋黄，放入小碗内，用汤匙背研碎。

（2）锅上火，加入100毫升水，上火煮开，加入大米烧开后改用文火煮30分钟。

（3）粥将熟时将牛奶和鸡蛋黄加入粥内，再稍煮片刻出锅即成，出锅后趁热加入蜂蜜待降温后即可食用。

蔬果虾蓉饭

【原料】番茄1个，香菇3个，胡萝卜1个，西芹少许，大虾50克。

【做法】

（1）把番茄加入沸水中烫一下，然后去皮，再切成小块；香菇洗净，去蒂切成小碎块。

（2）胡萝卜切粒；西芹切成末；大虾煮熟后去皮，取虾仁剁成蓉。

（3）把所有菜果放入锅内，加少量水煮熟，最后再加入虾蓉，一起煮熟，把此汤料淋在饭上拌匀即可。

厌 食

1 厌食的原因

（1）宝宝出现食欲不振的原因，包括先天及后天两种因素

有先天脾胃虚弱、消化功能障碍等。后天则包含多种不当：如婴幼儿饮食不知节制，如暴饮暴食；或偏食或吃太多生冷、粘腻、油炸、甜食或热量高的食物，导致胃肠积滞、影响食欲；有因为疾病引起的，如肝炎、慢性胃炎；有的可能因服用药物引起消化道不良反应而影响食欲。

（2）各种感染也常会伴有厌食现象

宝宝拒食的常见原因是上呼吸道感染、泌尿道感染、中耳炎、脑膜炎、败血症等，常以突然食欲不振为其先驱症状，应予以注意。

（3）注意其他因素和某些药物也可引起食欲不振

别的因素和药物也会导致宝宝食欲不振。

（4）**影响宝宝厌食还有精神方面的因素**

如陌生的环境可使宝宝产生恐惧心理而影响进食；宝宝过度疲劳、情绪紧张也会影响进食；偏食、吃糖果或其他甜食等零食过多的不良饮食习惯也会影响进食。由于这些因素引起的厌食，在除去相关因素后，一般在短期内即可好转。

总之，引起厌食的原因较多，在未找到原因之前，必须对病情进行密切观察，明确病因，对症治疗，切勿乱用开胃药物。

2 厌食的对策

（1）让宝宝有一个比较安静的进食环境，使他能轻松愉快地进食。因为人的消化系统受情绪的影响，心绪紧张会导致食欲减退，因而在宝宝进食时，大人不要高声谈笑，更不可逗引宝宝，或者叫他做这做那。

（2）宝宝的食物除考虑到各种营养以外，还应注意丰富多样和容易消化，尽量做到食物品种多样、色香味形俱佳，使宝宝看到、闻到就产生想吃的欲望。同时，做给宝宝吃的菜，应切得细些，饭不要煮得太干，以便于宝宝咀嚼。

（3）平时应定时、适量地给宝宝进食，并保证让宝宝吃一定数量的蔬菜和水果，注意不要让宝宝吃得过饱。

（4）别给宝宝吃零食、甜食，肥腻、油煎的食品也应少吃，饭前半小时不宜给宝宝吃任何东西，即使是一颗糖，一块饼干，就连开水也别给他喝，以免抑制食欲和冲淡胃酸。

（5）宝宝的胃口不可能每顿都一样，有时好点，有时差点，不要强求他一定得吃多少，尤其不可强制宝宝吃那些市售的所谓“高级营养品”。当宝宝不想吃饭时，千万不要强迫他，因为适当的饥饿感，可以彻底改善宝宝的食欲。还有，宝宝有时要一口菜一口饭

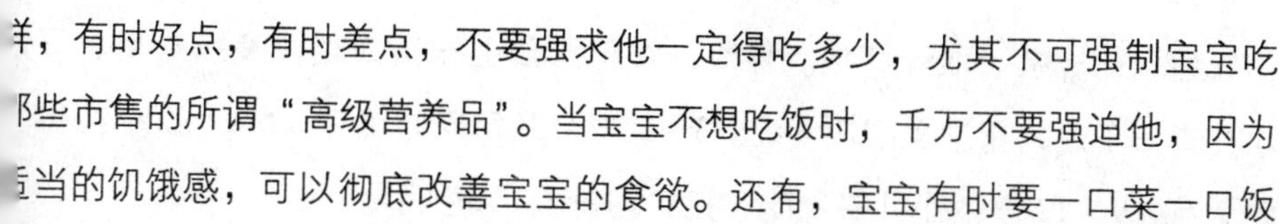

地吃，有时却喜欢把菜拌在饭里吃，大人一般不要去干涉。

（6）不要在宝宝面前议论他的饭量，也不要谈论宝宝爱吃什么、不爱吃什么，别给宝宝许下什么“吃一口，讲一个故事”的愿，对宝宝不要百依百顺，但也不能哄、骂、压。

（7）在宝宝进食前，一定得把所有玩具全部收去，不能让宝宝边吃边玩。

如果采用了上面这些做法以后，宝宝仍然无进食要求的话，那就让他坐在旁边，看着大人吃饭。这时如果宝宝哭闹，也别理他，等到他要求进食时，再给他吃。

3 宝宝厌食的食谱推荐

淮山内金粥

【原料】淮山药15～20克，鸡内金9克，小米或大米150克，白糖适量。

【做法】

（1）将山药、内金研成细末；米淘洗干净。

（2）锅置火上，放入适量清水、米、山药、内金共同煮粥。米熟烂后加适量白糖调味即成。

冰糖乌梅

【原料】乌梅、冰糖各60克，白糖适量。

【做法】

（1）将乌梅洗净，放入锅内，加水适量，浸泡发透，再加热煎煮到半熟捞出。

（2）将煮至半熟的乌梅去核，果肉切成丁，再放入原液中，加碎冰糖继续煎到七成熟，取汁即成。待冷，外部再蘸上一层白糖，装瓶备用。可治小儿胃津不足、胃纳差的厌食症。3～5岁小儿每次吃1克，6～8岁小儿每次吃2克，9～12岁的小儿每次吃3克；均每天吃3次。

山楂饼

【原料】山楂15克，鸡内金7.5克，山药粉、面粉各75克，食用油适量。

【做法】

将山楂、鸡内金研为细末，与面粉等加清水适量作为面团，捏成饼，放油锅中煎至两面金黄时即成。

萝卜饼

【原料】白萝卜350克，猪瘦肉150克，山药粉、面粉各适量，葱、生姜、花椒、盐各适量。

【做法】

将白萝卜洗净切丝，炒至五成熟，与猪肉同剁细，加葱、生姜、花椒、盐等拌匀；面粉加清水适量做成面团，擀成面皮，以萝卜馅为心，做成夹心小饼，置油锅中烙熟服食，每日1～2次，空腹服食。

肥　胖

1 肥胖的原因

引起小儿单纯性肥胖的原因主要有以下几点：

（1）遗传因素

父母均肥胖，其子女肥胖的风险大于正常人群的70%～80%；双亲之一肥胖，其后代患病率40%～50%。出生体重也与肥胖的发生有关，因为在胎儿后期，脂肪细胞的数量和体积的增加是一生中最快的，而且脂肪细胞一旦形成则不会消失，所以为肥胖的产生奠定了基础。

（2）饮食行为因素

过多进食，缺乏运动，因而使摄入的热量高于身体的需要量，多余的能量便转化为脂肪而积聚于体内；父母的饮食习惯及育儿观念等也对小儿有明显影响，例如过度喂养、过早添加高热量的食物、用食物作为奖赏或惩罚的手段等均可导致肥胖症。

（3）活动量因素

由于缺少活动，缺乏消耗，相对热能剩余，从而导致肥胖。

2 肥胖的饮食原则

（1）饮食应以低脂肪、低糖、低热量为主的原则。

（2）先从主食减起，后减副食；先减晚餐，后减中餐、早餐；进食量应循序减少，即先减1/4量，依次1/3量、1/2量。

（3）掌握好早、中、晚三餐的分配量，早餐占全天饮食总量的35%，要吃好；中餐占45%，要吃饱；晚餐占20%，要吃少。

（4）掌握好各种营养素所占比例，其中蛋白质占总量20%，脂肪占30%，碳水化合物占50%。

（5）宝宝可以多吃的食物：瘦肉、鱼、蛋、奶、豆腐、豆浆、虾、动物肝、白菜、芹菜、萝卜、油菜、扁豆、豇豆、菠菜、花菜、黄瓜、冬瓜、番茄、豆芽、蘑菇、蒜苗、韭黄、生菜、茄子、苹果、梨等。

（6）宝宝应少吃的食物：米饭、面条、馒头、大饼、玉米、馅类食品、豆类、香蕉、葡萄、橘子、西瓜等。

（7）宝宝尽量不吃的食物：土豆、番薯、糖、巧克力、甜饮料、甜点心、快餐食品、油炸食品、膨化食品、果仁、肥肉、黄油等。

每次进餐的顺序，应该先吃蔬菜、水果，以便先有一定的饱腹感，然后喝汤，最后进主食；为了避免宝宝很快饥饿，饮食中多进食一些热量低、体积大的蔬菜和水果；餐后让宝宝刷牙，去掉口腔中食物的气味，避免诱发食欲；餐后把食品放在宝宝不容易看到的地方，减少视觉刺激；宝宝总是想吃时，以一些有趣的游戏转移其注意力。

3 宝宝肥胖的食谱推荐

佛手海蜇

【原料】海蜇500克，黄瓜250克，糖、米醋、香油、盐、葱末、蒜片各适量。

【做法】

（1）将海蜇皮用凉水泡24小时，洗去泥沙，切成小长条，再用刀顺长划四下，要均匀。

（2）开水晾至80℃，放入海蜇烫一下，迅速捞出，在冷水中浸泡1小时成手指状。

（3）鲜嫩黄瓜用刀一破两半，用刀连切四片薄片，注意前面不要切断，然后第五刀切断，撒盐腌10分钟，控去盐水。此时黄瓜成扇形，将海蜇从水中捞出，与黄瓜一齐用香油、盐、糖、醋、葱末、蒜片拌匀即成。

清蒸凤尾菇

【原料】鲜凤尾菇500克，盐3克，味精2克，香油3克，鸡汤适量。

【做法】

（1）将凤尾菇去杂洗净，用手沿菌褶撕开，使菌褶向上，平放在汤盘内。

（2）在凤尾菇的上面，加入盐、味精、香油、鸡汤，将盘放置笼内清蒸，蒸熟后取出即成。

夜啼

1 夜啼的原因

（1）生理原因

宝宝夜啼可能是由于冷、热、尿布湿了、饥饿等生理原因导致的，也可能是出生没多久的小宝宝还不适应昼夜环境。一般情况下，很多宝宝在夜间睡眠时都会醒，很多时候哭几声妈妈拍拍后可继续入睡。

（2）疾病原因

宝宝夜啼也可能是宝宝患病了，比如湿疹、虫咬皮疹、皮肤损伤等，妈妈一定要注意观察并给予合理的护理方法以缓解宝宝的不适。另外，如果宝宝夜啼很厉害，要警惕宝宝肠套叠。肠套叠宝宝的表现是会间歇性突然大哭，伴有面色苍白，还可能出现吐奶、便血等症状。

所以，对于夜啼的宝宝妈妈一定要仔细观察，区别对待。

2 宝宝夜啼的食谱推荐

百合红枣汤

【原料】百合25克，红枣5粒。

【做法】

将百合和红枣加水适量用大火煮开，然后小火煮30分钟。经常饮汤。

赤豆汤

【原料】赤豆1把，清水适量。

【做法】

（1）将赤豆放到锅里，加适量清水，先用武火烧沸，再改文火，煮到豆烂。

（2）过滤去渣，只喝水。

呕　吐

1 呕吐的常见表现

呕吐是宝宝常见的症状之一，可见于不同年龄的多种疾病。呕吐时，若护理不当，使呕吐物吸入气管，轻者可继发呼吸道感染，重者可致窒息。应复呕吐易导致水、电解质代谢紊乱，长期呕吐可致宝宝营养不良和维生素缺乏等症。

小儿呕吐的主要表现有：

（1）伤食呕吐常有腹胀，吐后腹胀减轻，吐出物为有酸臭味的宿食。

（2）各种感染引起的呕吐常同时有发热等其他表现。

（3）颅脑疾病引起的呕吐多为喷射式剧烈呕吐，并有其他颅脑损伤表现。

（4）由消化道畸形引起的呕吐常在出生后首次喂养即发生，持续不止。

（5）呕吐物如为灰白色、有酸味，说明是胃内容物，病位在胃和食管；呕吐物带黄绿色（含胆汁），说明病位在十二指肠以下的肠道；若呕吐物带粪臭味，说明下部肠道不通畅；呕吐物带血或咖啡渣样，说明胃肠道出血。

2 呕吐的饮食原则

（1）避免食用酸性食物、高脂肪食物和甜食。

（2）呕吐剧烈时应禁食4～6小时。

（3）食品应放置凉后食用，温热食容易引起呕吐。

（4）改变饮食成分，给宝宝较稠食物如浓米汤、米糊等。

（5）少食多餐，改变不良饮食习惯。

3 宝宝呕吐的食谱推荐

丁香酸梅汤

【原料】乌梅100克，山楂20克，陈皮10克，桂皮30克，丁香5克，白糖500克。

【做法】

（1）乌梅、山楂洗净后，逐个拍破，同陈皮、桂皮、丁香一起放入纱布袋中扎口。

（2）锅置火上，加水适量，药包放入水中用旺火烧沸腾，再转文火熬约30分钟，取出药包，静置15分钟，滤出汤汁，加白糖溶化即成，当作饮料服用。

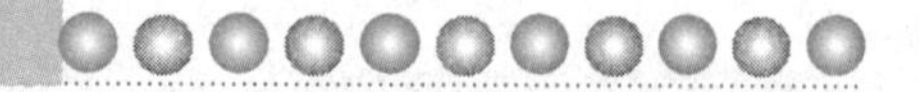

藕汁生姜露

【原料】鲜藕200克，生姜20克，蜂蜜30克。

【做法】

（1）藕洗净切碎，绞汁约120克。

（2）生姜去皮洗净切碎，绞汁约10克。两种汁兑在一起，加入蜂蜜，调匀即成。

腹　泻

1 腹泻的原因及类型

（1）宝宝腹泻的原因

宝宝腹泻是由病毒和细菌感染引起的急性疾病，由于发病急、进展快，所以经常导致宝宝出现急性脱水、中毒性休克等症状。

（2）宝宝腹泻的类型

婴幼儿腹泻一年四季都可能发生，以夏秋季最为常见，传播途径为消化道和呼吸道，分为感染性和非感染性两种类型。

1）感染性腹泻：宝宝夏季多发生感染性腹泻，表现为大便呈水样、量多，常带有黏液甚至脓血，每日排便10次以上，伴有脱水、发烧、呕吐、腹胀、烦躁不安或精神不振等症状。

2）非感染性腹泻：非感染性腹泻多由饮食不调、消化不良引起，属于轻度腹泻，表现为大便呈糊状、带有酸臭味，没有脓血黏液，每日排便少于10次，失水症状不明显。

2 腹泻的饮食原则

（1）首先要注意补充水分，最好服用口服补液盐，也可自制糖盐水代替。

（2）给宝宝以平时习惯的食物。此时不能添加新的食物品种。因腹泻而让宝宝禁食是不对的，要维持宝宝的营养需要。

（3）人工喂养的宝宝在腹泻期间，可给脱脂牛奶（除去奶皮）、去乳糖的配方奶或酸奶、蛋白水、藕粉、米糊等。腹泻完全停止后，可给少油、少渣饮食，如奶类、豆类、鱼、蛋等食品。

（4）开始喂养时，不给含纤维多的食品，如糙米、水果、蔬菜等。

（5）恢复期要添加营养，每日加一餐，以促进体力恢复。

3 宝宝腹泻的食谱推荐

胡萝卜汤

【原料】新鲜胡萝卜500克。

【做法】

（1）将胡萝卜洗净，切开，去掉里面的硬心。

（2）切成小块，加水煮烂，捣成泥。

（3）用干净纱布过滤去渣后，加水（每500克胡萝卜汁加1000毫升水），煮成汤。

淮山药粥

【原料】大米50克，淮山药细粉（药店有售）20克。

【做法】

（1）将大米淘洗干净，用清水浸泡30分钟备用。

（2）锅内加入适量清水，烧开，加入大米烧开，再加入淮山药细粉，一起煮成粥即可。

便 秘

1 便秘的原因

（1）饮食不足

宝宝进食太少会使体内糖分不足，出现大便减少、变稠等便秘症状。如果宝宝长期饮食不足还会营养不良，导致腹肌和肠肌张力变弱，甚至出现萎缩，加重便秘症状。

（2）营养过剩

妈妈都希望自己的宝宝长得又高又壮，于是一味地给宝宝增加营养，这就导致宝宝摄入的蛋白质和热量过高，引发便秘。

（3）未及时添加辅食

长期使用配方奶粉或其他代乳品喂养，没有及时添加辅食和水果汁的宝宝容易发生便秘。

（4）吃得过于精细

宝宝如果长期食用精细食粮就会导致体内缺少粗纤维，从而使肠壁的刺激不够，长期如此就容易发生便秘。

（5）喝水太少

水是最好的通便剂，如果宝宝喝水太少就会使肠道内水分不足，导致大便干燥。

不爱吃蔬菜和水果。有的宝宝平时不爱吃蔬菜和水果，体内缺乏维生素和纤维素，从而影响排便。

（6）没有训练宝宝养成定时排便的习惯

很多妈妈不重视训练宝宝定时排便的习惯，使宝宝没有形成规律的排便反射，导致肠肌松弛无力，引发便秘。

（7）运动量少

有的宝宝平时不爱活动，长期不活动就会使腹肌无力，肠蠕动能力降低，也会导致便秘。

（8）体格与生理的异常

如宝宝有肛门狭窄、先天性巨结肠、脊柱裂等异常症状，都会引起便秘。

2 便秘的饮食原则

婴幼儿便秘在饮食方面应注意以下问题：

（1）忌食刺激性食品及容易引起过敏的食品。

（2）肠出血量大时应暂时禁食。出血量减少后可给少量流质饮食，如牛奶、豆浆或浓米汤；少食多餐。

（3）出血完全停止可逐渐给予半流质食品如挂面、稀饭等，完全恢复期可吃些软饭、煮烂去渣蔬菜等。

（4）给予少渣、少油、容易消化、富于营养的软质饮食，如软饭、面食、牛奶、鸡蛋、肉类、水果等。

3 宝宝便秘的食谱推荐

米饮蜜蛋花

【原料】米饮（即米汤）1碗，蜂蜜适量，鸡蛋1只。

【做法】

（1）鸡蛋磕入瓷杯中，加入蜂蜜，用筷子打成蛋浆。

（2）米汤烧热；冲蛋浆中，用杯盖盖严，待15分钟后即可食用。

蜜奶芝麻羹

【原料】蜂蜜15～30克，牛奶100～200克，芝麻10～20克。

【做法】

芝麻炒熟研细末；牛奶煮沸后，冲入蜂蜜，搅拌均匀，再调入芝麻末调匀即成。

感 冒

1 感冒的饮食原则

感冒又称急性上呼吸道感染，俗称“伤风”，是小儿时期最常见的疾病。

感冒小儿应注意多饮水，吃一些容易消化的食物，以流质软食为宜，如菜汤、稀粥、面汤、蛋汤、牛奶等。还应多吃鸭梨、橘子、广柑等富含维生素 C 的水果。患儿没有食欲时，可暂减食入量，以免引起积食。饮食既要有充足的营养，又要能增进食欲，可用白米粥、小米粥配合甜酱菜、榨菜、豆腐乳等，也可吃些肉松。总之以清淡爽口为宜，还可给患儿喝些酸果汤汁，如山楂汁、红枣汤、山楂水及鲜广柑汁等，能增进食欲。如果退热时有食欲，可以给半流质饮食，如面片汤、馄饨、菜泥粥、清鸡汤挂面等，但不能一下子吃得过多，可少量多次。中医认为受邪不宜补，因此，感冒患儿应少吃荤腥食物，特别忌服滋补性食品。

2 宝宝感冒的食谱推荐

葱白粥

【原料】粳米 50 克，葱白、白糖各适量。

【做法】

先煮粳米，待粳米快熟时把切成段的葱白 2 ~ 3 茎及白糖放入即可。

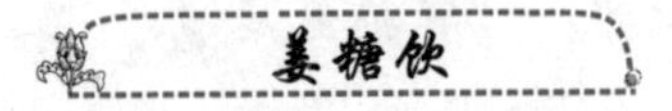

姜糖饮

【原料】生姜片 15 克，葱白适量，红糖 20 克。

【做法】

葱白切成 3 厘米长的段（共 3 段）与生姜一起，加水 50 克煮沸，加入红糖拌匀即可。

白萝卜炖大排

【原料】白萝卜500克，猪排适量，葱段、姜片、料酒、花椒、胡椒面、盐各少许。

【做法】

（1）将猪排剁成小块，入开水锅中焯一下，捞出用凉水冲洗干净，重新入开水锅中，放葱段、姜片、料酒、花椒、胡椒面、盐，用中火煮炖90分钟，捞去骨；白萝卜去皮，切条，用开水焯一下，去生味。

（2）锅内煮的排骨汤继续烧开，投入排骨和萝卜条，炖15分钟，肉烂、萝卜软即成。

发 热

1 发热的原因及表现

发热，一般说来，是人体和细菌、病毒等致病因素斗争的一种表现，或者说是人体抵御病症的自然反应。发热会消耗掉体内不少营养，使人的新陈代谢加快，体温升高。因此，发热时，应该补充比平时更多的营养，才能补上体能的消耗。然而，发热时，往往会胃口不好，不想吃东西，消化能力也很差，因此，每当发热后，人都会显得消瘦。

2 发热的饮食原则

（1）给宝宝提供充足的水分。

（2）给宝宝补充大量的矿物质和维生素。

（3）给宝宝供给适量的热能和蛋白质，而且要以流质和半流质饮食为主，并采取少吃多餐的饮食方法。流质饮食包括米汤、绿豆汤、鲜果汁等。米汤由大米煮烂去渣制成，水分充足而且便于吸收；绿豆性凉，有清热、解毒的作用；鲜果汁有清热解暑、止渴利尿的作用。上述食物都非常适合给发烧的宝宝补水。

(4) 发烧的宝宝食欲不好，不要勉强喂食。

(5) 宝宝发烧时不要添加以前没吃过的食物，以免引起腹泻。

3 宝宝发热的食谱推荐

蔗浆粥

【原料】鲜甘蔗汁100毫升，粳米100克。

【做法】

将鲜甘蔗汁加上适量清水和粳米，先用武火烧沸，再用文火煮成比较稀的粥即可。

牛奶米汤

【原料】牛奶半杯，米（大米或小米）50克。

【做法】

将米淘洗干净，加入清水煲烂，滤过米渣，加入牛奶调匀即可。

咳 嗽

1 咳嗽的原因

引起小孩咳嗽的原因很多，各种病原体入侵后引起鼻咽部、扁桃体、气管支气管以至肺部的感染，都是小孩咳嗽的常见原因。

另外，小孩感冒后出现的咳嗽，可能是呼吸感染引起的直接症状，也可能是由于呼吸道感染诱发的过敏因素而导致咳嗽症状的持续存在，特别是在某些季节、某些特定条件下（如环境污染），这种情况更易发生。当然，除了这些原因以外，引起小孩较长时间咳嗽还可能是由于其他的一些疾病所致。因此，当小孩出现反复、持续咳嗽时，要把宝宝带到条件好的医院，由有经验的医生进行诊治，以免影响了对疾病及时、有效的处理。

2 咳嗽的饮食原则

（1）饮食要清淡且富含营养、易消化吸收

咳嗽多由肺热引起，而如果食肥甘厚味的食物会导致体内产生内热，加重咳嗽，且会导致痰多黏稠，不易咳出。宝宝患病时胃肠功能较弱，这些食品会加重胃肠负担，使咳嗽难以痊愈。应给宝宝食用清淡味鲜的食物，如菜粥、面汤等。

（2）多食用新鲜蔬菜及水果

可为宝宝补充足够的矿物质和维生素，对感冒咳嗽的恢复很有益处。

（3）忌寒凉食物

咳嗽时不宜给宝宝吃冷饮。中医认为“形寒饮冷则伤肺”，而咳嗽多由肺部疾患引发的肺气不宣、肺气上逆所致。此时如进食过凉食物，就容易导致肺气闭塞，咳嗽症状加重。

（4）少食咸甜食物

吃咸会导致咳嗽加重，使咳嗽难愈。吃甜会助热生痰，使炎症不易治愈。所以应尽量少给宝宝吃咸甜食物。

（5）忌食海鲜等发物

咳嗽的宝宝不宜吃鱼腥，鱼腥对风热咳嗽影响很大。咳嗽宝宝进食鱼腥类食品后会使症状加重。

（6）忌食含油脂过多的食物

花生、瓜子等含油脂较多，食后易滋生痰液，使咳嗽加重，咳嗽宝宝不宜食用。

（7）忌食橘子

很多人认为橘子是止咳化痰的，于是就给患咳嗽的宝宝多吃橘子。其实橘皮是有止咳化痰的功效，但橘肉反而会助热生痰，所以咳嗽宝宝不宜食用橘子。

3 宝宝咳嗽的食谱推荐

烤橘子

【原料】橘子1个。

【做法】

（1）将橘子直接放在小火上烤，并不断翻动，烤到橘皮发黑，并从橘子里冒出热气即可。

（2）待橘子稍凉一会儿，剥去橘皮，让宝宝吃温热的橘瓣。如果是大橘子，一次吃2~3瓣就可以了，如果是小贡橘，一次可以吃1个。

荸荠百合羹

【原料】荸荠（马蹄）30克，百合1克，雪梨1个，水、冰糖各适量。

【做法】

将荸荠洗净去皮捣烂，雪梨洗净连皮切碎去核，百合洗净后，三物混合加水煎煮，后加适量冰糖煮至熟烂汤稠。

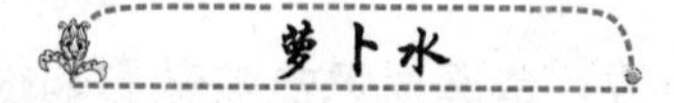

萝卜水

【原料】新鲜萝卜1根。

【做法】

（1）将萝卜洗净，剖开，从切口处切四五片薄萝卜片，放到小锅里，加大半碗水。

（2）先用武火烧沸，再用文火煮5分钟。等水不烫了，就可以给宝宝喝了。

麻 疹

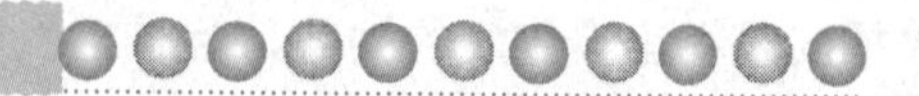

1 麻疹的原因及症状

麻疹是由麻疹病毒引起的急性呼吸道传染病，主要靠空气飞沫传染，病人是唯一的传染源，自潜伏期末至出疹后5日内均有传染性。麻疹多发生在冬春季节，多见于婴幼儿。临床以发热、眼和上呼吸道炎症、麻疹黏膜斑和全身性斑丘疹、疹退后糠麸样脱屑，并留有棕色色素沉着为特征。病程中可出现肺炎、喉炎、脑炎等并发症。患病后一般可获得持久免疫力。

（1）前驱期

一般为3～4日，主要表现为上呼吸道和眼部发炎及麻疹黏膜斑。发热明显，可达39～40℃，热型不定。同时有全身不适、头痛、食欲减退、喷嚏、流涕、咳嗽、声嘶、畏光流泪、结膜充血、眼睑水肿，还可见呕吐、腹泻，婴幼儿偶有惊厥。

于病程2～3日，约90%患儿出现麻疹黏膜斑，在口腔两侧颊黏膜靠第一臼齿处，出现0.5～1毫米大小的白色小点，周围红晕，白点很快增多，融合扩大成片，表浅糜烂，似鹅口疮，2～3日即消失。前驱期偶见皮疹，有时仅见红斑，有时像荨麻疹。

（2）出疹期

于起病3～4日后，发热增高，开始出现典型皮疹，从耳后发际开始，渐及额、面、颈、躯干及四肢，最后达手掌与足底。初为玫瑰色斑丘疹，大小不等，疹间皮肤正常。皮肤压之褪色，重者深压之不褪色。严重者，皮疹密集呈暗红色。皮疹高峰时全身中毒症状加重，体温达40℃左右，咳嗽亦加重，精神萎靡，结膜红肿，面部水肿，可有谵妄、抽搐。全身表浅淋巴结与肝脾可轻度肿大。

（3）恢复期

出疹3～5日后，发热开始减退，上呼吸道症状减轻，皮疹依出疹顺序逐渐消退，退疹后有糠麸样脱屑，留有棕色斑痕，经1～2周后才完全消失。

2 麻疹的饮食原则

（1）发热或出疹期间，饮食宜清淡、少油腻。可进流质饮食，如稀粥、藕粉、面条及新鲜果汁、菜汁等。

（2）退热或恢复期，逐步给予容易消化、吸收、且营养价值高的食物。如牛奶、豆浆、猪肝泥、清蒸鱼、瘦肉、氽丸子、烩豆腐、番茄炒鸡蛋、嫩菜叶及新鲜的蔬菜水果等。

（3）有合并症时，可用高热流质及半流质饮食。多食牛奶、鸡蛋、豆浆等富含易消化的蛋白质食物和含维生素 C 丰富的果汁和水果等。

（4）疹发不畅，可食香菜汁、鲜鱼、虾汤、鲜笋汤等。

（5）出疹期间及恢复期宜吃荸荠、甘蔗汁、金针菜、莲子、红枣、萝卜等煮食。

3 宝宝麻疹的食谱推荐

五汁饮

【原料】甘蔗汁、西瓜汁各 60 毫升，荸荠汁、萝卜汁、梨汁各 30 毫升。

【做法】

隔水共蒸熟，凉后代茶饮。每日 1～2 剂。

二皮饮

【原料】梨皮 20 克，西瓜皮 30 克，冰糖适量。

【做法】

洗净切碎共煎，去渣入冰糖代茶饮，每日 1 剂，连服 5～7 天。

淮山药百合粥

【原料】淮山药、薏仁各 20 克，百合 30 克，粳米 100 克。

【做法】

洗净共煮，粥熟分 3 次服完，连服 7～10 天。

莲子冰糖羹

【原料】莲子、百合各30克，冰糖15克。

【做法】

莲子去芯，与百合冰糖文火慢炖，待莲子百合烂熟即可。每日1剂，连服7~10天。随意服。

水 痘

1 水痘的原因及症状

水痘是由水痘带状疱疹病毒引起的一种急性传染病，一年四季都可发病，但冬、春季较多见。6个月到3岁的宝宝患此病者最多。

（1）水痘带状疱疹病毒（即人类疱疹病毒3型）是本病的病原体。传染性极强，直接接触、飞沫、空气传播是其传播途径，病毒经口、鼻浸入人体。凡未患过水痘及未接种过水痘疫苗的人接触水痘患者，基本上都能发病。孕妇如果产前患水痘，新生儿可患先天性水痘。

（2）患水痘的小孩一般开始时体温是38~39℃。但是，很幼小的宝宝几乎没有发烧，出现皮疹可能是第一症状。水痘的皮疹在3~4天内分批相继出齐，皮肤非常痒。初生水痘的部位像暗红色丘疹，但是两三小时内，它们的顶端会出现一个水泡，这水泡像一滴很小的水。

（3）水痘结痂后便脱落。水痘的出现一般从躯干开始，然后扩展至脸部、臂和足，在最坏的情况下，它还会出现在口、鼻、耳、阴道和肛门。

2 水痘的饮食宜忌

（1）食疗以清淡解热的食物为主。

（2）建议食用寒凉蔬果，如西瓜、梨、绿豆、丝瓜、苦瓜等食物。

（3）寒凉的鱼肉类：如兔肉、鳗鱼等食物。

（4）多食具有利尿作用之食物，如玉米须、莲藕、芹菜、鲈鱼等。

千万别吃这些食物：

（1）辛燥类食物

辣椒、辣酱、洋葱、胡椒粉、咖喱粉、酒、咖啡、可可、浓茶、味精、芥末、大蒜、羊肉、生姜、韭菜、香菜、茴香、海鳗、海鱼、酸菜、酸醋、过甜过咸的食物等。

（2）油腻的食物

如猪油、羊油、牛油、奶油、核桃仁、甜点心、蛋糕、烤鸡、烤鸭、花生油、油炸的麻球、麻花、炸猪排、炸牛排、炸鸡等各种油腻的食物。

（3）温热蔬果类

生姜、蒜、葱、韭、芥菜、胡萝卜、香菜、蚕豆、荔枝、龙眼、红枣、木瓜、核桃、葡萄、李子、梅子、橄榄、胡椒、辣椒、山药、黑木耳等。

（4）温热鱼肉类

狗肉、羊肉、牛肉、鹿肉、鸡肉、鸭肉、鲤鱼、海虾、鳝鱼、鲢鱼、虾米等。

（5）温热食品类

人参精、鹿茸精等。

3 宝宝水痘的食谱推荐

马齿苋荸荠糊

【原料】鲜马齿苋、荸荠粉各30克，冰糖15克。

【做法】

（1）将鲜马齿苋洗净捣汁。

（2）取汁调荸荠粉，加冰糖，用滚开的水冲熟至糊状。

绿豆薏仁海带汤

【原料】绿豆100克，海带50克，薏仁30克，冰糖10克。

【做法】

（1）将绿豆浸泡1天后，用手心轻轻揉搓去皮；海带洗净后切成丝；薏仁洗净备用。

（2）将去皮的绿豆放入高压锅中，加入适量清水（约绿豆的2倍），煮约20分钟，使其成为豆沙。

（3）锅置火上，放入煮好的绿豆沙、海带丝、薏仁和适量清水，先用武火烧沸，再改用文火煮至烂熟，放入冰糖即可食用。

鹅口疮

1 鹅口疮的原因及表现

鹅口疮就是小儿口炎，是一种宝宝很容易得的口腔疾病。得了这种病，宝宝的口腔黏膜、舌黏膜上会出现淡黄色或灰白色，和豆子差不多大小的溃疡，形状如“鹅口”，因此叫“鹅口疮”。这主要是由于感染了白色念珠菌引起的。营养不良、腹泻、长期使用广谱抗生素或激素的宝宝都比较容易受到感染而发病。

新生儿多由产道感染，妈妈的乳头或者橡皮奶头也都是感染的来源。主要表现为在牙龈、颊黏膜或口唇内侧等处出现乳白色奶块样的膜样物，呈斑点状或斑片状分布，严重者会在口腔黏膜表面形成白色斑膜，并伴有灼热和干燥的感觉，部分伴有低烧的症状，甚至有可能造成吞咽和呼吸困难。患有此病的宝宝经常哭闹不安，吃东西或者喝水时会有刺痛感，所以宝宝经常不愿意吃奶。

2 宝宝鹅口疮的食谱推荐

西洋参莲子炖冰糖

【原料】西洋参（药店和超市均有售）3克，莲子（去芯）12枚，冰糖 25 克。

【做法】

(1) 将西洋参切片，与莲子放在小碗内加水泡发。

(2) 将泡发后的西洋参、莲子放锅里，加入适量水和冰糖，隔水蒸 1 小时，喝汤吃莲子肉。

冰糖银耳羹

【原料】银耳 10～12 克，冰糖 2～3 块。

【做法】

将银耳洗净后放在碗内加水泡发，拣干净杂质，再加上适量冷沸水及冰糖，放到锅内蒸熟即可。

水 肿

1 水肿的病因及分类

水肿也是儿科常见疾病之一。中医认为病因属外感风邪或邪毒内侵，至肺、脾、肾三脏器功能失调，水液代谢失常，使水液溢于肌肤面而全身水肿。水肿多见于幼儿急、慢性肾炎和肾病综合征。中医根据水肿的病因和部位的不同，把水肿分为风水相搏、湿热内蕴、脾虚湿盛及脾肾两虚等症型，采取不同疗法治疗。

2 宝宝水肿的食谱推荐

鲤鱼粥

【原料】鲤鱼 1 条，糯米 30～60 克，葱白、豆豉各适量。

【做法】

(1) 将鲤鱼去鳞、内脏，收拾干净，洗净加水煮约 1 小时，去鱼留汁；

糯米淘洗干净。

（2）锅置火上，放入鱼汁、糯米、葱白、豆豉煮粥。

鸭汁粥

【原料】鸭汤300毫升，粳米50克。

【做法】

将鸭汤放入锅内，然后放入淘洗干净的粳米煮粥。

汗 症

1 汗症的病因及分类

汗症分为自汗和盗汗两种。自汗是不用发汗药和其他刺激因素而自然出汗，一般多因内伤杂症引起，出汗后有形寒、疲乏等现象。盗汗，是指睡时汗液窃出，醒后即收，收时不觉恶寒，反觉烦热。宝宝盗汗多见于消耗性疾病，如结核病、慢性肝炎等。汗为心液，无论自汗还是盗汗，因汗出得过多而损耗心液，影响儿童健康成长。

2 宝宝汗症的食谱推荐

小麦红枣粥

【原料】浮小麦50克，红枣6枚，糯米60克。

【做法】

将浮小麦、红枣、糯米淘洗干净，入锅上火，放入清水，先用旺火烧开，后用文火煮成粥。

北芪龙眼羊肉汤

【原料】北芪15克，龙眼肉10克，羊肉100克。

【做法】

（1）羊肉洗净，切成块，用沸水稍烫。

（2）北芪、龙眼洗净，置锅内，加水适量，用旺火烧开，加入羊肉块，用文火炖至羊肉软烂，成浓汤汁。

核桃莲子山药羹

【原料】核桃仁、莲子各200克，黑豆、山药粉各150克，米粉适量，牛奶（或稀饭）适量。

【做法】

（1）将核桃仁、莲子、黑豆、山药粉分别研压成粉后均匀混合，加入米粉适量。

（2）每次1~2汤匙，拌在牛奶或稀饭中煮熟成羹。